U0174830

天命
王权

前卫 著

地图
生死劫

中国地图出版社

图书在版编目（CIP）数据

地图生死劫：天命王权 ／ 前卫著. —北京 ： 中国
地图出版社，2021.1
　ISBN 978–7–5204–2192–8

　I. ①地… II. ①前… III. ①地图－地理学史－中国
IV. ①P28–092

中国版本图书馆CIP数据核字（2021）第018196号

策划编辑　王　毅
责任编辑　王　毅
出版审订　陈卓宁

地图生死劫：天命王权
Maps: the Fate of the Dynasties

出版发行	中国地图出版社		
社　　址	北京市白纸坊西街3号	经　销	新华书店
邮政编码	100054	印　张	22
网　　址	www.sinomaps.com	版　次	2021年1月第1版
印刷装订	北京时尚印佳彩色印刷有限公司	印　次	2021年1月北京第1次印刷
成品规格	170×240mm	定　价	88.00元

书　　号　ISBN 978–7–5204–2192–8
审 图 号　GS（2021）156号

如有印装质量问题，请与我社发行部联系；如有图书内容问题，请与本书责任编辑联系，
联系方式：dzfs@sinomaps.com。

序言

〇

　　寰宇茫茫，神州苍苍。混沌元始，不知何起。鸿蒙初辟，元气二出。一曰阳，一曰阴。阳升为乾，阴潜为坤。日升月起，昼夜交替。乾端坤倪，万象归位。概以金、木、水、火、土为五行，相生相克，衍生万物，或曰山川河流、风霜雨雪；或曰珍禽走兽、奇花异草；生机勃发，不一可数。天地乃成，圣人则出。帝之伏羲，华夏始祖。仰观天文，俯察地理。临水而啃得龙马献图，河岸敬祈收神龟背书。以乾坤阴阳之气，悟天地太极之道，又观鸟兽之文，日月之形，自然百态，伏地画之，命名八卦。八卦所示，太极生两仪为日、月，两仪生四象乃东、南、西、北，四象生八卦，乾为天，坤为地，巽为风，震为雷，坎为水，离为火，艮为山，兑为泽。故有八卦出，天道明，万物衍生不息，中华文明由此肇启。而八卦之图，方位天象于其间，日月山泽蕴其中，天地风雷在其内，当为舆图之雏，地图之源也。后炎黄尧舜，尊三皇五帝。禹王一统，定九鼎绘山河之图，立为社稷之国柄重器，王权之天命所归。至于商灭周兴，秦汉魏晋，南北并立，隋唐五代，宋元明清，地图之生机勃发则天下兴达，地图之劫难起伏而人间生乱。虽地图之兴败，或气数所系，或天命所使，然中华之兴衰沧桑，亦为地图之生死所劫。正是：欲解中华沧桑史，须看《地图生死劫》。

作者　2020年孟春于北京闹市胡同

十一　魂断隋宫 169

十二　大唐芳华 183

十三　五代斜阳 211

十四　汴梁往事 231

十五　遥望中原 249

十六　圆月弯刀 263

十七　航海时代 279

十八　大清余晖 315

目录

一　禹王天下 001

二　夏商之殇 021

三　西岐凤飞 035

四　祸起春秋 051

五　秦皇幻梦 065

六　汉宫秋色 081

七　回眸东都 101

八　三国烟云 115

九　两晋遗珠 129

十　纷乱南北 145

（一）

禹王天下

夏（约公元前 2070—公元前 1600 年）

约公元前 2070 年，黄河中下游的部落联盟首领禹建立了中国历史上第一个奴隶制王朝——夏。夏初定都阳城（今河南登封东南），此后多次迁都，曾迁至帝丘、原、老丘、西河等地。夏朝统治的中心，大致位于今河南西部和山西南部一带，之后范围虽有变化，但始终以黄河中下游为中心。夏时的方国有过、寒、商、六、扈等，周边的部族有莱夷、九夷、三苗、熏育等。

扫码读第 1、2、3 章参考文献

4000 多年前的黄河岸畔。

黄昏，又见黄昏。暮色苍茫，天地已是晦暗不明。

不知从何处所起，黑压压的云片奔腾而来，骤然遮掩了天幕，原本还有一丝光亮的天地似乎顷刻间被云层的黑暗彻底吞噬。

低矮的云团游荡缠绕在天地间，愈发显露出狰狞恐怖的压抑气势。

未几，沉闷而持续的雷声怒吼，天光云影间，霹雳电闪，瓢泼大雨瞬息而至。

黄河水流随着灌入的雨水不断外溢，浑浊的激流翻滚成忽高忽低的浪头，逐渐向两侧岸畔蔓延肆虐。

一座座起伏的山丘被浊浪吞没，一个个低矮的洞穴被洪水灌满，就连以往草木葱茏的山谷，都成为洪流的通道，洪流毫不留情地卷走附着于土地和岩缝内的草木和生命。

天地交接处，水漫成泽，一片汪洋。

这场大雨持续而猛烈，措手不及的不仅有河畔而栖的飞禽走兽，还有舜帝治下的部落百姓。

舜帝决意要治理洪灾，澄清寰宇太平。

舜帝坐卧不安已经不少时日了。部落虽然栖居高地暂时无虞，但四周除了女人孩子无助的哭泣，就是不时天空里响起的炸雷，接着又是狂风骤雨。这让舜帝更加焦虑不已。

水患非治不可！上天如此降罪，看来必须选择有德有能之人方可顺从天道，降服洪灾。

可治水之才，天下并不多见。

有人推荐了禹。

在众人眼里，禹是一个德才兼备的人。他不仅为人谦逊和蔼，待人有礼宽容，而且做起事来认认真真，生活上更是简朴无华。

舜帝心思一动，却又有点拿不定主意。

禹的父亲鲧，就曾担负过天下治水的重任。当时部落大首领还是尧帝。来自有崇氏部落的鲧据说对于治水很有谋略，结果尧帝任命他为治水大臣后，接连治水九年，成效却并不显著，黄河水的灾患年年如故。后来，尧帝一怒之下，把鲧流放至羽山，后来又密令祝融赶到羽山把他杀了，才消了怒气。现在我为王，天下都知道我的天子之位是尧帝的禅让，我自然秉承他的治国之道和用人法则。现在却要用鲧的儿子治水，且不说禹会否怀有父亲被杀的怨恨，就是从能力上来讲，他比他的父亲厉害多少？如此重托交付给他，又会不会重蹈其父鲧的覆辙？

如注的雨水连绵不绝，被洪水卷走的人口、粮食，以及禽兽和草木，让百姓的日子愈发难以为继。

面对奏报上来的灾情，思前想后，舜帝别无所选，似乎只能让禹来担负治水大臣。

做出这样的决定之前，舜帝召唤禹前来进行了一次长谈。

这次长谈的见证人，是部落里的众位大臣和长老。

而禹本人，似乎早已料到有这么一天。他不仅是那种外人看来属于谦谦有礼且踏实肯干之人，更是城府极深的伺机而动者。

他坚持认为，自己从父亲的遭遇中得到的不是只有仇恨，更多的是教训和启迪。

任凭是谁，有什么样的教训比父亲的惨死更深刻？更痛苦？

禹早已把痛苦掩盖在任何人都无法察觉的内心最深处。他需要的是铭记教训。他要放下仇恨，从教训中发现对策，继承父亲未竟的治水之业。这既可以为家族的治水门第证明，更可以救万民于水火之中，成就自己人生最大的宏愿。

所以洪水来袭之时，禹就没闲着，一直在观察河岸的地形和洪流的走势，冥思苦想，寻找解决的办法。

当治水的大臣迟迟没有定下来，而水患与日俱增时，禹更加坚信自己的机会终于来了。但他不愿意主动出头、请缨重任，而是安静地等！

有时候，等是为了机会，也是一种策略。

禹既要得到机会，更希冀掌握治水的主动权。

舜帝越是着急，禹越是自信满满，蓄势待发，做好一切的准备。

果不其然，禹接到舜帝让其前去对答的王命，在赶往舜帝的殿堂前，禹已胸有成竹。

一丝笑意不经意间浮上禹的脸庞，让他的步伐也轻快了许多。

殿堂内的舜帝高高在上，却是愁眉不展。高台上的火把蹿出黄亮的火苗，似乎摇摆着不知该往哪个方向飘。

看到禹的到来，殿内沉寂的气氛终于鲜活起来，舜帝和官员们连忙相互问候。

而禹依然不疾不徐，不悲不喜，庄重而肃穆地向舜帝行礼。待行礼完毕，禹才起身肃立，接受舜帝的询问。

舜帝问禹，洪水泛滥，上天降罪于我等，你有什么高见？

禹稍微整理了一下衣冠，便朗声说出了自己的主张。

在禹看来，喋喋不休坐而论道，不如孜孜不倦地去实践中寻找治水之道。要找到治水之道，必先对沿河的水脉、山川进行实地测量。根据测量的结果，利用不同方位和地貌地形的变化，就可以弄清楚洪水的走向。如此一来，开渠挖沟，疏通主河道，让洪水分流而泄，便可融于四面八方，不会只在一处祸害成灾了。

禹可能想不到，他的治水之道，是地图测绘之先机。禹可能更想不到的是，未来地图会因他的功绩与开创，迎来中华文明史上第一次勃发的生机，更会以此确立王权天命的独特象征。

当然这是后话，暂且不提。

却说舜帝还在对禹耳目一新的治水之策暗自称许时，禹又禀告舜帝，其父治水无果，作为儿子，理应担起责任，为舜帝分忧，救万民于洪涝之危。

这句话正是舜帝当问未问的疑虑，禹自己说出来，并且理由充分，态度诚恳，便让舜帝打消了所有的顾虑。

禹成为治水大臣，可调动一切力量，利用一切资源，以根治水患，挽救苍生。

舜帝王令一出，天下共喜。此刻，万民所有的希冀都压在禹的肩上。

禹不仅得到了机会，也因借助舜帝的诰令，得到了调动资源的权力。他以

"稳、等"的策略，几乎得到了他希望得到的一切。

但禹还是不敢懈怠，毕竟重任在肩，容不得出现任何纰漏。治水乃大计，需要一个得力的团队。他选择伯益、后稷担任助手，又召集了一大批不惧生死、身体强壮的部落勇士，开始了漫长而艰辛的治水大业。

之所以选择伯益、后稷为搭档，禹其实经过了一番深思熟虑。

伯益是黄帝的六世孙，出身贵胄之家，这样显赫的门第自然备受各地百姓的敬重。当然，这不是重点，伯益天生就懂得鸟兽之语，善于驯服各类动物。治水前路艰险，免不了遭遇猛兽袭击，伯益这一技能大有用武之地。再者，伯益对于各类草木、地理方位都熟悉，而且懂得工程工事的构筑。特别是他还有过目不忘的本领，可以协助禹记录治水测量数据和其他相关事项，简直是最合适不过的黄金搭档。

选择后稷则是禹的另外一层考虑。

后稷，姬姓，名弃，也是黄帝的后人，出身贵族之家。他的出生很有传奇色彩。据说他的母亲名叫姜嫄，有一天在郊外看见一个巨人的足印。姜嫄走近这个足印，顿觉一股暖流由下而上冲击全身，竟然有说不出的畅快和舒坦，并莫名地产生想去踩踏这个大足印的强烈欲望。她将她的脚踩在巨人足印的大拇指上，却没承想感到腹中有动静，就像有胎儿在孕一般。她又惊又怕，回去十月之后产下一子。姜嫄觉得儿子和足印有关，是妖不是人，就把他抛弃在一个巷子里。

可是，奇怪的现象接连发生。刚开始是过往牛马都自觉避开婴儿，似乎这个孩子有种神秘的力量在保护自己。后来姜嫄派人把孩子丢到山林里，当时已是寒冬季节，山林里河面结满了冰，婴儿被抛向冰层时，竟然俯冲下来一只大鸟，用丰满的羽翼把婴儿盖住，以防婴儿冻僵。姜嫄终于明白，这是神的指示，便将婴儿抱回抚养。因为曾要抛弃此子，所以给他起名叫"弃"。

弃自幼就特别喜欢种植各类作物，什么树木桑麻、菽麦之类，总能使弃热衷其中。长大成人后，更是除了耕作之术精进之外，还懂得相地之宜，各类山川地貌有什么特征、具备什么条件、适宜种植什么庄稼，弃都能了然于胸。所以，舜帝让弃专管天下种植事宜，官号"后稷"。

禹之所以选择让后稷加盟他的团队，就是看重了后稷这一身独特的本事。治水需要相地之宜，更需要治水之后教会百姓种植，让他们安居乐业。后稷的存在，必然会使禹的治水大业深得民心，得到人民普遍的拥护。

只有发动广大民众，集思广益，齐心协力，治水才能成功。这也是禹笃信的法则之一。其实，这何尝不是至今都实用的真理呢？

禹治水除了这些有用之人以外，还有一套工具，包括可以测定物体平直的准绳，以及以正圆的规和以正方的矩。这是他治水的法宝，又何尝不是最基础的测绘工具呢？

13年，整整13年。

禹离家时，儿子启还没有出生，如今恐怕早已成为健硕的少年。这13年来，禹和伯益、后稷早已成为生死之交。两人对于禹的敬重与信任，彻底而绝对。

这13年来，禹没有被动地等待汛期的来临，而是和伯益、后稷等人，不限于黄河一处水患，不限于汛期一时之考虑，举全天下地理山水，整体施策，逐一除患。

天下有多大？禹以战略的目光深邃思考，砍削树木作为路标，以高山大河奠定界域，把天下区划为九州，即冀州、青州、徐州、兖州、扬州、梁州、豫州、雍州、荆州。

每一州的山，每一州的水，禹都左手拿着准绳，右手拿着规矩，走到哪里就量到哪里。伯益则负责记录测量结果及各地不同的物产和特征，为治水提供数据支持。

对每一州的地理环境都了然于心后，根据不同的地貌特征，首先进行土地资源改造。该疏通的疏通，该平整的平整，大量因洪水冲击的地方变成肥沃的土地，此时又有后稷教民耕种稼穑之术。

为了确保足够的劳动力投入治水大业，禹重新划定了五种服役模式，一直延伸到五千里远的地方。在每一个州，都以王命征集三万人参与治水。而从九州到四海的边境，每五个诸侯国就设立一个诸侯长，由各诸侯长来领导协作治水工程。

清晰的地理区域划分，明确的责任分工，充足的物力人力，加上指挥有方、调度从容，后续又教给民众耕种，确保一年衣食无虞。一时之间，天下人人都称颂禹的功绩。

赢得民心的禹再接再厉，走遍了当时神州大地的山山水水。单是山，步履所至的就有岐山、荆山、雷首山、太岳山、太行山、王屋山、常山、砥柱山、碣石山、太华山、大别山等。

对于禹和他的伙伴们而言，跋山涉水，披星戴月，顶风冒雪是常事。急湍的河流伐木做舟，巍峨的高山踏屐而上，陡峭的山坡滑橇而下，茂密的丛林拨草而行。

这些经过实地测量的地理数据，被伯益记录在龟壳兽皮上，更牢牢地记在脑子里。这些测绘数据的掌握和实地的勘探，使得禹在疏通河道时，何处借助山势疏导不会堵塞，何处需挖渠开沟分流河水，都能做到施策有方、对策得当，治水自然成效明显。

难能可贵的是，禹不愿意自己只是一个指挥者，而是亲力亲为的劳动者。每一处治水工程现场，禹都要和那里的民众一起艰苦劳动，共同治水。一路下来，禹自己为治水而损坏的工具，已经难以计数了。正是禹的率先垂范，让民众士气

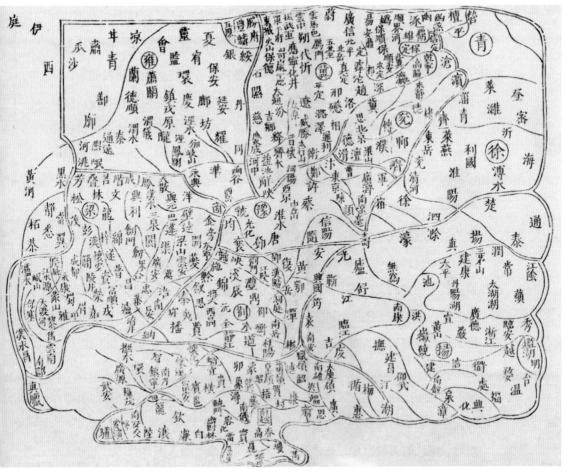

禹贡九州疆界之图

大振，哪怕有人被山石砸伤，被洪水冲走，也因为禹的坚持，让工程一项项得以最终完工。

13年过去了，禹的声望越来越大，治水的功绩越来越有目共睹。

夜，星空闪烁，明月高照。

站立在高处，远山近水，大地万物，一览无遗。

这就是天下，富有而又千姿百态。

禹和伯益、后稷相视一笑，仰天而望。

璀璨的星云如同缀在河道里的宝石，光芒闪闪。

禹突然问伯益、后稷，大地上的一切我们都跋山涉水走了一遍，各种事物见过不少。但天上呢？天上的太阳、月亮、星空我们知道多少呢？

治水大功即将告成，禹如此发问，却让二人面面相觑，不知如何作答。

禹哑然一笑，表示自己只是好奇罢了。

实际上，禹此刻内心翻腾的波浪似乎比黄河水还要激荡。父亲之死，他当然耿耿于怀。如果这次治水未成，舜帝会不会也像尧帝一样流放他，屠戮他？

尽管舜帝的诰命已出，他已被任命为司空，治理水土；后稷掌管农业；伯益担任虞官，掌管天下山川树木。但终究屈居人下。舜帝所属意的继承者是自己的儿子商均，可商均并非帝君之才。现在天下人几乎都在称颂禹，舜帝会不会把王位禅让给自己呢？

越想越多，越想越乱。

当伯益、后稷几次招呼走神的禹，他才缓过神来。

返回营地时，禹突然想到羲和氏担任舜帝的历官，他和他的五个儿子都有观测日月星辰和制定天文历法的本领。如果求教他们，天文地理就无不悉知了。

禹之所以想踏勘地理，悉知天文，是因为他始终觉得洪水之灾若是天降之罪，那么只有懂得天道，方可趋利避害，造福万民。

天道又是什么？

禹的脑海里出现的是一张图，密布他所走过的千山万水之形，还有他所不太了解的天空中星象日月排列之位。

当然，禹此时有没有想过这幅画面其实就是地图，后人不得而知。但禹认为这就是天道，周知天地万物，不仅能治理水患，更可以借这样的图形，分封天下土地，治理万民百姓，获取资源物产，熟悉天地之貌。

此时的舜帝，虽然没有禹历经行走实践，感受如此之深，但对于天地之道的渴求认知，也把目光投向天地之间。

记得当初尧帝禅让王位时，选择了一个正月的吉日。

前一晚上，舜就观察了天上北斗七星的排列之序，暗自向天帝祈祷，自己登上王位后能够顺达吉祥。

成为帝君后，他又祭祀了天地四时和众神。为保证各个部落听命于王，他还聚敛了五种圭玉，把圭玉颁发给四方诸侯的首领。

当然，天命所归，还要敬畏大地上的山川河流，赢得所有部落的拥护支持。

所以，这年二月，舜帝就开始了天下各地的巡视。他把天下分为 12 州，各州都确立疆界，分而治之。在每一州，他都要求对山川进行祭祀，并统一音律、

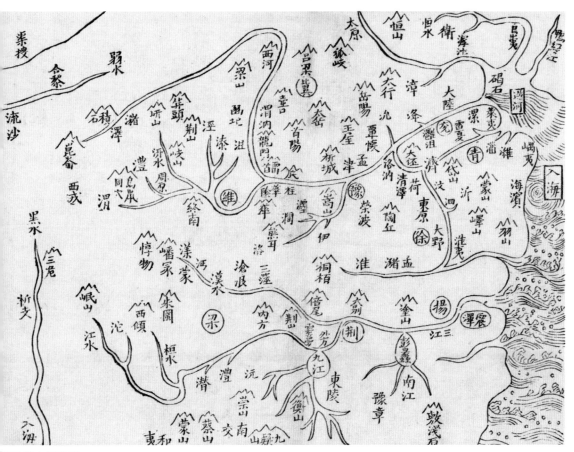

禹贡随山浚川图

度、量、衡。他制定了公侯伯子男来朝时的礼节，同时用法则约束天下人的行为，赏罚分明，治理有方。

而洪水的侵袭，让禹通过卓绝的功绩，获得全民的拥护，其威望似乎足以和自己一样。这不免让舜帝对天命所授的王权迟疑起来，难道他的下一任不能是自己的儿子，而只能禅让给禹吗？

水患消除，禹率领众人归来。

舜帝决定探一探禹的内心想法。

多年的风雨洗礼，禹又黑又糙，但目光犀利，炯炯有神。

面对舜帝，一如 13 年前一样，恭敬而有礼，似乎自己付出的这一切和所取得的功绩，都是拜舜帝所赐。

舜帝所封天下 12 州，禹又何以有九州之分呢？

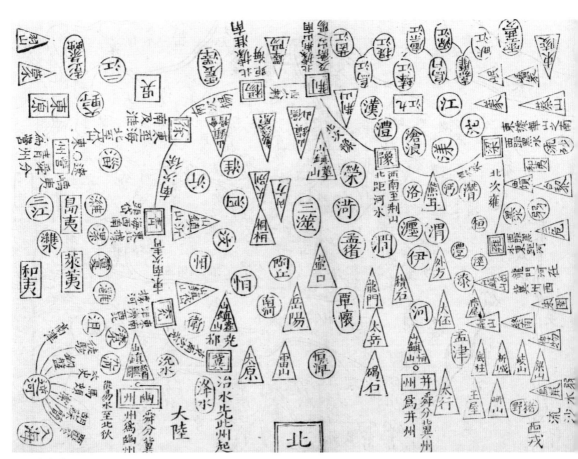

禹贡治水先后图

　　劈头这一问，禹并没有慌乱，而是从容表达了自己的依据。十二州之分，是帝王的法令。九州之别，则是根据天下山水走势进行区分，有利于调度各地资源，参与治水大业。

　　当舜帝问起治水全程时，禹娓娓地从冀州治水之策开始道来。

　　这13年间，禹带领众人辟通九州道路，修筑九州湖泽堤障，测量九州山岳脉络，这才能了解天下之别，采取合理之策，分流洪水，消除灾患。

　　光是山脉，他就开通了九条山脉中通行的道路。

　　一条从汧山和岐山开始一直开到荆山，越过黄河。

　　一条从壶口山、雷首山一直开到太岳山。

　　一条从砥柱山、析城山一直开到王屋山。

　　一条从太行山、常山一直开到碣石山，进入海中与水路接通。

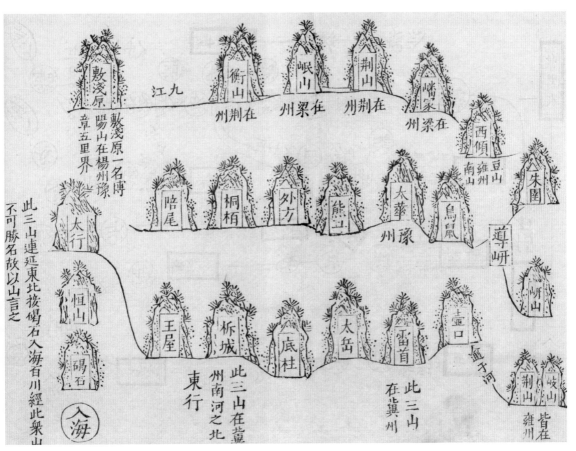

禹贡导山

一条从西倾山、朱圉山、鸟鼠山一直开到太华山。

一条从熊耳山、外方山、桐柏山一直开到负尾山。

一条从嶓冢山一直开到荆山。

一条从内方山一直开到大别山。

一条从汶山的南面开到衡山，越过九江，最后到达敷浅原山。

水也疏导了九条大河。把弱水疏导至合黎，使弱水的下游注入流沙。

疏导了黑水，经过三危山，流入南海（今青海）。

疏导黄河，从积石山开始，到龙门山，向南到华阴，然后东折经过砥柱山，继续向东到孟津，再向东经过洛水入河口，直到大邳，转而向北经过降水，到大陆泽，再向北分为九条河，这九条河到下游又汇合为一条，叫作逆河，最后流入大海。

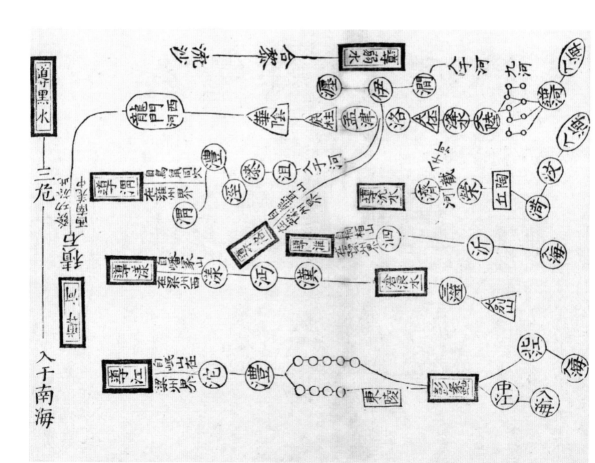

禹贡导川

从嶓冢山开始疏导漾水，向东流就是汉水，再向东流就是沧浪水，经过三澨水，到大别山，南折注入长江，再向东与彭蠡泽之水汇合，继续向东就是北江，流入大海。

从汶山开始疏导长江，向东分出支流就是沱水，再往东到达澧水，经过九江，到达东陵，向东斜行北流，与彭蠡泽之水汇合，继续向东就是中江，最后流入大海。

疏导沇水，向东流就是济水，注入黄河，两水相遇，溢为荥泽，向东经过陶丘北面，继续向东到达菏泽，向东北与汶水汇合，再向北流入大海。

从桐柏山开始疏导淮水，向东与泗水、沂水汇合，再向东流入大海。

疏导渭水，从鸟鼠同穴山开始，往东与沣水汇合，又向东与泾水汇合，再往东经过漆水、沮水，流入黄河。

疏导洛水，从熊耳山开始，向东北与涧水、瀍水汇合，又向东与伊水汇合，再向东北流入黄河。

禹看舜帝听得入神，接着又说，所有的山川河流都治理好了，从此九州四境之内都可以居住了，山脉开出了道路，大河疏通了水源，大湖筑起了堤防，四海之内的诸侯都可以来会盟和朝觐了。金、木、水、火、土、谷六库的物资丰盈，各方的土地美恶高下都评定出等级，这样就能按照规定认真进贡纳税，赋税的等级都是根据不同的土壤等级来确定。

舜帝和在座的诸位大臣听禹讲述治水的艰辛险阻，不禁对禹啧啧赞叹。

禹不失时机地说，虽然我走遍天下，但无论到哪里，所有的百姓和诸侯都是您的臣民，都听从您的王命。只要您真正施行德政，上天会经常把美好的符瑞降临给您，天下人都会响应拥护您。

舜帝闻言大喜，命令敲起玉磬，打起搏拊，弹起琴瑟，唱起歌，祭祀先祖的功德，为禹的功业庆贺。

这时，庙堂下吹起管乐，打着小鼓，合乐敲着柷，止乐敲着敔，笙和大钟交替演奏，扮演飞禽走兽的舞队踏着节奏跳舞，韶乐接连演奏了九次以后，扮演凤凰的舞队出来表演了。这时，连同前来觐见的各路诸侯也相互开颜欢腾。舜帝更是喜而作歌："股肱喜哉！元首起哉！百工熙哉！"

大臣和各路诸侯纷纷议论禹对于尺度和测量之术的精准，能够对天下山川河流了然于心，以一人之策，治天下山水之患，分明是上天降临人世的山川之神。否则，这么多崇山峻岭、千流恶水，怎么都能被他轻易驯服呢？

这时，负责掌管刑律的大臣皋陶提议，天下都学习禹的榜样。对于不听从命令的，就施以刑法。这样，舜帝的德教就会在全天下得到发扬。

诸侯闻听此言，无不认同。而禹却陷入两难的境地——谦虚不得，接受也不行。如果谦虚婉拒，皋陶所言这一切是为了宣扬舜帝功德，岂能拂逆舜帝的面子；如果接受，则风头盖过舜帝，容易给自己招致祸端。

禹暗自思忖，不知如何作答。其实舜帝也明白了，无论各路诸侯，还是众位大臣，已经把禹认同为新的帝君。所谓山川之神，不正是天子之为、帝王之权吗？

舜帝看了一眼堂下的禹，虽然禹此刻内心正在思考如何应变，但还是不动声色，面色出奇的平静，依然束手而立，恭敬有加，对殿堂里的歌舞和欢腾声充耳不闻。

这样冷静的禹，让舜帝终于明白过来。禹的聪明和才智远在儿子商均之上，声望甚至比自己都高。何况臣子和诸侯都把禹熟知地理、通晓尺度测量这一能耐上升到天将山神的尊贵地位，如若自己不愿意效仿尧帝让贤之举，强行让儿子继任为帝君，恐怕天下人万难答应。与其如此，不如顺水推舟，就在此刻禅位给禹，看看禹的反应和天下臣民的态度。如若还有机会，再翻盘未尝不可。不管天下归心于谁，自然是天道所使，也就强求不得了。

舜帝于是开口告知众人，自己要仿效尧帝，让位于禹。

大禹治水庆功图

相传大禹治水时，"左准绳、右规矩"，"行山表木，定高山大川"，进行原始测绘。

舜帝的理由是自己居天子之位已经 33 年了，如今已到老耄昏聩的时期，繁碎忙乱的政事委实感到疲倦。禹向来做事认真，从不懈怠，今后就该接替我为天子。

禹连忙推辞表示，我的品德哪能胜任呢，天下万民也不会依从我的。我倒觉得，皋陶德行很好，民众都爱戴他。您要顾念他的大功啊！

舜帝心里明白，禹在故弄玄虚。皋陶不错，但他掌管刑律，何来民众爱戴，哪有德行天下的道理。

但舜帝还是转而问皋陶，不料皋陶坚决表示支持禹。

舜帝只好对禹说，看来，天下没有一个人敢与你争功，这是天意。

禹半推半就地说，要不，咱找史官占个卜，看看谁有吉数就禅天子之位于谁。

舜帝看众人一致地倒向禹，就拒绝了占卜，表达了把天子之位禅让给禹的坚决态度。

群臣和众诸侯对舜帝此举无不欢欣鼓舞，认为禹接受舜帝的禅让，是上天之意，舜帝能够让贤，足以彪炳千秋。

舜帝一看，除了惺惺作态的禹外，众人根本就没有对他表达挽留之意。而禹虽然几番推辞，也不过作态罢了，此刻禹终于接受了天子之位，并宣称皋陶为下一任天子之位继承人，似乎表示将遵从让贤禅让的传统，以打消舜帝的顾虑。同时还有投桃报李的意思，让诸侯和群臣明白，支持禹的人，一定会得到丰厚的回报。

禹终于从治水罪臣之子，成为天下拥护、万民敬仰的天子。

天子天子，天地之子。

舜帝禅让的一幕，让禹记忆深刻。如果天子的威严不容任何人挑衅，舜帝怎么可能会被群臣排挤，自己又怎么能被推上天子之位呢？

如何让天子的权力紧紧掌握在自己手中，唯天子是从，成为禹思考许久的问题。

禹还记得在他登天子之位的庆典时，某些诸侯在礼节和态度上似乎都没把自己当回事，更让他觉得要用某种图腾一样的象征，把天命王权牢牢攥在手中，任谁也不能越雷池半步，成为从今以后的法则。

这时候，他和伯益等人测山量水，以及后来追问曦和氏对于天象的观测方法而一同形成的图画再次出现在脑海中，久久挥之不散。

他心念一动，脑海里的这张图是他穷毕其身，究天设地，走遍千山万水所知所见而所得，真是古来帝君所不及。如果让天下山川河流、物产众物置于一图，以此图为法器，作为天命所许之国柄，非有此图者不可得王权，拥有此图者不可禅帝位。如此一来，禹的子子孙孙就不必禅让王位，天下的万民各州就牢牢掌握在帝君手里了。

禹这么想，却不能急于这么做。

等。

继续等，上次等，得到治水的机会。

这次等，则是要赢得家天下的沿袭。

况且，舜帝还没死，天下诸方国诸部落，比如像三苗这样的部落，拒不接受帝君管辖，必须等时局稳定方可施行新政。

直到舜帝去世，禹依然在等待时机，并为舜帝服孝三年，再度赢得天下人称颂。

可舜帝旧臣众多，禹觉得这样做远远不够。为给以后"家天下"铺路，也为试探臣下诸侯的忠诚度，再次以欲擒故纵的计策，对外宣扬自己之所以接受舜帝的天子之位，是因为舜帝年老以后，精力不济，又有群臣推荐，自己只不过是帮助舜帝协助处理政务，不得已而为之。如今舜帝去世，天子之位应该由舜帝的儿子商均来继承。禹特意放出风来，强调父位子承本就是天道。所以，他决定退隐到祖籍地阳城，让天下诸侯都去朝拜商均。

结果正如禹所预料，商均压根不被认可。无论是大臣，还是诸侯，都追随到阳城继续朝拜禹，坚持认定禹才是天下的共主、尊贵的天子。

这样一来，禹终于完成"家天下"的第一步，先是牢牢掌握王权。为了告慰冤死的父亲，当王权稳定后，禹就在有崇氏部落所在地阳城建立国都，立国号为夏，君主在位时称为"后"，以此表明他来自有崇氏，不忘根本。同时开辟新朝气象，有别以往。

随之，禹开始对不听话的诸侯方国发动战争。桀骜不驯的三苗部落，以及其他诸侯在禹王的军队面前，无不俯首称臣。

完成武力征伐后，禹决定借诸侯每年都要来朝拜的惯例，召开天下诸侯大会，进行一次郊祀大典，推进自己天命王权、家天下计划后续的第二步，分封天下，让各路诸侯接受自己的王命所辖。

大会地点并没有放在都城阳城，而是在涂山，这次大会史称"涂山大会"。

这次前来的诸侯私下议论禹所推荐的继承人皋陶，年老体弱，分明是禹心存他意。而禹的儿子启又聚合了无数心腹之臣，想承袭王位。大禹哪里肯传贤人呢？

这时流言四起，甚至一些部落头领和诸侯之长拒绝参会，就要离去。

禹对此并不立即出面制止，而是等到了正式大会时，穿上法服，手执玄圭，站在台上，让四方诸侯按其国土的方向两面分列。

等完成郊祀仪式后，禹才面对诸侯谦虚地表示，我这个人，大家都知道，德薄能鲜，肯定不足以服众，所以个别诸侯有不愿顺从之意。其实，我召集大家开这个大会，本身就是希望大家明白我内心最恳切的自我责备、规诫、劝喻，你们的言论使我知过错而改。我胼手胝足，这么多年来平治水土，也许略有点微劳，但平生向来忌惮的就是一个"骄"字。如果我有骄傲矜伐之处，请大家当面告知，对大家的教诲，我将洗耳恭听。

禹这么一说，各路诸侯反倒哑口无言了。

这次朝拜，各路诸侯朝贺的礼物，大国是玉，小国为帛。禹再次重申天下分为九州，各州之内所有的诸侯和部落，都属于夏后的一部分，贡法根据各地的物产和土地分类，但务必按照规则及时缴纳。对于贡品，禹提出希望多一些"金"，也就是青铜，他要做一件天下归心的大事，造福于所有人。

各路诸侯接受了禹的赏赐，倾听了禹的演讲，也顺从了他所重申的贡纳制度和法令，回去就连忙准备青铜上贡。

这次险些夭折的大会，因为禹的巧妙化解，反而开得很成功。回阳城的路上，传来皋陶去世的消息，禹不仅表示悲痛，而且确立了伯益为新的继承人，继续把自己的儿子启保护起来。那些诸侯听闻此事，疑心也就解除了，纷纷拥护禹帝，并积极进献青铜。

禹要这么多青铜做什么？

这是他蓄谋已久的一件大事，他要把脑海中的那张图以国家法器的形式，公之于众。如果绘制在骨片和木石上，显得既不庄重也不严肃，更不利于传承。所以他决定按照九州之分，用天下进贡的青铜铸造九个大鼎，每个鼎代表一个州，上面绘制本州的山川河流及物产，包括珍禽异兽。

这件事，是他实现"家天下"的终极任务。

铸鼎有工匠，鼎上的山川地理怎么画，他把此事交给了现在的候任继承人、曾经的治水好搭档伯益。

天下九州每一州的山水物产，伯益在跟随禹帝治水期间都做过无数的记录，当然无比清楚。

而禹按照尧、舜的惯例开始巡狩大下。

巡狩回来后，气势磅礴的九鼎终于铸成，不同的鼎根据九州纳贡的青铜所铸，即冀州鼎、兖州鼎、青州鼎、徐州鼎、扬州鼎、荆州鼎、豫州鼎、梁州鼎、雍州鼎。

九鼎之上，经伯益谋划，各州山川河流、珍禽异兽都绘画其间。由于禹帝居住豫州，为中央枢纽，故而九州中豫州居中，最为宏大。九鼎所绘制的只是九州

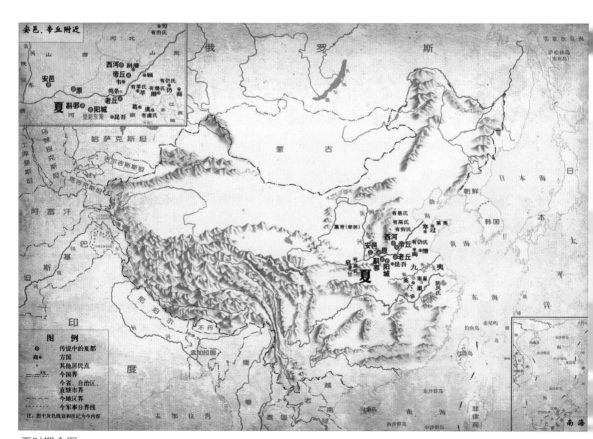

夏时期全图

简略之图，更为可贵的是，伯益还把跟随禹帝当地治水时在各州测量的山山水水，所见草木异兽，也绘画成多张图形，这就是后来传说中的《山海图》。

九鼎巍峨而雄浑，体量巨大，工艺精美，搬到国都阳城后，成为夏后天命王权的国柄，也是禹集九州万民为至尊的天子象征。禹就此将九鼎和鼎身上所绘制的九州山海之图作为社稷法器，代表了王权天命所赐，至高无上。无论大臣还是诸侯，不得挑衅反叛，更不可以背离王的主张另设法度、另立新君、另行封赏等。每次天子祭祀天地祖先时，必须先行九鼎大礼，而后进行其他仪式。九鼎所绘制的九州物产各图，也清楚标明各州物产分类，各方必须按时缴纳税赋和贡品，不得有误。从今之后，得九鼎者则天命所授为王，无九鼎者则是乱臣贼子，人人可诛之。

禹以九鼎所成为起端，终结了以往君臣一体平等论道的法则，而以天子为至尊。禹王天下真正开始，夏王朝以全新王朝的身份，统领天下，治辖万民。

伯益虽然是禹所谓的继承人，但无论是禹还是伯益，都心照不宣，禹真正属意的继承人是儿子启，他要的是"家天下"，而不是以贤治国。伯益跟随禹多年，对这位夏帝君的才能和智慧再了解不过了，让自己成为所谓的继承人，不过是确保帝位不落入他人之手，让启顺利即位的权宜之计罢了。所以九鼎图之外，伯益详细绘制的《九州山海图》，就是辅佐禹帝对九州万民管理的依据和凭证。这个图册，比九鼎之图详细得多，无论是谁为天子，有此天下之图，便可知天下之事，治国便有章可依，有度可循。

禹对伯益的做法很满意，地图也开始成为天子才能掌握的王权所属的象征。和伯益的私下契约，达成了禹确保儿子启能够延续大夏血脉的"家天下"开端。

禹毕其一生，以治水而闻达天下，以治水所用的准绳、规矩，测量天下的大山大水，催生了地图在中华文明史上的第一次全面兴达。地图的每一根线条，在九鼎中无不显露出国家重器的威严，地图遂成为代表天命王权的传国宝器。

生逢远古，却在这样的机缘巧合下，和山川地理结缘，让地图不但生机盎然，而且跳上了王权的顶端，从此成为历代王朝和皇帝的象征，绵绵不绝，延续至今。今天，地图更是以国家版图的身份与国旗、国徽、国歌居于同等重要的地位。

而地图随着禹王天下、夏王朝的确立，也因为天命王权的独特属性与寓意象征，始终伴随后世历代王朝更迭的争夺与你死我活的厮杀。从而让文明的进程在地图的世界里兴衰成败，演绎出不同的悲欢离合。

在这些厮杀争夺和悲欢离合的过程中，地图的生死也与之息息相关，或劫数难逃散失损毁，或生逢其时兴盛蓬勃。许多的故事，地图被迫一次次走向前台。真正是：天道轮回，生死难计，兴图亡图，皆为定数。

（二）

夏商之殇

商（公元前1600—公元前1046年）

公元前1600年，商汤灭夏，建立商朝，定都于亳（今河南郑州）。商前期，曾多次迁都。公元前14世纪，盘庚迁都于殷（今河南安阳），都城终于稳定下来。

其后，商朝统治区域不断扩展，其势力范围，东到山东西部，西达陕西西部，北至河北北部，南抵长江流域，成为当时世界上的大国。商朝周边的方国和部族众多，有鬼方、人方、淮夷等，较远的有肃慎、羌、氐、濮等。

十里春风，细雨如酥。

被驯服的黄河水蜿蜒流淌，滋润着两岸的土地，得以让万众生民休养生息，耕种乐业。

春天原本孕育着生机，储备着希望，禹却在春风拂面的最美季节撒手人寰。

禹王已死，大位归谁？

自从禹王以天下诸侯所献青铜铸成九州九鼎，并绘山河图于其上后，地图第一次被推崇为王权天命的国柄、社稷江山的法器。

九鼎铸图，夏主天下。

从先民们无意间对方位、地形、天象的模糊认知，进而生成原始化的粗略线条图画，地图的生命之路一如文明的力量，势不可当，成为人类生存与繁衍离不开的伙伴。尤其禹王推崇地图成为江山之代称、王权之天命，本应是地图勃勃生机之起端，欣欣向荣之坦途。可惜，有些好的开端并非如预料之中那样一帆风顺，前景无量。

现实中有太多事与愿违的纠葛，让人感慨，也让人费解，更让人无奈。

地图似乎便是如此。

从禹王治水到九鼎成图，地图如同一束耀眼的光，照亮了中华之广袤天地，揭开了以图兴邦的序幕。但倏忽之间，又将归于沉寂的黑暗，不知为何要在历史深处拐个大弯，留下谜一般的怅惘。

现有的典籍记载中，从禹王之死到夏王朝覆灭于桀，乃至后来的商汤王朝兴而又亡，在这漫长的岁月中，地图好像一直停滞不前，鲜有残存的记载，更无夺目的光彩。

或许，天意难懂，生死有劫。地图的命运，也该如此多舛。

禹立夏为国，本意就是想终结禅让制，建立家天下。但是，起初迫于形势和人心归属，相继假意立舜帝之子商均和舜臣皋陶为天子之位继承人。商均不被诸侯认可，皋陶死于禹之前。禹王本打算当即就确认儿子启为储君，不料涂山大会时诸侯还是有异议。

为确保政权稳固，平息争论，禹王审时度势，和治水搭档伯益达成私下之盟，名义上将伯益立为王位继承人，但在禹王龙驾归天后，伯益须让位给禹之子启，确保禹的夏后氏家族世袭为王，永不更替。

此时禹王已去，名义上的继承人伯益按传统，为禹举行丧礼，挂孝、守丧三年。

三年已过，伯益却彻夜无眠，孤身一人来到王城内静静安放的九鼎面前。

几簇燃烧着的火把在殿堂里熊熊地吐着黄蓝相间的焰火。黄色的焰火温暖而热烈，仿佛憧憬着王朝充满希冀的未来。被黄色焰火深裹着的，却是卷着火舌游荡在火把中心的蓝色之焰，有些迷离，甚至还有些诡异。火焰不停闪烁，斑驳的光影中，九鼎一如既往地肃穆伫立，高大而威严。

伯益用手摩挲着鼎上镌刻的天下山水之形与九州疆域之别，只不过微微有些冰冷。他想起自己和禹当年历经生死成就治水大业，禹才得以赢得天子之位。这些鼎，是他奉禹王之命设计铸造。鼎上的图，更是他跋山涉水走遍九州的记录。与其说禹有俯察地理明辨天下之才，倒不如说是他伯益精通山水地理，兢兢业业辅佐禹王成就此不世功劳。

如今，按照和禹的约定，伯益应该让位于启，并且继续发挥自己的地理之才，让天下之图更加完善精准。尤其是他记录整理而成的天下山海经卷，定然是王朝新帝统领天下诸侯、领御四海的必备之典。

可是，明明对外所称的天子之位继承人是自己，为什么一定要按照禹王的遗愿让位给启呢？况且对伯益而言，自己劳苦功高，又熟知天下地理，还懂得地图之治国奥妙，凭什么就不能成为新的天子？

但夏后氏家族的威望和势力，伯益不是不清楚。要想名正言顺地承接天子之位，首要之举便是仿效古人，监禁或是除掉启。然后让自己家族的武士们将九鼎看守保护起来，使天命王权归属于己。当一切成为事实后，随之才是与夏后氏家族的较量。

是成是败，事在人为。

先下手为强！

面前的九鼎，原本就和自己渊源极深。禹亲口而定的继承人，本来就是自己。一切都是理所当然，为什么要拱手让人？

伯益不想错失机会，启更不想给伯益任何机会。

当伯益陡现杀机，要对启动手之时，启早已和家族势力的代表私下商议，提防伯益不愿按照禹的遗愿，还位给夏后氏。

伯益想到了先下手为强，但没料到启比他下手更快更强更狠。非但启家族的势力庞大，不容小觑，就连拥护启的一些诸侯也开始散播非启莫尊为王的政治宣言。

伯益未动将动之时，启的人已经到了他的面前。就这样，启以雷霆之势，迅速将伯益控制软禁起来。

这时，天下的确是禹所希冀的那样，归其子孙所有。

启得到了天子之位，伯益却彻底成了阶下囚。自然，他对地理地图的才华也就被淹没在王权争夺的如烟往事中。

不管怎么说，为争天子之位，一番宫廷政变，无论谁是胜者，总不是什么凝聚人心的好事情。要让人心归顺，必须威震四海。

为树立威望，启决定发动战争，用这种最原始也最有效的手段威慑天下，彰显天子王权。

启征伐的第一个对象，便是同情伯益的有扈氏。

当启为庆祝自己顺利继承父亲禹的天子之位，在钧台举行盛大宴会招待天下各路诸侯时，有扈氏却对启破坏禅让制度，未让伯益当天子的做法十分不满，公然拒绝出席钧台之会。

有扈氏无论人口还是实力，都是诸侯中比较强大的方国。一旦其余诸侯有人跟随效仿，启的天子之位就会摇摇欲坠。

看到这一层危机，启对这场战争无比重视，做了充分的准备。

战争在甘地进行。这场大战，两强相争，启若取胜，天子之位就会稳固无患。

一旦有扈氏占据上风，恐怕臣服于夏的诸侯登时便会反叛，天下大乱。

深知此役生死之重的启，特意发布了战争动员令《甘誓》。在这次动员会上，启态度决绝，语言犀利。

他告知众将士，讨伐有扈氏是因为有扈氏上不敬天，下不敬君，不遵守法令，天怒人怨，所以伐有扈氏就是代天而征，替天行道。这是启出师有名的一番说辞。

随后，启则强调了首战必胜的军事纪律，要求将士们拼命厮杀，违令拒战或是出战不力者，连同妻子、儿女家人全部在祭坛前诛杀，作为祭祀先王的牺牲。

如此一来，启麾下的将士不仅人数远远多于有扈氏，而且无不英勇冲锋，剽悍强劲的有扈氏只能以失败告终，部落人口也被启罚贬为牧奴。

这一战，彻底让中原地区各部落联盟归顺于启，当时所形成的主流观念也从原始的禅让制度转向了世袭制度，终于认可了夏王朝家天下的王权传承体系。

不知是因为伯益通晓地图而相关人才皆出其属下，故而启有意规避；还是启的第五个儿子也想火中取栗，兴兵叛乱导致夏后氏家族内部纠纷不断，反正启一直没有花费太多精力去利用地图经略天下，更没有重用这方面的人才。

的确，夏后氏从启开始，似乎终结了禹对天下地理、九州地图天生具备的悉知基因，而是开启了善于歌舞的天赋。启剿灭有扈氏后，在都城召集各方国首领，举行了一场盛大的献祭神灵的活动，史称"钧台之享"。

也就是这次聚会，确立了启帝天下共主的地位，让世袭制的"家天下"再无争议。饮酒后有些得意忘形的启，左手从天子仪仗官中夺来华盖，右手执一件玉环，款款而舞，身上的玉璜叮当作响，引得众臣击节赞叹。

如今天下大定，各路诸侯进贡的牛羊粮食和奴隶数不清，启也就把朝政放在一边，充分施展能歌善舞的才华，甚至还创作了《九辩》《九歌》《九招》等所谓从上天得到灵感的舞蹈。

到了启的儿子太康继位，这位天子觉得其父启晚年疏于朝政，天天不是歌舞饮酒，就是打猎纵马，天下还是好端端的，自己又何必浪费精力去琢磨什么天下大事，更遑论考虑九鼎上的地图有什么用途。

太康只是想着像晚年的父亲一样游玩打猎，寻欢作乐，做一个太平天子。

太康游猎，声势浩大，家眷近臣全部跟随，一去就是数月。等东夷部族有穷氏首领羿乘机起兵来犯，太康居然还在郊外狩猎，没能及时赶回都城。太康被拒之城外不说，羿占领夏都后，推太康的弟弟中康为王，事实上国事全由羿来治理。

中康做了傀儡，羿才是夏朝的实质统治者。天下当然很多人不满。

太康失国，首先表达严重抗议的就是羲和氏家族。羲和氏家族从尧帝开始就通晓天文，懂得历法之道，对地理地图自然也有涉及。所有的联盟首领和帝王都倚重羲和氏家族计算历法，确认四时。因此羲和氏向来掌管着历法和天文观测之职。羿乱夏摄政，羲和氏拒绝为羿效力，故意沉溺酒色，把四时节气都搞乱，以此抗议，让羿束手无策，天下人也不知日月运行之势、四时节气之时。

羿见羲和氏废时乱日，所以派胤率兵讨伐羲和氏。中康死后，子相继位，羿干脆独承王位。羿好狩猎而荒废国事，空给后人留下后羿射日的神话传说。

等相成人后，夏王朝的乱象又出现了新的变化。曾是羿义子的寒浞，利用羿给他的权力，结党营私，发展和壮大自己的势力。觊觎王位已久的寒浞利用羿好色荒淫的弱点，趁机在寝宫杀羿取而代之，改国号为寒。

寒浞即位后，残酷地屠杀羿所属的有穷氏族人。他吩咐手下人将羿的尸体剁成肉泥，加入剧毒的药物烹制成肉饼，送给羿的族人吃，吃下的便被毒死，不吃的便让士兵乱刀砍死，其状惨不忍睹。

羿所代表的有穷氏覆灭，但正统天子夏后氏家族，还有夏王相，却借助斟灌氏和斟鄩氏两大诸侯欲复国而起。

寒浞在灭亡羿后，突然向夏后氏的领地发动了一次袭击。由于夏后氏族民毫无准备，这次袭击十分成功。寒浞似乎多少懂一点地理地形，或许也有一些地图资料，随后他便根据诸侯所处区域的不同，采用了各个击破的战术，先安排主力攻打斟灌氏的弋邑，又率军虚张声势佯攻夏都帝丘和斟鄩氏，使他们不敢增援斟灌氏。结果斟灌氏孤军作战，很快被强大的寒浞军击败。夏王相被寒国强大的攻势吓破了胆，不敢组织军队进攻，给寒国留下蓄势待发、再度入侵的良机。

或许，夏王相如果多少有一点其祖禹王的地理观，对天下诸侯分布和势力均衡有所了解，至少能根据敌我所处的地形地势，绘制出相关地图，也不至于畏首畏尾，如待宰羔羊一般。

相反，寒浞恰恰在用兵上，几乎都伴随着地图的影子，每一次入侵都能找准时机，精确定位位置，然后一战取胜。

在相呆若木鸡、一味防守之后，寒浞的大军攻打斟鄩氏。这次作战，寒浞同样发挥了地图功能。根据斟鄩氏不善于水战的特点而选取潍河作为战场。潍河水深流急，水面宽阔，适宜水战，寒浞派出了数十名水手潜入水下，凿穿了斟鄩氏的战船。战船漏水，将士惊慌，寒浞乘机攻杀，终于灭了斟灌氏和斟鄩氏两大诸侯，除去了夏王朝的左膀右臂。疑有地图相佐，寒浞正确判断形势，按照地形特点，兵分三路围攻夏都帝丘。夏王相面对强敌，只能殊死搏斗，最终势单力孤，被寒军攻破帝丘，城中军民和夏后氏大臣全部被残酷屠杀，就连夏王相及族人也皆被寒军杀死。

寒浞自以为已把夏后氏的子孙斩尽杀绝，夏王朝就此灭亡，自己可以成为真正意义上的天子。那些夏都城内镌刻着九州山河图的九鼎当然要保护起来。如果九鼎代表王权，那也只能归寒浞所有。

可破城之时，夏王相已怀了身孕的妃子后缗，趁乱从城墙下的水洞爬了出去，生下了相的遗腹子少康。

少康复国，历经坎坷。先是身份泄露，被寒浞追杀。后来东躲西藏，暗中联络残存的斟灌氏和斟鄩氏族人，广交天下勇士贤臣，为复国准备力量。

故国家园，生死之仇。

少康的复国大军在暗中成长，也在等待中寻找战机。

也许，少康明白，针锋相对，必然功亏一篑。要想以弱胜强，必须审视天下地理，找到寒浞的软肋。当得知寒浞的封国没有重兵后，少康先剿杀寒浞封国，进而逐一破敌，中原大地的大多数诸侯再次回归夏王朝怀抱。少康大军也最终挺进到了寒浞的老巢鄩都城。

垂垂老矣的寒浞，两个儿子都被少康诛杀，无力抗争。一看寒浞大势已去，部下居然把寒浞从妃子的被窝里拉出来，打开城门将他献给了少康。

少康复国，天下中兴。

少康总结王朝胜败得失，或许发现了地图的极大用处，从而也想重视天下测绘，绘制天下之图，保证王朝无虞。

但夏王朝遭逢劫难、元气大衰，由地图而兴起的祖上基业到了后人手里，重视程度和传承发展都没有大的突破。少康的努力，不过是兴修水利工程需要地图辅助，兴农生产需要地图丈量土地，但从全局和长远来看，并没有组织较大规模的地图实测和绘制工程。

因此，少康中兴虽有王朝新气象，也有在农业水利中利用地图的模糊影子，但地图发展的进程终如昙花一现。到其子予承袭王位后，依然醉心于东征西讨，扩大夏王朝疆域。版图大了，但并没有通过地图来控制管理，更没有利用地图在资源调配、农业耕种、国计民生中的独特作用，大力发展生产，让百姓休养生息。

此后，历经槐、芒、泄、不降、扃、廑、孔甲、皋、发、桀，夏王朝这些天子，对地图的重视似乎一代不如一代。

槐在位期间，继续征伐天下，顾不上发展什么地图测绘事业。芒继位后，似乎想起来乃祖治水功业，举行过一次隆重的祭黄河仪式，把当年舜帝赐给大禹象征治水成功的"玄圭"也沉在河水中，表示虔诚，谓之"沉祭"。不过，他却没有追寻先祖成功之道，悟得有图为典，便可驾驭天下山河地理。

到了孔甲执政，孔甲喜好信奉鬼神，肆意淫乱，沉湎于歌舞美酒之中，是一个胡作非为的残暴昏君，各部落首领纷纷叛离，夏朝国势更加衰落，并逐渐走向崩溃。

孔甲的孙子发原本有望再度修复疮痍满目的夏王朝，却因为他的儿子桀暴虐无道、荒淫无度，直接使夏王朝彻底覆灭。

具有讽刺意义的是，夏王朝覆灭之时，倒是有地图相关的记载。掌管夏王朝法典、地图的夏王朝史官终古，见桀执迷不悟，暴虐荒淫且死不悔改，便抱着夏的地图和法典出逃投商。而终古也成为史上第一个留名的史官。

夏朝因禹治水之大业而成，又因善用地理悉知地图而兴，亦因铸造九鼎绘制山河图而名，还因一统中原部落而建立起中国历史上第一个世袭制王朝政权，共传 14 世，17 王，历时 471 年，公元前 1600 年亡于商汤。

夏朝立国初期，地图迎来夺目的华彩。由于治水而对地图认知深刻的禹王，九鼎图定王权，天下封九州，创建井田之制……根据地图上诸侯与夏后氏都邑地理距离的远近分作甸、侯、绥、要、荒的"五服"纳贡制度，开启了夏天子统领诸侯，天下共主的王权世袭制度。依靠地图之全览，也实现了天子有效管辖方国部落的目的。

地图本应借势而兴，却由于禹王之后天下纷争四起，夏天子为争夺王权，镇压反叛，无心于地图的振兴与发展，导致地图在夏王朝终归是昙花一现，便归于沉寂。

商夺天下，终结夏朝，坐上天子之位后，似乎并没有发现地图治国的重要作用。尤其商代已经有甲骨文传世，除却勉勉强强和天文方位沾点边的占卜龟甲，也找寻不到多少地图的痕迹，仿佛地图在商代也如死水一般，毫无波澜。

商人是兴起于黄河中下游的一个部落，曾为夏王朝方国的商部落首领汤于鸣条之战灭夏后，以商为国号建立商朝。

天命玄鸟，降而生商。

汤兴兵灭夏，立商为国，只笃信玄鸟天命的祖先之德，和地图的缘分数次完美地错过。

第一次是商汤即位伊始。自禹王将绘有地图的九鼎作为传国法器、王权国柄之后，历代夏天子都视九鼎为王朝根本，不容亵渎，祭祀有加。但商汤君临天下

商时期全图

之时，似乎忽略了九鼎的存在，也就错失了观察九鼎之上的地图，感悟地图之于王权的重要性的时机。汤帝的登基仪式，没有祭祀叩拜代表天下的九鼎，只是取来天子的印玺就接受了群臣诸侯的朝贺，成为新朝的开国之君。

第二次则是登基之时的诸侯会盟。禹王当初行走天下治水，知晓天下诸侯领地内的山水地貌和物产资源。因此，在涂山会盟时他强调天下九州虽说分封众诸侯方国，但诸侯必须绘制地图服从夏天子管理并按时纳贡朝廷。汤帝没有这样的经历，自然引不起对地图的重视。特别是汤帝即位之时，参加会盟的诸侯多达三千，无不俯首称臣。

至于这些诸侯都位居何方，物产有些什么，地处什么环境，汤帝恐怕也说不清楚，只是知道自己的疆域比夏王朝还大，投靠归顺的诸侯比夏王朝还多。其实，天下诸国对夏桀暴政不满已久，渴望天下祥和，而商汤广施仁政赢得认可，诸侯自然纷纷附庸。双方各有所取，地图当时用不上也来不及实地勘测了解，所以地图的功能也就再次被忽略。

第三次是兴商灭夏，定国安邦之时，汤选择的辅佐重臣不是禹王时期类似伯益那种详知天下、通晓地理、能用地图治天下的人才，而是选择名为伊尹的一个厨子担任国相，并且历事成汤、太丁、外丙、仲壬、太甲、沃丁四代君主，辅政 50 余年。这 50 多年来，此君从未提起地图有什么用处，而是时时以治大国如烹小鲜的策略经国治天下。当然，地图是什么，怎么用，伊尹好像也不大会去仔细琢磨。

之所以选择伊尹为相，让汤帝记住的，可能不是滔滔不绝的治国之道，而是来自舌尖上的诱惑。

那一天，木材噼里啪啦地燃烧，升腾的烈火舔着鼎底，鼎里则冒着热气，还飘散着说不清的一种美食散发出来的香气。

其实，那曾是一只洁白无瑕的大天鹅，此刻正在鼎里上下翻滚，即将变熟出鼎。不知是加入了什么神奇的调味品，天鹅的肉香窜进了汤的鼻腔，也深深刺激了他的味蕾，让他急不可待地想尝上一口。

这道名为鹄羹的美味正是伊尹专门为汤烹制而成的，所谓"玉馔满盘来禁里，鹄羹分鼎下天中"。汤吃着鲜美的鹄羹，听到伊尹借烹饪之事而言治国之道，不由得肃然起敬。尤其伊尹将尧舜之德和烹饪厨艺融为一体，娓娓道来，形成治大国如烹小鲜的理论，更让汤觉得此人贤而智、奇而能，就拜伊尹为相，称为"尹"。所谓"尹，正也"，谓汤使之正天下。

数次和地图有缘无分，商立国之始就和地图渐行渐远。尽管汤帝吸取夏朝灭亡的教训，在伊尹的辅佐下，广施仁政，深得民心。但因是方国崛起的部落，对天下九州山河的认知局限性很大。再加上伊尹只是善用烹饪理念解决军国大事，商王朝也就没有什么地理之才能够绘制地图，用地图进行规划设计、治理水患、管理土地、促进生产等事宜。

相反，或许正是因为不懂得利用地形地貌的优劣选择王城，商王朝动不动就迁都，商王仲丁自亳迁于嚣，河亶甲自嚣迁于相，祖乙迁邢于庇，南庚自庇迁于奄，盘庚自奄迁于殷。这些频繁的迁都之举大多因为水患等自然灾害迫不得已而为。这也从侧面印证了商人治水的智慧甚至不及夏王朝早期，地理之道并没有得到重视，组织进行实地测量绘制地图的实践也就无从谈起。

辅助几代商王，伊尹取胜的法宝是靠仿效尧舜之德治国理政，而不知详参天地之理，洞察天下之势，明了地理之妙。似乎地图是什么、怎么用，伊尹并不看重。就连发动战争，伊尹也认为在于人心向背。有了人心，就有了士气，用不着勘查什么地形地貌，就能取胜班师。包括灭夏的鸣条大决战，伊尹建议汤在战前发布言辞激烈的《汤誓》，大谈夏国的不仁不义，把夏天子形容为罪孽深重的太阳，为了消灭这个"太阳"，就要抱定同归于尽的决心。所以，商军士气高涨，战争开始后就算赶上雷雨天气也不避讳，靠一股子勇猛之气，倒也让桀帝的夏军不知所措，连连败退，最终丢掉了王朝之尊。

当然，军事行动好歹需要参详地图，而更多的诸侯归顺于商，靠的不是军事的征讨，而是舆论的鼓动。伊尹四处宣扬汤的仁义，利用一切机会团结周边与商友善的诸侯、方国，从而让更多的诸侯闻风陆续归商，不费一兵一卒就扩充了疆域，完成统一，自然也就不需要地图来出力。

汤帝死后，依然是伊尹辅政。到太甲为帝，伊尹作《伊训》教导太甲。此时，频繁发生的自然灾害，足以让王朝对地理之道、山河之势引起高度重视，从而探索出地图整治灾患之策。可伊尹偏偏把天地灾患归咎于仁德方面，坚持认为上天降灾祸，都是国家的德行出了问题。至于夏代的先君禹王执政时期之所以天灾少祸，也是遵循德政，得以让山川的鬼神安宁，无法作害祸乱。至于禹治水疏河，俯察天下地形而顺从地理之道，得以让天地安宁、黎民安居，伊尹则绝口不提，似乎压根没意识到禹的功绩并非只是仁德，更有借一种叫作地图的工具有效规避灾害的策略，方才风调雨顺，国泰民安。

太甲之后，沃丁继位，伊尹则在沃丁时终老去世。沃丁遵循的，还是发扬祖制，以德治商。沃丁死后由弟太庚即位。再后来，历经小甲、雍己到太戊在位，随着伊尹治国理念的淡化，伊尹之子伊陟为相国，终于出现了一丁点和地图相关的实践应用。

太戊时期，设立的官职中出现了掌管记载和保管典籍的"作册"。"作册"又称守藏史、内史，担负含有保管地图在内的王朝各类典籍的职能。此时"田畴"的概念已经形成，甲骨文中的"田"字，就宛若一幅四块平整土地组成的地图，表明在平阔的原野上有整治而成的大片相连的方块熟田。而"畴"字更像田间按犁而耕往返转折之画。另外，甲骨文中"疆理"的"疆"字，似乎象征着丈量和划出疆界的田地。这一切表明，地图的概念或基本的应用可能出现在太戊时期，并且有燎原兴达之势。

可惜，地图的希望之芽刚刚萌生，尚未壮大，就在太戊死后其子仲丁称王后，与商王朝一起面临新的劫难。由于王权相争，加速商王朝衰败的"九世之乱"开始登场。

按照帝位传承法则，商朝的王位继承制为"父子相传"和"兄终弟及"相结合的继承制度。这两种制度的混用，造成王位继承处于混乱状态。仲丁是太戊的儿子，合乎"父子相传"，却有悖于"兄终弟及"。仲丁死后，兄弟们凭借各自的势力争夺王位。于是王室动乱四起，历经仲丁、外壬、河亶甲、祖乙、祖辛、

甲骨文 - 卜辞拓片

沃甲、祖丁、南庚、阳甲五代九王，故名"九世之乱"。九世之乱延续近百年，直到盘庚迁殷后才最终结束。

"九世之乱"使商朝元气大伤，诸侯都不来朝拜。来自西北方的少数民族如土方、鬼方、羌方等趁机发展实力，日益威胁着商朝的统治。

随着商朝内部离心力日增，衰败之象日渐明显，哪还顾得上认知地图这样的事务？

到盘庚迁殷为都，商王朝似乎又迎来生机。

这次迁都，盘庚开诚布公地表示，迁徙王都为的是让国家安定。此前先帝之所以屡屡迁都，无非是因为上天降临大灾不得已而为之。盘庚不希望臣民由于洪水动荡奔腾而继续流离失所，所以这次迁都要稳定下来，一切都是为了臣民的利益做考虑。

或许这次迁都有过一些实地勘测吧，至少商王朝的频繁迁都从盘庚开始，渐渐消停下来。但地图似乎沉寂在漫长的岁月中，从盘庚之后，历小辛、小乙直到武丁继位史称的"武丁盛世"，都始终未露头角。

此后，又有祖庚、祖甲、廪辛、康丁、武乙、文丁、帝乙到帝辛覆灭，地图在商王朝后期几乎找不到蛛丝马迹。

倘若硬往上靠，康丁开辟了以殷为中心的田猎场，用于田猎和军事演习，或许规划建设中有过地图的影子。武乙则昏庸无道，周部落首领季历带领周人开始崛起。文丁杀季历意图控制天下疆域，却不料加速了周人的伐商步伐。而地图也开始在季历子孙中最杰出的代表——文、武两王的重视下，复苏而兴，让后来的西周强大起来。帝乙继位后，商朝国势已趋于没落，包括江淮之间的夷族也强盛起来，都在准备大举进攻商朝。商王朝最后登场的帝辛便是商纣王，继位后奢靡无度，酒池肉林，营建朝歌，加重赋敛，是否依靠过地图之功并无可考。而且屡次发兵攻打东夷诸部落，推行严刑峻法，包括惨绝人寰的炮烙之刑，种种举措都在王朝内部引发激烈矛盾，商王朝已经走到了垂死挣扎的边缘。

牧野之战，善用地图的周武王姬发倒是给商王朝好好上了一课。用一幅伐商图，天下诸侯同仇敌忾，一举灭商，开始了周王朝的兴起。

上天赐予了商王朝君临天下的机缘，却似乎不愿意教会商人用地图经略天下的智慧。那只翱翔在商人心目中的先祖玄鸟，究竟是通体漆黑的燕子，还是全身黢黑的乌鸦，不得而知。至少从玄鸟的图腾上，看不出地图的痕迹。随后而兴的周王朝，却以凤鸣岐山为昭示。展翅高飞的凤凰，恰恰犹如地图上五彩斑斓的山水草木，托举起新王朝的雄起。

夏王朝后期到商王朝的整个历史周期，地图仿佛凝固在时空的弯道，不曾被王权所倚重，更未能随着岁月的脚步而快速成长。不知这是夏商亡国之憾事，还是王朝天命之所劫？

西岐凤飞

三

西周（公元前1046—公元前771年）

商朝后期，渭水流域的周国国迅速发展起来。公元前1046年，周武王伐纣，推翻了商朝的统治，建立了周朝，定都镐（又称镐京，今陕西西安西南），史称"西周"。西周通过大规模分封同姓和异姓诸侯来巩固统治，开发边远地区，逐渐发展成为一个强盛的国家。西周时期，主要的诸侯国有鲁、齐、燕、卫、宋、晋、吴、楚等，周边的部族有严允、鬼方、肃慎、淮夷、濮、扬越、羌等。

星退月隐，晨曦初起。

天边洁白如絮的云朵，在欲出将出的初日映照下，竟然披起五彩霞衣，在岐山高冈之上萦绕飘荡，恍如天庭仙境。

几声欢悦的鸟鸣，锵锵而啼，打破了山间的悄寂，也似乎催促着周部落的西伯侯姬昌披衣离榻，赶紧前往山冈一探究竟。

岐山高冈之上，粗壮的梧桐树绿叶透亮。一只从未见过的大鸟正停驻枝头，身高六尺许，鸡头、燕颔、蛇颈、龟背、鱼尾，长长的尾翼悬空而舞，浑身斑斓的羽毛光彩夺目，曼妙优雅的身姿匀称娇柔。此刻，它引颈而啼，双目炯炯有神，翅展状如彩霞，锵锵的啼叫声洪亮而富有节奏，让姬昌擦亮眼睛，他不敢相信天地之间居然有此种不可思议的神鸟。而姬昌再看自己，身上所穿的既不是伯侯朝服，也并非寻常便服，而是自己都不曾记得有过的一件奇异袍服，上面绘满了日月之图和星宿之形，宛如一幅天文星辰图。

惊诧之下，姬昌虽不解其故，但身上的天衣、林间的神鸟，真真切切地就在眼前，不由自主地便垂首俯身行礼。

但行礼未毕，锵锵之声骤然而止。等再抬头相看，那只神鸟振翅而起，在空中盘旋几周后，便不见影踪，就是空中被霞光所照的五彩祥云，也很快恢复洁白之色，静静地悬浮在万里晴空，仿若一切都不曾发生过。

姬昌情急之下忙要追赶，却倏地惊觉欠身，发现自己尚在寝宫，刚才所闻所见，竟是幻然一梦。

对于伏羲八卦钻研已久的姬昌起身更衣后，沐而占卜，得一卦，为大吉之兆。欣悦之余，又觉得有太多不解，于是想到散宜生善解梦，便立时命人召唤前来。

早在唐尧时，散宜氏就建立起实力强劲的家族，唐尧曾为取得散宜氏家族的支持，娶散宜氏之女为妻，故而散宜氏自古就是一支不可忽略的力量。待商汤赢得天下为天子时，周人之国也被列为诸侯，姬昌继承其父季历爵位为西伯侯，所交四友，便为南宫括、散宜生、闳夭、太颠。此四人亦友亦臣，尽心辅佐姬昌，开周人前所未有之盛世。

散宜生作为散宜氏后人，才华出众，深得姬昌重倚。此时晨初未朝，闻听姬昌宣召，必有要紧之事，散宜生登时慌不迭奔赴前来见姬昌。

姬昌看到散宜生前来，就把梦境讲述了一遍。散宜生听后喜上眉梢，认为凤鸣岐山，周之兴也。

散宜生解梦说，殷帝无道，虐乱天下。星命已移，不得复久。灵祇远离，百神吹去。五星聚房，昭理四海。伯侯所梦神鸟，正是吉瑞之鸟凤凰。此鸟非梧桐不止，非练实不食，非醴泉不饮。而凤有六象九苞。六象者，头象天，目象日，背象月，翼象风，足象地，尾象纬。九苞者，口包命，心合度，耳聪达，舌诎伸，色光彩，冠矩朱，距锐钩，音激扬，腹文户。

伯侯梦中所穿天衣，其上所绘日月星辰，和凤凰羽衣相呼应，乃应天命王权之理，社稷天下不久当归我周人矣！

姬昌闻言心动，暗自思忖世间疆土，山水万千，形姿各异，但若浓缩于一张图画之上，那一岭岭山峰、一道道河流，夹杂百木鸟兽，的确犹如展翅之凤凰彩羽，斑斓亮彩，夺人眼目，引人向往。

此外，梦中身上所着天衣，日月在上，星罗棋布，和凤凰羽翼并列，不正暗合乾坤天地之意、阴阳和合之象吗？两者所寓，不皆为山河社稷的地图吗？

对于地图，姬昌家族深谙其理，并不陌生。

追溯其祖之基业，其族之往事，地图很早便为周人所知所用。

早在部落早期，夏天子被尊为四海之主，周人便开始在西北黄土高原上游牧而兴。后又一路南下到渭北平原告别游牧，耕种兴邦。到先祖公刘为侯，便在豳地建国，成为夏朝方国。随着整治农田，发展生产，周人贮积的粮食堆满仓囤，很快发展成为一个繁庶兴旺之邦。商汤灭夏，周人的豳国随即又成为商的方国。

公刘之所以能够让周人安居乐业，就在于他天生对地理的认知迥异于常人，并且能将地图应用于农业生产和疆土治理。

从西北高原到渭北平原，不同的地理地貌，或是沟沟坎坎，或是千里沃野，在公刘看来都可以简缩为一张图。在这张图上，可以根据土地的贫瘠肥沃予以分类，该整治就立即整治，适宜耕种什么就带领族人耕种什么，有的地形能规划为城池就动工兴建宫城庙社。

公刘明白，让周人的土地幻化为一张图，唯实地测量方可。于是，公刘亲自拿着测量工具，一会儿爬上高山观测地形，一会儿又在平原进行测量。山南山北，地形起伏多变，公刘把士兵组织起来，分为不同小队，勘探水源从何而来，水流从何而去，低洼处有多少，深沟又有多少。等把领地弄清楚后，就划分界线整治田畴，再分给族人耕种，家家仓里的粮食都堆积如山，周人变得富庶起来。

豳地许多沟壑背靠厚厚的黄土，坚而难摧，公刘便根据这类地形发明了窑洞，让族人凿洞而居，一改简易的草木居所容易被野兽侵袭的苦恼，让窑洞成为族人定居耕种之家园。

天性乐观勤劳的公刘，除了用地图之奇功提升生产，还逐渐扩张领地，兼并周边众小部落，终于让周人从普通家族部落成长为方国之首，豳国也便成为周国，周人丰衣足食，彻底安定下来。

史称，周道之兴自此而始。

等到了姬昌的父亲季历执政之时，周与商的关系开始密切起来。商王武乙看重周人的实力，季历于是与商联姻，娶商王之女太任为妻，成为商王朝在西部最为重要的一位方伯，可享有代商王征伐诸国之权。

在商王武乙的支持下，季历对戎狄部落展开了猛烈的进攻。胜利之后，又领兵先后征伐燕京之戎、始呼之戎、翳徒之戎，武乙赐给季历土地 30 里、玉 10 车、马 10 匹作为赏赐。随后季历牢牢把握住商王信任下殊为难得的机遇，接连伐西落鬼戎，俘 12 翟王，率兵极力向东发展，歼灭了东邻的程国，打败了义渠等北方一带的戎人，征服了周围许多较小的戎狄部落，让周国的疆土越来越大。为防止商王起疑心，季历每次征战结束，都把战利品贡献给商王。此时的商王是文丁，他任命战功赫赫的季历为牧师。牧师之位，虽职司畜牧，实际上已成为商王朝西方诸侯之长。

季历对于地图的重视，更多体现在军事行动上。随着季历持续不断地扩充周国地域，在渭水中游成为最大方国，许多诸侯纷纷前往归顺。这时的商王文丁，终于对周起了猜忌之心，就以封赏为名，将季历召唤到殷都。

季历的妻子太任闻听父亲要封赏丈夫，却没有多少惊喜。对伏羲八卦精通的她卜了一卦，得出雷泽卦，上为震，下为兑，此即后来的"归妹"卦。虽从卦相来看，此卦吉凶参半。但卦象一旦有变，利商不利周，皆大凶，且有血光之灾。

天命难违，太任还是随丈夫踏上前往商朝国都朝歌的路途。当商王文丁在洛河河边见到心爱的女儿后，非常高兴。朝歌城内，文丁之子，太任的哥哥帝乙隆重举行仪式，迎接妹妹太任和妹夫季历。

热烈的气氛之下，其实暗藏杀机。

这次，季历名义上被封为"方伯"，号称"周西伯"，实则商朝以女儿省亲的借口不让季历回到西岐。一天，翁婿之间似乎因为家庭琐事发生了一次争执。季历顶撞老丈人文丁，被大舅哥帝乙以谋害商王的罪名投入死牢，并很快杀害。

姬昌毕竟是文丁的外孙，才没有遭荼毒，得以继父亲之位为西伯侯。

天下如果是一张地图，那么，岐山之下，周之沃野，东有黄河为阻，南有秦岭为防，姬昌清楚地知道，商朝始终虎视眈眈，对西岐怀有戒心。他初期虽无反叛商朝之心，但图强之志坚韧不拔。遵先祖公刘之业，效父季历之法，倡导"笃仁，敬老，慈少，礼下贤者"，使周国蓬勃兴盛起来。尤其姬昌为人谦和，尚德重义，勤于政事。因此，当他广罗人才时，许多外部落的俊杰以及从商纣王朝来投奔的贤士，都被予以任用。伯夷、叔齐、太颠、闳夭、散宜生、鬻熊、辛甲等人，成为周国的重臣。而随着姬昌渭水之滨得遇吕尚，也就是姜子牙后，一番君臣问答，让姬昌钦佩不已。姬昌一直忧虑商不容周，迟早会有祸端，故而向姜尚请教天命王权之说，到底什么才是天命？王权终究归属于谁？

姜子牙对姬昌说，天下不是一个人的天下，而是天下所有人共有的天下。能同天下所有人共同分享天下利益的，就可以取得天下；独占天下利益的，就会失掉天下。天有四时，地有财富，能和人们共同享用的，就是仁爱。仁爱所在，天下之人就会归附。

这一番振聋发聩之言，让姬昌决意拜姜尚为太师，专门问以军国大计，以图周国大兴。

治国安民之外，更需开疆拓土。先祖公刘就善于利用地图开垦种植，父亲季历依靠地图审时度势扩充疆域。现在，姬昌既有先祖所传的家族测绘制图之能，自己又跟随母亲太任对伏羲八卦研究甚深。要想西岐足够强大，就必须让疆域足够大，人才足够多，财富足够充裕。实现这些目标，地图就得担纲主角。

姜子牙身为太师，懂兵法、善谋略，知天道，和姬昌的看法不谋而合，认为从天下所图，军事所计，行兵法，壮西岐，必以地图相佐。

姜子牙坦言，凡举兵兴师，都以将帅掌握军队的命运。要掌握好全军的命运，最重要的是通晓和了解各方面情况。因此，出征要顺应天道，应付各种情况。将帅要制定制度，建立起强大的参谋团队，发挥各种人才的奇异才能，就可以很好地完成征伐任务。

对于出战的有些诸侯之国无地图可考，那就安排天文官三人，负责观察日月星辰的运行，测度风向气候，推算时日吉凶，考察吉凶征兆，核查灾异现象。再安排懂得地理和测绘的官员三人，负责察明军队行军和驻地的地形状况，分析利弊得失的变化，观察距离远近、地形险易、江河水情和山势险阻等，形成作战地图，这样就可以确保军队作战不失地利。

在文武贤臣的辅佐下，姬昌一面向商朝称臣纳贡，缓解商朝对周的戒备；另一面开始实施种种策略，收买人心，兼并土地，扩大实力。

这些策略在实施过程中，地图其实悄然扮演起极为重要的角色。

为使治下百姓丰衣足食，土地不被荒废，周国就依照地图划分田地，特别是鼓励农民助耕公田，而只纳九分之一的税，大大地促进了生产。

商纣王帝辛发明了名为炮烙的酷刑，命犯人在涂满油的铜柱上走，一滑倒就会跌落到火坑里，顿时皮焦肉烂，死于非命，诸侯和百姓对此无不咬牙切齿。姬昌认为这时是收服人心的大好时机，从地图上选择了洛河西岸一块并非要冲的土地，毕恭毕敬地献给商纣王，恳切地希望以此换取废除炮烙之刑。纣王答应了姬昌的要求，废除了炮烙之刑，周国由此更是得到了天下百姓的爱戴。

随即，姬昌发兵讨伐西方犬戎及密须等小国，以固后方，接着东伐耆国，又伐邢，最后伐崇国，诸侯归附者有六州之众。随着周的地盘深入商朝势力范围，此时周国"三分天下有其二"，渐已形成对商倒逼围攻之势。

就在这节骨眼上，姬昌忽然夜梦凤凰于飞，降临岐山鸣叫欢啼，又有日月星辰天衣出现在梦境，宛若九州山河图加身，难道果真预示着天命王权将倾向西周？如此，伐商大业就可以提上日程了。

凤鸣岐山的昭示，冥冥间竟然和地图联系起来：是凤鸣之声催生了地图的又一次勃然而兴的生机，还是周王朝的雄霸天下借助了地图的神奇助力？无论如何，在周人从部落而起，到成为诸侯强者，再到意欲谋取天下，地图总以最神奇的力量帮助周人一次次化险为夷，又一次次险中求胜，不断增强实力。

伐商，意味着要推翻商纣王，成为天下共主。如此霸业，足以告慰先祖，更能彰显周德。周国的文武之臣，还有纷纷依附的各路诸侯，都有意推姬昌为首，伐商取而代之。但权衡利弊之下，姬昌和姜子牙及太子姬发商议后，想着还是继续韬光养晦，等待时机。

偏偏岐山凤鸣，上天降下祥瑞，昭示着推翻暴虐无道的商纣王时机已经成熟，拯救万民于水深火热之中的使命非周莫属。

伐商决心已定，姬昌让姜子牙和姬发立即着手各项准备工作和战争动员。

正巧就在这个时候，不知是商王朝又起防备之心，还是走漏了什么风声，商纣王的亲信谗臣崇侯虎暗中向纣王进言，西伯侯姬昌到处行善，树立威信，诸侯都向往他，恐怕不利于商王，而且周国的疆域面积越来越大，不如以王命召西伯侯来朝歌，把他扣押起来。

纣王即令传旨，西伯侯来朝歌觐见，有要事相商。为麻痹姬昌，让其他六州的诸侯也一并朝觐。

接到纣王敕令后，姬昌心里已经明白怎么回事。那些六州的诸侯闻听后，对商纣王也无好感，纷纷表示唯西伯侯姬昌马首是瞻。

朝歌之行，吉凶难定，如果此刻起兵反叛，仓促之间，恐怕为时尚早，难以有取胜的把握。而诸侯都厌恶纣王，姬昌决定借此进行新一轮的心理战。

于是，召唤司徒、司马、司空前来，作《程典》以告天下。

姬昌称《程典》的意义在于忠诚于商纣王，治理好所辖疆域，但字字句句几乎都是在推行他的政治主张。

纣王荒淫奢侈，无德无道已是天下皆知，群情激愤。姬昌偏偏大谈爱民之德、友善之德，树立起周国以德治国、西伯侯重德爱民的形象。

商王朝佞臣一片，无不贪婪成性，四处牟利。姬昌却大谈大夫不懂得义，就不能培养好下一代。斥责做上司的不明智，当下属的便不会顺从，就不知耻丑，行为轻率，愚昧增多，十足无知。

纣王横征暴敛，姬昌恰又阐述了爱惜之心和惠民之道。

土地是王道之本、国邦之基。固此本，夯此基，离不开地图之功。未来伐商大计，要土地的收成保障军备，更要万众百姓支持此役。故此，姬昌千叮咛万嘱咐，明确告知留守西岐的官员，要善于利用土地，就必须把所有的土地绘制成一张张地图，在图上标明它的物产。这样就能察看土地的好坏，测量出它的高低。无论是什么地形，池塘水沟都能利用好。而有地图为依据，确定土地的等次，区分它的物产，制定土地的租赋，农民耕种的积极性得到提高，耕种完全顺应农民的意愿，自然就能五谷丰登，国强民富。

作完《程典》，姬昌又召姜尚和太子姬发彻夜筹谋，要求无论他在朝歌是否安全，都必须加紧各种伐商物资的准备，包括兵械的打造。同时，必须绘制出一幅伐商图，以号令诸侯，部署兵事，做到知己知彼，才能彻底推翻商纣，建立全新的大周王朝。至于商纣王统治地区的情况，一方面他安排斥候打探，另一方面他到朝歌后，也会留意查勘。

一番交代之后，天已大亮。和众人依依惜别后，姬昌快马加鞭，踏上了朝歌的土地。

果不其然，到了朝歌后纣王不由分说，就将姬昌拘于羑里。姬昌深知纣王秉性和自己的处境，所以并没有破口大骂激怒纣王，反而以臣子之礼服从纣王的发落，依旧一如既往地恭恭敬敬。

西岐闻听姬昌被商王扣押，众人无不忧心忡忡。而时间一久，纣王似乎忘记了羑里的姬昌，继续寻欢作乐，对已危在旦夕的社稷也熟视无睹。

被扣留关押起来的姬昌当然不会闲着，向来以《易经》推演八卦闻名的姬昌，借占卜的名义在羑里不时打探商王朝控制区域的地形地貌以及驻军和布防情况，随后默默记在心中绘制成图。他所念念不忘的，还是和太子姬发等人相别时嘱咐再三的伐商图，有此地图，方能出兵朝歌。

西伯侯的处境、纣王的倒行逆施，让天下诸侯对商王朝愈加不信任。而伐商大计，离不开姬昌的亲自谋划。

如何解救姬昌成为西岐头等大事。散宜生想到纣王好大喜功，而宠臣费仲贪婪无度，就重价购得天下的珍奇宝物，包括骓虞、鸡斯良马、玄豹、黄罴、青犴、白虎毛皮上千盒，还有有莘氏美女，通过费仲疏通，送到纣王手里。

商纣王本来都忘却关押着姬昌了，此刻得到西岐送来如此贵重的礼物，特别是婀娜多姿的美女，登时龙心大悦。加上费仲的一番巧言说合，纣王不仅下令赦免姬昌出狱，并且还杀牛赏赐。

姬昌回国，西岐上下无不欢欣。但为了保证伐商大业顺利实施，姬昌并没有公开行动，一面和姜子牙、姬发等人制定策略，偷偷安排画工绘制进兵朝歌的伐商图，一面用玉来装饰屋门，修筑起高台，并挑选不少美女，经常奏乐寻欢，以此进一步迷惑纣王。

果然，纣王闻听西伯侯并无反叛之心，甚至还赏赐姬昌代行天子王权的弓矢、斧钺，继续赋予西伯侯专征大权。

伐商箭在弦上，姬昌却自知大限将至，口述遗训，让史官记录下来。这篇名为《保训》的遗训中，姬昌把伐商大业和治国之道一一交付于太子姬发。特别提到伐商图乃成大事之关键，必须做到见善不怠，时至勿疑，去非勿处。抓住时机，不能迟疑。随后，被尊称为文王的姬昌溘然长逝。

这一年，是公元前 1050 年。

继承西伯侯位的姬发，号武王，决心以父王的伐商遗志为己任，继续尊姜尚子牙为军师，并用弟弟周公旦为太宰，召公、毕公、康叔、丹季等良臣均各守其位，为便于进攻商都朝歌，武王便在沣水东岸建立新都镐京。

攻伐朝歌路线怎么行进，天下诸侯如何动员分工，根据此时已经绘制完成的伐商图便可一目了然。黄河将商周分隔为二，但武王将要以这张地图为依据，掀起王命更迭、天命归周的惊涛骇浪。

伐商第一步，武王开启了中国历史上首次规模宏大的大阅兵，史称"孟津观兵"。

武王即位第二年，率领战车 300 辆，虎贲 3000 人，穿戴甲胄的战士 45000 人，一路东进，举行了史无前例的黄河渡口大阅兵。

这次观兵，实际上是一次为灭商做准备的大检阅和大演习，居然有四面八方大大小小的 800 路诸侯闻讯赶来参加。可还是有少数实力较强的诸侯按兵不动，观察风向。周武王不动声色，亲率大军先西行至毕原的文王陵墓祭奠，转而东行向朝歌前进。行军过程中，武王在中军竖起写有父亲西伯昌名字的大木牌，自己只称太子发，意为仍由文王任统帅。

孟津古渡，黄河水波涛滚滚，武王领兵到了渡口。此时，天下人心归周，商纣苟延残喘。当群情激愤的各路诸侯力劝武王立即向朝歌进军时，武王反倒觉得火候还差那么一点，便只发表了商纣王自绝于上天，违背天理，我等替天行道，名为《太誓》的誓言，达成了诸侯由武王统领为帅的会盟。随即，武王就以尚不知天命为何之由，表示要择日占卜再行出征，率兵西撤回周。

武王之所以没有趁机东渡伐纣，是想着把诸侯的怒火撩得更大，等士气更加高昂，让那些未曾参加孟津会盟的诸侯也参与其中。除此之外，武王还考虑，借助周人自古就善于观察天象、周知地理的优势，选择恰当的时机，利用天象之异的时机，秉承上天的旨意来行事，从而让天命为周的王权牢牢控制在手中。

武王姬发伐商的战略计划是：趁商朝主力滞留东南之际，精锐部队以迅雷不及掩耳之势，深入王畿，击溃朝歌守军，一举攻陷商都，占领商朝的政治中心，瓦解商政权，让残余的商人及其附属方国的势力群龙无首，再各个击破。

又一年过去，太史和占卜的官员都通过天象观察，得知上天将有一次异变，会发生日食现象，这将是鼓动天下共同伐商的大好时机。

务求一战决胜的武王，徐徐展开凝聚父子两代心血的伐商图，按此排兵布阵，行军路线一一布置完毕，立即向天下诸侯发布动员令，在公元前1044年二月甲子日的凌晨，日食发生之前，集结于商都朝歌郊外的牧野，举行出征伐商的宏大誓师仪式。

武王左手拄着黄钺，右手握着旄旗，面对将士们慷慨陈词，发表了名为《牧誓》的战斗檄文。

武王大声说，我的友好邻邦的众位君主，各位司徒、司马、司空、亚旅、师氏、千夫长、百夫长，以及庸、蜀、羌、髳、微、彭、濮等各族的人民，举起你们的戈，排好你们的盾，竖起你们的矛，我们要向昏庸无道的商纣王进军了，这是在执行上天的意愿，完全是正义之举。

当天色明亮时，随之发生日食，武王趁机鼓吹此为上天的昭示，让各路诸侯彻底信服。随之，按照伐商图确定路线和排兵，要求作战每次前进不超出六七步，就要停顿保持阵型；每次刺击不超出六七下，就要停顿保护阵形前移。誓师完毕，诸侯派兵参加会盟者共有战车四千辆，列阵于牧野。

联军如同一道闪电突袭朝歌，军士们震天的怒吼让纣王不知所措。危急之下，只好仓促武装大批奴隶、战俘，连同守卫国都的军队，开赴牧野迎战。

纣王据称以70万兵力抗周。可这些散兵游勇和战俘奴隶组成的军队斗志涣散，又没有可用的战车，单靠步兵很难和冲击力强大的战车阵相抗衡，周军士气正锐，商军几乎是一击即溃。从内心来讲，这些商军只盼周武王赶快攻入，甚至转而攻击纣王，为姬发做内应。

牧野之战从开战伊始，非但天象，人和也是大势所趋，胜利的天平就已倾向于周武王的联军。而那幅神秘的伐商图更是让周军占尽地理先机，一切似乎都是天命注定，任谁也无法阻挡。

这一天，天地异常浑浊，似乎昭示着商的气数已尽。天空中，太阳蚀而不明，晦暗惨淡，阴云层叠，昏天黑地。而从牧野到朝歌的地面上，周军乘胜追击。滚滚战车，嘶嘶马鸣，喧腾的杀气仿佛吞噬尽了商王朝最后一丝残喘的气息。

纣王帝辛悔之晚矣，明白商王朝亡在今日，再无挽回之地。于是，不得不退回宫城，登上他日夜荒淫嬉戏的鹿台，浑身裹满珠宝，一把火点燃了自己，也点燃了鹿台，熊熊烈火燃烧不熄。自此，商亡矣。

武王赶到鹿台亲自将焚烧已死的帝辛头颅斩落后悬旗示众。一百多名商朝的贵族佞臣也被俘，将被带回周作为祭祀的人牲。

而英姿勃发的武王在将帅和诸侯的簇拥下，就在商的宫城内举行了盛大的"受命"仪式，寓意天命王权业已归周。这个大典上，武王胞弟周公姬旦手持大钺，紧随武王进入王宫，姬发在社庙南面即天子之位。

牧野一战，武王大获全胜，诛杀商人有18万之多，被掳为奴隶的更是多达33万，大量的平民和大量的珠宝财物都归周所有，据说仅佩玉就达到18万枚。武王特意选择在牧野作为祭祀周祖的地点，以此奠定大周王朝的兴起和家天下800年传承的开启。

登上天子之位的武王姬发，国号定名为周，分封诸侯，犒赏将士。

而在伐商中奇功屡建的那些地图，武王更是喜爱有加，打算在未来稳定时局、经国济民、振兴天下时，绘制出更多的天下山河地理之图，以此佑护周室江山千古永续。

可惜，功未成，身先死。过度的辛劳，姬发已是心力交瘁，难以为继了。弥留之际，还是念念不忘尚未安宁的天下。他担心儿子姬诵年纪尚幼，缺乏政治经验，不足以担负起管理天下的重任，便把辅政的大事委托给了弟弟姬旦，即后人所称的周公。

武王驾崩，儿子姬诵是为周成王。姬旦辅佐成王，准备制定礼乐，颁行天下。而武王的兄弟管叔、蔡叔等人怀疑周公有取成王而代之的野心，便勾结殷商残余势力武庚作乱。

当时，武王为尽快安定天下，将纣王之子武庚封于殷，利用他统治殷民。同时武王派遣其兄弟管叔、蔡叔、霍叔在殷都附近建立邶、鄘、卫三国以监视武庚，史称"三监"。

未曾想，天下刚立，战乱又起。"三监之乱"爆发，迫使周公奉成王之命，出征讨伐。

素有其父文王天文地理之才的周公姬旦，想到父兄讨伐商时以伐商地图出奇制胜，便又根据东部叛乱区域的形势及周边诸侯的动向，绘制了东国图。

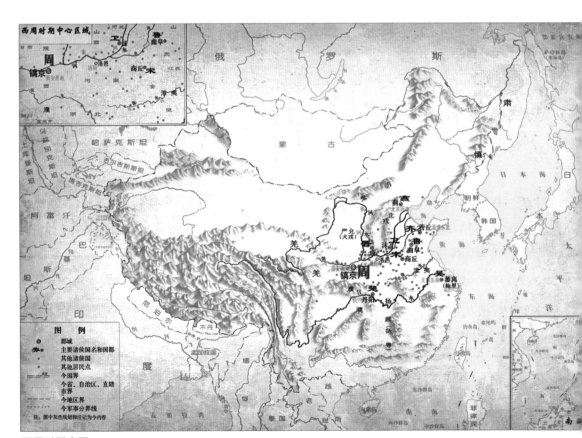

西周时期全图

有讨伐东部诸国叛贼的地图为依据，周公所率军队很快征服叛军，随后诛斩管叔，杀掉武庚，流放蔡叔，收服殷之遗民，封康叔于卫，封微子于宋。周公讨平管蔡之后，并没有就此班师，认为东国图上标示的东方一些尚未归属周的部落是隐患，便乘胜向东方进军，灭掉了奄等 50 多个方国。从此周的势力延伸到海边。周公平定淮夷及东部其他地区，诸侯都归顺了周王朝。

东国图让周公知己知彼，大胜天下。此时的周国早已不是西部的"小邦周"，东至海，南至淮河流域，北至辽东，疆域空前。周公东征，势同暴风骤雨，彻底打破了长久以来的氏族部落格局。所残余的，也不过是徐国一部分人逃到江南，东夷则被赶到淮河流域，嬴姓被迫西迁，楚国逃到丹水流域。

周公东征，奠定了中原王朝从未有过的大格局和大版图，尤其是代表王权的九鼎，也从殷商迁来周都安放。

诸侯归顺，天下太平，百废待兴。

思忖地图非凡之功的周公，从地图上看全局，认为国都放在西部已经无法统领天下。于是，就建议成王修建新的都城，选址则定在洛阳，此处居天下的中央，四方进贡，路程远近相似，非常适宜建都。

当然，建设新都离不开地图。为确保都城选位上佳，顺利竣工，周公先期组织了实地测绘。参与测绘的召公占卜得到吉兆，便在洛水与黄河汇合的地方测定新都城的位置。此后，周公亲自到现场，分别对黄河北方的黎水地区，涧水以东、瀍水以西地区进行实地测绘和占卜，结果就洛地最为吉利和适宜。于是测绘成图，献给成王。

得到成王的认可后，杀牛、羊、猪等牺牲在新邑立庙祭地。又过了七天，周公向各诸侯国民和殷民颁布命令，之后命令殷民大举动工。

周成王七年（前 1037 年），周王朝苦心营建的洛邑宣告竣工，随即就以"四方入贡道里均"为由，决定以洛邑为新都，史称"新邑"，颁布《召诰》《洛诰》，详细记载这次都城营建的始末和意义，并为此举行盛大的诸侯集会。这是周成王即位以后第一次会盟诸侯，各方诸侯以其方物进献王室。史载，这场检阅诸侯的盛会规模盛大。

天下大定，辅佐成王的周公考虑到周之所以兴，商之所以亡，三监之所以叛乱，都因为天子对诸侯动态不清楚，对天下土地物产不熟悉，对制度礼法不重视。而最为重要的是，地图的匮乏和管理上的不足，让天子治国安民的策略得不到贯彻，诸侯纳贡不能够实事求是及时上缴。天子和诸侯之间礼法不明，权责不分，都难以让天下长治久安。

于是，借新都落成，周公决定制定礼法，设立官员体系和相关制度，一切就从地图做起。

《周礼》开宗明义就按照地图方位来确立中央政权："惟王建宫以捂方正位，体国经野，设官分职，以为民极。"

以国都为中央区域，以宗庙和朝廷的位置作为核心分界线，从而根据地理位置和职能来分设官职，周王朝掌管天下的完整治理体系就此形成。

随之所建立的天官、地官、春官、夏官、秋官、冬官六大官职体系中，地图的职能、管理、用途都分门别类，在各个官僚体系中几乎都有涉及，负责测绘和掌管地图的官职成为周朝官制中的一条主线，串联起周天子的治国理政新理念，更连接起王朝以地图加强统治、用地图振兴天下的宏志大愿。

天官冢宰居首，总御百官。其下属小宰一职，担负着使用户籍和地图来解决调和各地土地争端的职能。司会则负责管理书契、户籍和地图副本。司书负责管理国家行政地图和土地物产之图。内宰掌管有关登记宫中人员的名册及绘制宫中官府地图的法则，以施行有关内宫的政令。

地官以司徒为长官，掌管天下的教育，以辅佐周天子安定天下各国。大司徒

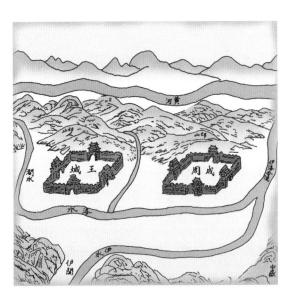

洛邑图

据《尚书·洛诰》记载，召公营建洛邑时，根据占卜的结果进行勘测，绘制地图，在洛水边建王城和成周城。上图是今人根据文字记载而绘制的洛邑二城相对位置示意图。《洛邑图》是我国地图史上第一个具有实际用途的城市建设规划图，是专题地图的萌芽。

掌管天下各国土地的地图与记载人民数量的户籍，以辅助周天子安定天下各国。依据天下土地的地图，遍知九州地域面积之数，辨别各地的山、林、川、泽、丘、陵、坟、衍、原、隰的名称与出产之物，辨别天下的诸侯国和王畿内的采邑数，制定各诸侯国的畿疆，而挖沟起土以为界。凡建立诸侯国，用土圭测量该诸侯国的土地而制定该诸侯国的疆域。凡建造采邑，制定该采邑的地域，而挖沟起土以为界，根据采邑的室家数来制定井田规模。小司徒负责用地图断定土地争端，合理调配土地；核查人民以使其从事土地生产事业，交纳贡赋等所有当收取的租税；协助大司徒划分各行政区域而确定守护地产的官职；凡建立诸侯国，使他们设立社稷坛，规正诸侯国疆域的封界。县师凡建造采邑，测量它的土地，辨别该地所有的人民和物产，且划定它的地域。每年按季征收野地的赋贡。遂人掌管王国的野地。按照地图划分田野，制定县鄙等的区划。土训掌管解说地图，以告诉天子不同的地区所适宜施行的事。矿人掌管天下矿产地图。

春官以大宗伯为长官，掌理礼制、祭祀、历法等事。其中，冢人掌管周室的墓地，辨别墓地的范围而绘制地图。墓大夫掌管王国中民间墓地的地域，绘制成图；令国中民众聚族而葬且掌管有关的禁令，并使各族都有本族私有的墓葬地域，凡有争夺墓地的，评断他们的争讼。冯相氏负责观测十二年绕天一周的太岁、一年十二次盈亏的月亮、斗柄所指的十二辰、一旬的十天、日月五星所在二十八宿的位置，辨别和排列年月时节朔望等历法。保章氏负责观测天上的星象，记录星、辰、日、月的变动，据以观测天下的变化，辨别这种变化的吉凶；根据星宿的分野来辨别九州的地域，所分封国家的界域都有自己的分星。外史负责书写天子下达给畿外的命令，掌管包括地图在内的四方诸侯国的史记、三皇五帝遗留的典籍。神仕负责根据日、月、星三辰（以确定众神神位）之法，以绘制人鬼、天神和地神在天空位置的图形，辨别它们的名称和类别。

夏官司马率领下属而掌管天下的政典，以辅佐天子使天下各国政治公平。大司马负责建立有关诸侯国的九项法则，制定诸侯国的封域和疆界。属官中，量人掌管营建国家的法则，划分天下的国家为九州，丈量将营建之国的国都的城郭，丈量国君的宫室，丈量市、朝、道路、里巷、宫门和沟渠。司险掌管九州的地图，以遍知各州的山林、川泽的险阻，而开通其间的道路。职方氏掌管天下的地图，以掌握天下的土地，辨别各诸侯国、王畿内的采邑、四夷国、八蛮国、七闽国、九貉国、五戎国、六狄国的人民，以及他们的财物、九谷、六畜的数目，遍知他们的有利和不利条件所在。辨别九州内的诸侯国，使各诸侯国都有他们共同的事业和利益。土方氏掌管运用土圭的方法，通过测度日影，以度量土地的方位和远近而观测可居住的地方，建立诸侯国和采邑。形方氏掌管制定诸侯国的地域，规正它们的疆界。原师掌管四方的地形之名，辨别丘、陵、坟、衍、原、隰的名称和物产，辨别其中可以划分出来建造居邑的地方。

秋官司寇为长，率领下属掌管天下的禁令，以辅佐天子惩罚违法的诸侯国。属官中，司民负责呈报民数，通过户籍辨明他们居住在都城、采邑或郊野，并区别男女性别，以地图册的形式载明每年出生、死亡所造成的人数增减。司寤氏负责夜间告时，依据星宿的位置来区分夜的早晚，以告诉巡夜的官吏实行宵禁。

冬官以司空为长，其属官掌管使用地图用以进行土木工程和水利建设。

制定周王朝礼法的过程中，周公把地图推崇到无以复加的重要地位，无论是封建制度、宗法制度，还是井田制度等，都能井然有序，使政治上有君臣上下之分、等级之别；在宗法上有大宗、小宗之别；在经济上分公田、私田，使民不失耕。

周公制礼，是周公一生最主要的功绩之一。而借助地图治国，又是周公制礼极为重要的核心思想。

从先祖公刘初识地图之兴族旺宗开始，到岐山凤鸣，文王、武王接力完成伐商大业，正所谓文王有大德而功未就，武王有大功而治未成，周公集大德大功大治于一身。此功此德，地图所代表的正如那只五彩斑斓的神鸟凤凰，给周王朝崛起于天下引吭高啼，让地图以极为详尽的分类、史无前例的重视和无所不至的运用，成就并开创了周室江山的绵延持久。

周公此举，遵从了先祖对地图的重视，更为周成王与其子周康王的统治奠定了厚实的基础，从而出现社会安定、百姓和睦的一派兴盛之象，史称"成康之治"，成为中国古代史上第一个真正意义上的盛世。

（四）

祸起春秋

春秋（公元前770—公元前476年）

公元前770年，周平王东迁，定都洛邑（今河南洛阳），史称「东周」。东周分为春秋和战国两个时期。春秋因鲁国编年史《春秋》而得名。春秋时期，周王室势力衰微，被迫依附于强大的诸侯。各诸侯国不断进行战争，争夺霸主地位，出现了齐桓公、晋文公、楚庄王等「春秋五霸」。这一时期，周边的部族有东胡、山戎、肃慎、羌、百濮、扬越等。

扫码读第4、5章参考文献

春风得意马蹄疾，秋雁回头庆丰收。

日月轮回，一岁四季。或许，只有春秋两季，才最能激发出诗意，引人无限畅想。

在历史漫漫长路的众多驿站中，春秋却是引领天下走向战国年代的前奏。在这段岁月中，中华大地上没有春华秋实的喜悦，也没有风花雪月的雅致，只有血与火的洗礼、王与霸的轮番登场。

地图，在这个时期是兴是衰？是生是死？

恐怕说起来，也是一言难尽。

如果地图如人类一般也有情感，懂得七情六欲，能够喜怒哀乐，那么从周平王东迁洛阳，进入东周前半期的春秋开始，地图只能哭笑不得，喜忧参半。这只能算得上是生不逢时恰有时。

一方面，放置在周都城内象征王权天命的九鼎，古老的九州山河图镌刻其上，众多诸侯无不垂涎欲滴，越得不到越是朝思暮想。原本相安无事臣属周天子的各路诸侯，趁周王室衰微之际大打出手，相互厮杀。为掠取土地，争夺王权，无不视地图为称王称霸的法宝。故而靠图论道者有之，以图献地者有之，借图行刺者有之。如此受宠，此可谓地图之幸事也！

另一方面，周天子偏居一隅，形如傀儡。随之天下大乱，连年混战，民不聊生。地图更多时候，只不过充当了诸侯们图王霸业、倚强凌弱去开疆拓土的工具。如此后果，此可谓地图之悲哉！

从周公姬旦秉承文王、武王遗训，以地图治国为主轴，制定礼法，设立诸多与地图职能有关的官职后，周人对自然地理的形态和日月星象的变化都尤为关注。特别是当自然界发生旱涝、地震等灾害或日食、流星等天文异象时，都会形成热点话题，或以王室失德论之，或以天怒无常辩之，总之都要借机引出一番高论。

公元前 780 年，周幽王即位的第二年。

傍晚的京师镐京上空，云絮突然出现奇异的变化。

本该飘浮无序、错落有致的落日云彩，骤然形成一条条绸带般的长条，排列在天空中蜿蜒蠕动，让值守宫城的卫士不知所措，连忙上报给周幽王姬宫湦。

此时的幽王，几樽美酒下肚，怀抱着笑起来颤巍巍如同花枝般婀娜的宠妃褒姒，早已是眼神迷离，乾坤颠倒。对于这一奏报，幽王还没来得及思考，就一阵天旋地转，剧烈颠簸。宫殿内摆放着的奇珍异宝，也都纷纷在摇晃中坠落倒地，接连稀里哗啦一片乱响。

镐京城内更是乱作一团。被天地摇晃不定吓得惊魂失魄的臣民，似乎感觉到上天的震怒非比寻常。天空中渐渐变黑的云条依然用诡异的眼神俯视着大地，云上的高空穿插着几声闷雷，更让人心惊胆战，不知所以然。

城外的泾、渭、洛三条河流，起先是巨浪滔天，翻滚汹涌。河水不再循道而流，不断崩裂的河道撕开一道道深不见底的口子，水泄而入，浪涛发出震耳欲聋的声音。过了一些日子，泾、渭、洛三条河竟然枯竭无水。曾是周王朝发迹之地的岐山，也发生了难以置信的大面积崩塌，崖上的巨石和泥土倾泻下来，满目疮痍。

周幽王的太史伯阳父黯然神伤。

这位悉知天下地图和天文历法的历史洞见者，似乎感觉到周王朝的气数出现了变故。

伯阳父看来，天地间阴阳二气，不能失掉规律。失掉规律，便是人扰乱了它。阳气伏在地下不能出来，阴气压迫着阳气不能上升，这样就会发生地震。现在泾、渭、洛三河一带都发生了地震，是由于阳气失去了应有的位置，而被阴气镇压住了。阳气失序而在阴气下面，河川的源头一定阻塞了。源头阻塞，国家一定要灭亡。水土气通而湿润，便能生产东西，为民所用。土地没有水源，民众缺乏财物日用，国家不灭亡，要等到何时？从前伊水、洛水枯竭，夏朝灭亡；黄河枯竭，商朝灭亡。如今周朝的德行也像夏、商二朝的末代了，河川的源头又被阻塞，源头阻塞必定枯竭。国家的强大必须依靠山川河流来共存共荣。山崩塌，河枯竭，这是亡国的象征。河川枯竭一定会发生山崩塌，而国家的灭亡也就不会超过十年。

虽然伯阳父以阴阳论来看待地震这种自然灾害，但他对地理的认知建立在强国固本之上，清晰地意识到河流枯竭、山峰崩塌，将会损伤国本，进而危害政权稳定。

周幽王似乎没想这么多，褒姒生下儿子姬伯服，幽王竟然废黜王后申后和太子姬宜臼名位，而立褒姒为王后、姬伯服为太子。周幽王废嫡立庶，任用佞臣虢石父为上卿，犯了朝野大忌，不仅申后的父亲申侯大为愤怒，天下诸侯更是离心离德，不愿朝奉。

天灾人祸同时而来，太史伯阳父明白周亡已成定局，任凭谁也无可奈何。

此时，掌管周王朝天下地图户籍的大司徒是周幽王的叔父郑桓公。郑桓公是幽王父亲周宣王的亲弟弟，在宣王将郑地封给郑桓公建立郑国后，成为郑国第一任君主。

在司徒任上，郑桓公一方面体恤百姓疾苦，尽力勤勉，以仁厚赢得民心。另一方面，郑桓公眼见周幽王宠幸褒姒沉湎酒色，重用奸臣虢石父，一意孤行加重对百姓的剥削，诸侯们亦有叛离之心。郑桓公料到国家终将再起祸患，必须早做打算。

司徒因为手握天下版图，遍知九州地域面积之数，郑桓公于是就想着通过地图思考退路。可九州之广，各有所属，选择适合族人安居乐业的地方并不容易。因此，到底去哪里，往南还是往西，郑桓公始终犹豫不定。

郑桓公忽然想到了伯阳父。作为经验丰富的太史，无论是对王室的典籍，还是天下的地图，太史都了如指掌。

郑桓公开门见山地问伯阳父：王室变故如此之多，恐怕凶多吉少。一旦事出突然，天下之大，究竟在哪里可以安身呢？

太史伯阳父的回答直截了当，只有东迁到洛河以东，黄河、济水以南才可以安居。

伯阳父结合地理位置和人心向背剖析，认为那地方邻近东虢国和郐国，这两国的国君贪婪好利，百姓并不攀附认可。而郑桓公身为大司徒，向来施行仁政，广为百姓爱戴。如果要在那里安身，百姓肯定表示欢迎。再者，虢、郐两国的国君都是揣合逢迎之徒，司徒贵为地官之首，执掌天下土地，确立诸侯疆域，岂有不攀附之理？自然会将土地轻易相赠。这样一来，在那里安居，虢、郐的百姓也就会成为郑国的子民。

至于郑桓公思忖去南或者去西的想法，都被伯阳父否决。南部的长江流域，以前祝融身为高辛氏的火正，功劳卓著，但他的后人没有得到周王室的重用。现在的楚国就是他的后裔。周朝衰落，楚国必将兴起。楚国兴起，对郑国不利。而西部民风不纯，人们贪婪好利，实在难以久居。

郑桓公还有一个疑问，周王室一旦衰落，诸侯之国必然崛起，谁将会是虎狼之师、强霸之国呢？

两人不约而同地想到了地图，徐徐展开的地图，天下格局跃然眼前。齐、秦、晋、楚等国显然处于要冲，地势险要，又有深厚的底蕴，完全具备成为强国的基础。

拜辞太史伯阳父，郑桓公打定主意，暗中开始筹划族人东迁事宜。

一切暗中准备停当，郑桓公向周幽王提出迁移他的族人到雒邑以东。叔父的这点请求，幽王很痛快地就答应下来。

紧接着，郑桓公便派长子掘突带上丰厚的礼物向虢、郐两国借地。虢、郐两国的国君因郑桓公是当朝司徒、天子叔父，本来就位高权重，加上送来丰厚的礼品，自然愿意奉承。于是各自献出五座城池，让郑桓公有十城的土地，郑国立国的基础已然具备。

这一年是公元前 773 年，郑国借地东迁，史称"桓公寄孥"。

一切正如郑桓公所料。仅仅两年过后的公元前 771 年，周王室便发生了"犬戎之乱"。由于幽王宠信褒姒，为长远考虑，欲杀宜臼。宜臼不得已，只好西逃，投奔外公申国国君申侯。幽王敕命申国交出宜臼，申国拒绝，于是幽王率兵攻伐申国。申侯因周幽王不但废黜自己的女儿王后申后、外孙太子姬宜臼之名位，而且要杀掉外孙宜臼，大为恼怒，于是联合了夏人后裔的缯国，以及西夷犬戎作为盟军共同迎敌。不久，犬戎率联军击败周幽王，并攻陷镐京，在骊山之下杀死周幽王，郑桓公同时不幸遇难。好在郑桓公提前谋划，郑国人共同拥立他的儿子姬掘突为国君，是为郑武公。

幽王已死，天下不能无主。

申、鲁、许等诸侯国拥立原太子宜臼即位，是为周平王。在此期间，另一些诸侯拥立幽王之弟姬扶余为周携王，两王并立20余年，后来晋文公杀携王，天下才以平王为共主。

京师镐京，宫殿尽毁，国库被掠夺一空。犬戎则得寸进尺，拒不退兵，占据了京西郊外大量的土地，虎视眈眈，似乎大有继续东进的迹象。

万般无奈之下，周平王决意东迁洛邑为都。由此，东周开始，周天子虽在，但诸侯们各霸一方，展开了之后长达500多年的厮斗残杀。

据称，春秋年间，有43位君主被臣下或敌国击杀，52个诸侯国被灭，发生大小战事480多起，诸侯的朝聘和盟会更是多达450余次。

历史从来没有如果。

如果周平王东迁之时，把旧都丰、镐二地的百姓也迁来安居，或许天子尚有

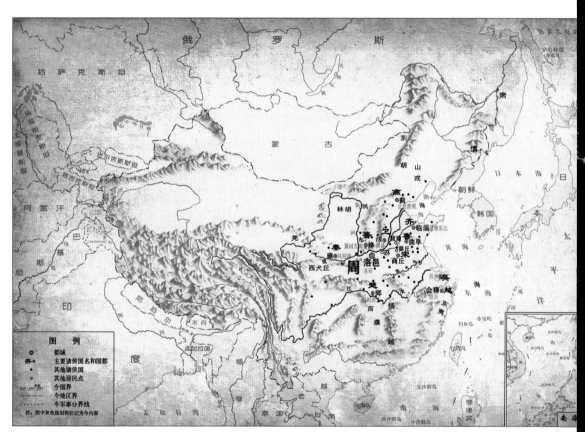

春秋时期全图

不离不弃效忠的臣民。可平王当时迫于无奈，只带王室而去，所谓天子直辖的"王畿"，仅剩下方圆200公里而已，也就是洛阳附近的一点地盘罢了。周天子控制诸侯的权力和直接拥有的军事力量自然江河日下，只能依靠诸侯的支持来撑门面了，乱象成为定局。

此时，向来忠于王室的郑国，已经是雄心勃勃的庄公在位。

庄公之时，借家族为王室司徒的名义，竭力扩充领地，侵伐诸侯。一方面拉拢齐、鲁两国，打击和削弱卫、宋、陈、蔡四国，并灭亡了许国，成就春秋首霸。

平王驾崩，周桓王即位，更对庄公专横跋扈十分不满，打算用西虢国国君忌父取代郑国之职。

可是，郑国家族掌管着司徒职位，天下九州的地图、户籍都在手中，对诸侯蠢蠢欲动的态势一目了然。如果要交出这些全天下的地图、户籍，无异于自绝前路，岂有可能？

周天子面对郑庄公咄咄逼人的质问，只能含糊其词，甚至在无奈之下竟然让王子狐入郑为人质，再让郑国派世子忽入周为人质来修补周郑恶化的关系。

但"周郑交质"之后，天子权威扫地。被剥夺周王室执政长官的郑国便不再前来朝觐。周桓王觉得天子受辱不可接受，便联合了蔡、卫、陈等诸侯去讨伐桀骜不驯的郑国。这一战，史称"繻葛之战"。

桓王或许忘记了郑国的可怕之处，不仅有实力做支撑，而且握有大量的地图使其熟悉地形，善于阵法。

当桓王的联军气势汹汹到达繻葛之后，郑国早已借地形摆兵布阵，先攻周联军两翼薄弱部分，造成周左、右军混乱而败，尔后集中兵力合击周中军。

失去左右两翼掩护协同的周中军无法抵挡郑军合击，大败后撤，周桓王更是被郑国的祝聃射中肩膀而狼狈不堪。

好在庄公不想把事情做绝，并没有乘胜追击，以免引起其他诸侯国的敌视。但这一仗，周天子拥有制作礼乐及发令征伐的权力的传统从此消失。继郑国之后，齐国、晋国、楚国、秦国等大国先后兴起。诸侯争霸，周王室无力征讨，天子之位，形同虚设。

与郑国的"小霸"相比，齐国的崛起才真正拉开春秋争霸的大幕。

齐国国公姜小白为齐桓公。齐桓公的称霸之路，也以地图为先导。

齐国国相管仲，虽然之前是商贾出身，却也是名副其实的地图大家。中国历史上第一篇地图理论专著便是管仲所写。

管仲在《地图》篇中指出，要想胜任主帅之职，必须对地图非常熟悉。盘旋的险路，覆车的大水，名山、大谷、大川、高原、丘陵之所在，枯草、林木、蒲苇茂密的地方，道里的远近，城郭的大小，名城、废邑、贫瘠之地及可耕之田等，都必须完全了解。地形的出入交错，也必须心中完全有数。然后，就可以行军袭邑，举措先后得宜而不失地利，这都是地图的意义。

通过地图的"知形"，实则是对敌方人数多少、士兵精粗、武器优劣的掌握。利用地图，还可以做到出令、发兵都于限定日期实现。如此一来，就能全面了解天下情况，明确掌握战机与策略。

管仲还将地图和君主的诏令、宰相的职能等相联系，认为善用地图者必然善于治国安民，更能征伐制胜。

齐桓公登上春秋霸主的舞台，正是在管仲的辅佐下，观天下格局，定称雄夺霸之路。根据周边诸侯所处的地理位置和实力的强弱，先对实力微弱的谭国小试牛刀，打着讨伐谭国不遵礼法的旗号扩充领地，震慑群侯。对于实力较强的诸侯，则以会盟的形式，让鲁、宋、陈、蔡、卫都先后屈服于齐。

称霸天下，虚设的周天子也成为齐国的一张王牌。在采取"尊王攘夷"的策略后，齐国以诸侯长的身份，挟天子以伐不服。在武力讨伐和会盟为主之外，齐国还以尊崇周天子的名义，数次帮助诸侯国发动征讨夷狄的战争而赢得威信。

尊王攘夷之策，地图活用之功，齐桓公在管仲的建议下，推行改革，实行军政合一和兵民合一的制度，齐国的实力和地盘越来越强大，成为公认的诸侯之霸。

当周王室发生更立太子之事，齐桓公约集鲁、宋、卫、许、曹、陈等国在洮会盟，正式将王子姬郑扶上周天子宝座，是为周襄王。

管仲是地图奇才，齐桓公是公认的霸主，齐国若有郑国当初执掌司徒所拥有的天下诸侯国的地图户籍，继而各个击破，或许也有机缘终结春秋乱象，受天命得王权，建立全新王朝。地图也一定会因为管仲这样的知音而迎来鼎盛时代。

可是，管仲死后，齐桓公晚年便陷入昏庸，死后五子争位更是终结了齐国霸主之位。随后崛起的诸侯中，地图只不过是征伐的工具和权位的象征，哪里还有复苏和兴达的迹象。

齐国不振，南方的楚国兴起自称为王。宋襄公试图效法齐桓公，以抵抗楚国进攻为名，再次大会诸侯以成为霸主，但相比齐国有管仲这样善于谋伐的地理人才，宋国明显底蕴不足，特别是对于地形地貌的利用和地图的使用策略，根本无法和齐国相提并论。

在和楚国交战于泓水时，本可以趁敌渡河时攻击，以地形之利制胜。偏偏宋襄公不知用兵贵在神速，善用地形，而是空谈仁义之道。结果傻等楚军渡过河列阵完毕，战机贻误尽失，让楚军全力攻击，宋襄公大腿中箭，次年也因伤重而死，宋襄公的霸主之梦就此终结。

与周天子同宗的晋国，也在四面扩张。自晋文公即位以来，晋国开始崭露头角。

当楚军包围宋国都城商丘致使宋国遭遇旦夕之危时，晋文公率兵救宋，在城濮之战中大败楚军。

城濮之战的筹备，晋国似乎也是通过地图确立战略，捕捉战机，制定战术。先是对楚国附庸卫国下手，初战取胜后为晋齐之盟奠定了基础，逼迫鲁国从楚的阵营中分化出来。随之再对另一个楚国附庸曹国动手，让晋国取得了战争的主动权。

由于早期的战略铺垫，城濮一战，晋国更是发挥出地图的特殊作用。根据地形特征，晋军依托丘陵险阻与楚军对峙。等楚军来犯，则先攻击右翼，随后拦腰夹击左翼，最后决战中军。

这一仗，晋国大胜，晋文公建立了霸权。而楚国北进锋芒受到挫折，被迫退回桐柏山、大别山以南地区。中原诸侯无不朝宗晋国。

胜利班师的晋国，在践土大会诸侯。

这次会盟，周襄王应晋文公之邀，移驾践土。晋文公遵照周礼对天子礼敬有加，把楚国的俘虏献给周襄王。周襄王一舒长期以来诸侯对王室视而不见的抑郁，高兴地任命晋文公为诸侯之长，并极为庄重地让史官在策简上记载了这一命令。

此外，周襄王还赏赐称为"虎贲"的三百勇士给晋文公。尽管这样的赏赐不过是象征意义，但从道义上讲，意味着晋文公可以代天子安抚四方诸侯，并惩治不忠于王室之人。

这次会盟，开创了晋国长达百年的霸业。

晋文公之后的晋襄公，本性宽厚，不像其父手腕强硬，采用垂拱而治之策，倒也基本得到父亲的所有遗产，包括霸主的权威与地位。

秦晋原本是联盟关系，但在晋襄公时代瓦解了。同样谋求霸主地位的秦穆公想渡过黄河向东方发展，却被盟友晋所阻。

秦晋交战，又总是秦国多打败仗。东进无望，秦国便谋求向西拓展。

秦国的西部，生活着许多戎狄的部落和小国，如陇山以西有昆戎、绵诸、翟，泾北有义渠、乌氏、朐衍之戎，洛川有大荔之戎，渭南有陆浑之戎。

西征诸戎，秦穆公也想到了地图。可面临着对戎人地形不熟，没有地图的困境。要想破解，着急不行，只能从情报上想办法。

当戎王派由余对秦国进行国事访问时，穆公一番交谈，发现由余是个了不得的人才，若征伐西戎有此人在万难成事。于是就和内史廖商议，要谋取西进，必须提防由余这个人。内史廖认为戎王居住的地方荒僻简陋，从来没听过中原的声乐，建议秦穆公赠给西戎善于歌舞的女子，然后替由余请求延长回国的时间，让他们君臣有了隔阂，然后就可以谋取了。

戎王收到秦国的歌姬，便沉醉在声乐歌舞之中，不再图强求进了，直到由余回来劝谏也根本不听。成功离间西戎君臣后，秦穆公又给由余投来橄榄枝，让由余离开戎国来秦国拜为上卿。成了秦国的人，由余便把戎的兵力情况和地理形势一一告知，该绘制成地图的则用图标示，该提醒的地方则让将士们牢牢记住。如此一来，谋取西戎地图缺乏的问题迎刃而解，秦国出兵伐戎，兼并12个方国，开辟一千多里土地。从此，秦国国界南至秦岭，西达狄道，北至朐衍戎，东到黄河，史称"穆公称霸西戎"。

秦穆公称霸西戎后，国力得到增强，不久穆公卒，太子嬴罃立，是为秦康公。秦康公向晋挑战，与楚靠拢，欲与楚形成对晋国的夹攻之势。尽管晋灵公顽劣成性，晋国霸权几欲崩溃，但秦屡攻晋国后方，却难得一胜。就在这时，楚庄王开始北上，再度向中原发起挑战。

楚国在城濮之战后，向东发展，灭了许多小国，势力南到今云南，北达黄河。

楚庄王为了称雄，首先改革内政，平息暴乱，启用贤臣孙叔敖兴修水利，改革军制。这些举措，都需要地图来辅助完成。尤其开展水利工程，大大提高了生产，促进了楚国国力的增强。

国内大治后，楚庄王开始与各诸侯强国逐鹿中原。在他即位的第六年，楚军大败晋军于北林。次年，楚王助郑国大败宋国于大棘。楚庄王随后亲征讨伐陆浑之戎，则直接把阵地开辟到周天子脚下。

陆浑之戎（姜戎）原住在西北的瓜州，不愿意臣服于秦。晋献公认为姜戎是炎帝后裔，应与华夏族同等待之，便把伊水中上游的山地封赐给姜戎。于是姜戎立国于伊水，熊耳山区尽为戎地。陆浑之戎成为楚国北扩的重大障碍，楚庄王决定武力剿灭。

尽管陆浑之戎生性剽悍，习于骑战，但楚军善用地形之利，还懂得用地图演练兵法，得以长驱直入，大破陆浑之戎，兵临洛水，逼近周天子都城。

此役胜利之后，楚庄王在洛水之滨举行盛大的阅兵式，欲以威吓天子，与周分割天下。

周王室对此极为恐慌，周定王派出王孙满请求慰劳楚王，以观其动静。

面对天子来使，楚庄王不仅居于中帐，不降阶相迎，开口就问九鼎有多大，上面绘制的地图上都有什么。

王孙满见楚王问鼎，便知其有灭周之心。随即从容告知楚庄王，一统天下，九鼎是天命王权的国柄。但要赢得天下，在德不在鼎。夏桀有昏德，鼎迁于商。商纣暴虐，鼎迁于周。成王定鼎于洛邑，乃受命于天。周德虽衰，但天命未改，九鼎不是那么轻易就能归别人所有的。

楚庄王问鼎中原，但深知取代周王室权力的时机还不成熟，于是整师而退。

随之，楚晋两强争霸。先是楚与晋会战于邲并大胜晋国。楚接着围攻宋国，宋告急于晋，晋却自顾不暇，宋国只好尊楚为上国，成为附庸。晋国一再衰落，导致中原各国除晋、齐、鲁之外，尽尊楚庄王为霸主。

楚国称霸，中原诸侯争霸接近尾声时，地处江浙的吴、越也开始发展壮大起来。

吴王阖闾所重用的孙武、伍子胥等人，不但是谋士帅才，更是通晓地图的高人。

被尊称为兵圣的孙武，由齐至吴，经吴国重臣伍子胥举荐，向吴王阖闾进呈所著兵法 13 篇，受到重用为将。

孙武的军事思想中，处处透露出对地图的重视。他所谓的"地"，就是指行程的远近、地势的险峻或平易，战地的广狭，是死地还是生地，完全就是完整的地图概念。

而且，不同的地形都被孙武看作战争胜负的关键。譬如，他警告将士凡是遇到"绝涧""天井""天牢""天罗""天陷""天隙"等地形，必须迅速避开而不要靠近。甚至驻军，他都提出军队要驻扎在便于生活和地势高的地方，如此将士就不至于发生各种疾病，在孙武看来，这是军队制胜的一个重要条件。

孙武兵法中专门有一篇《地形篇》，详细围绕地形地貌展开论述，认为研究地形的险易，计算道路的远近，这些都是将帅的职责。懂得这些道理去指导作战，就必然胜利；不懂得这些道理去指挥作战，就必然失败。

有了孙武这样的军事奇才，吴国敢于和楚国硬碰硬。

吴国先是采用孙武"伐交"的战略，策动桐国，使其叛楚。乘楚人不备，则击败楚师于豫章。接着又攻克巢，活捉楚守巢大夫公子熊繁。

吴楚柏举之战，孙武指挥吴国军队以三万之师，千里远袭，五战五捷，直捣楚都，创造了中国军事史上以少胜多的奇迹。孙武为吴国立下了卓著战功。

吴国所向披靡，地图在其中无疑功勋卓著。正是因为对楚国地理地形有准确的判断，吴军才敢于深入楚国腹地，奇兵取胜。

可惜，吴王阖闾在挥师南进伐越时，被越国灵姑浮一戈击中，不幸因伤逝世。吴国的霸业暂时受阻，继承父位的吴王夫差立志伐越，为父报仇。

孙子兵法竹简

孙武著《孙子兵法》，附地图九卷，反映出古代军事家
对地图的重视和地图对古代战争的重要价值。

此时，孙武和伍子胥继续辅佐夫差，面对意图犯吴的越国，孙武根据地形居然在夜间布置了许多"诈兵"，分为两翼，点上火把，向越军袭击，晕头转向、不明就里的越军很快大败。

接连吃了几次败仗后，越王勾践贿赂吴臣伯嚭并送给吴王珍宝和美女西施，自己亲自为夫差牵马，以此向吴国求和。

当伍子胥提出联齐灭越的建议时，夫差得意忘形，不予理会，居然转兵向北进击，大败齐军，似乎忘记了越国才是身前最大的危机。

伍子胥多次劝谏吴王夫差杀掉勾践，夫差非但不听，还听信太宰伯嚭谗言，称伍子胥阴谋倚托齐国反吴，派人送了一把宝剑给伍子胥，令其自杀。伍子胥自杀前对门客说："请将我的眼睛挖出置于东门之上，我要看着吴国灭亡。"

一意孤行的夫差杀了伍子胥，作为伍子胥的至交好友，孙武也不再为吴国对外战争谋划出力，转而隐居乡间。

至于地图怎么用，怎么借助地图谋划中原，夫差也许是不知道，也许是得意忘形顾不上。勾践卧薪尝胆，终于消灭吴国，夫差羞愤自杀时，应该懂得失去孙武和伍子胥这样能够以图观天下、用图谋天下的人才，自己真的什么都不是。

勾践灭吴之后，认识到自己要想觊觎中原，必须借用地图的力量。而军事之外，地图还有营造工程，沟通中原，从而增强越国综合实力的效能。

于是，勾践审看地图，决定利用由吴国开凿的邗沟。这样一来，越军就可以北渡淮水，与齐鲁诸侯会于徐州。

等勾践与齐晋会盟于徐，成为最后一个霸主时，春秋的大幕也就接近尾声了。

这时，曾是中原霸主的晋国国势已经奄奄一息。从晋文公当初作三军设六卿起，六卿一直把握着晋国的军政大权。到晋平公时，韩、赵、魏、智、范、中行氏六卿相互倾轧。后来赵把范、中行氏灭掉后，又联合韩、魏灭掉了智氏，晋国公室名存实亡，由韩、赵、魏三家贵族来把持晋国国政。

韩、赵、魏瓜分晋国，是为三家分晋。周天子周威烈王眼看晋国已亡，当韩、赵、魏三家打发使者要求周天子把他们三家封为诸侯时，也只能答应把三家正式封为诸侯。

以三家分晋为标志，春秋诸侯混战的大幕终于徐徐拉下。

此时的天下，除韩、赵、魏之外，还有秦、齐、楚、燕四国，史称"战国七雄"。

从此，东周进入了角逐更加激烈的战国时代。

春秋漫长的岁月中，地图无所谓兴，也无所谓亡。所谓兴，不过是某个崛起的诸侯昙花一现；所谓亡，也无非是某个衰落的诸侯惨淡经营，已无法识别地图之妙用。

生与死的不只是地图，更有前前后后上百个大大小小的诸侯国。这些林林总总的诸侯国君，似乎都没有王权天命的福分。饶是问鼎中原的楚国，也始终难以成为天下共主。

春秋之后，战国烽烟，地图的生机与死劫才又开始了新的篇章。

秦皇幻梦

秦（公元前 221—公元前 206 年）

自商鞅变法以后，秦国日益强盛。到公元前 221 年，秦灭六国，建立了中国历史上第一个统一的多民族国家，定都咸阳（今陕西咸阳东北）。秦始皇通过推行郡县制等一系列措施，不断巩固、扩展疆域，最终形成了一个东到东海、西到陇西、北到长城、南达南海的封建大帝国。在这片辽阔的疆域内，各民族不断融合，逐步发展。而秦的周边部族，北有匈奴、东胡，西有乌孙、月氏及羌等。

叮叮……当当，叮叮叮……当当当。

豆粒大的汗滴滚满后背，红红的炉火烧得正旺。

几个精壮的汉子把烧得通红渐已成型的耒、耜、铫、锄、臿、镰、铚，拿出炉膛后"刺啦"一声浸入水中，旋即拿出来又是一番叮叮当当的精打细锤。

此时的天下，周天子衰微到近乎无。经过不断兼并，春秋告终，战国时代渐露峥嵘。除了北方的林胡、楼烦、东胡、仪渠，南方的巴国、蜀国、闽越这些少数民族之国，以及越、宋、鲁、卫、中山、滕、邹等微不足道的小国之外，齐、楚、燕、韩、赵、魏、秦等七国几乎瓜分了九州的地盘。

远比青铜更加结实耐用的铁器，无论是耕种时的灵巧方便，还是征伐时的锋利便携，越来越受到各国诸侯和臣民的喜爱。

自然，这样的铁铺也就越来越多。而在秦国都城内，这样的铁铺远比诸国更多。之所以如此，是因为秦国正在实行变法，施行的新土地政策让秦人耕种的意愿大为提高，需要大量的农具投入生产。

长期在西部经略的秦国，其实早就开始招贤才能，励精图治，意图强国富民。

秦国的雄心壮志，也给地图的复苏带来了新的希冀。

从家族的基因而言，秦人和地图渊源极深。秦之先祖为伯益，本为古部落首领少昊后裔。舜帝在位，禹王治水时，伯益作为负责协助测量山河、记录天下物产的官员，俯察地理，精通地形，尤其禹铸九鼎镌刻天下九州地图于其上，据称就是伯益的杰作。

到秦人开启嬴姓部族时代，则作为殷商镇守西戎的得力助手，颇受商朝重视。到周代时，部族首领秦非子因养马有功被周天子封为附庸国，治都于秦邑，后因秦襄公派兵护送周平王东迁被封为诸侯。从秦穆公开始，秦国称霸西戎，位列"春秋五霸"。此时在位的秦孝公更想超越先祖，建立更伟大的基业。

虽然早期秦人与戎人杂居错处，远离中原，但逐步东进关中后，立国选址处处透露出对于天下地理格局的驾轻就熟。难怪后来连横派之所以要锲而不舍地说服秦惠王实行连横战略，原因就是看好秦国，特别是对秦国的地理环境赞不绝口。认为秦国西有巴、蜀、汉中等地的富饶物产，北有来自胡人地区的贵重兽皮与代地的良马，南有巫山、黔中作为屏障，东方又有崤山、函谷关这样坚固的要塞，不仅土地肥沃，民殷国富，而且沃野千里，资源丰富，积蓄充足，尤其地势险要，能攻易守，正是天下公认的"天府之国"。

显然，无论是先祖的血脉，还是立国后的实际诉求，秦国的确是各国中倚重地图、善用地形的好手。

还是说回秦孝公时代。孝公继位后以恢复秦穆公时期的霸业为己任，广施恩德，颁布求贤令，渴求富国强兵之策。

孝公耿耿于怀的，还有魏、赵、韩三国夺去了秦国的河西领土，让秦国的战略位置处于不利。

因此，当来自卫国的商鞅听闻秦孝公的求贤令后，便携带李悝的《法经》投奔秦国，通过秦孝公的宠臣景监见到了秦孝公。

商鞅先以帝道、王道之术对答孝公，讲得头头是道。却不料孝公听后直打瞌睡，根本提不起兴趣。事后秦孝公迁怒景监说："你的客人是大言欺人的家伙，这种人怎么能任用呢！"

景监又用孝公的话责备商鞅。过了几天，在商鞅的说服下，景监又请求孝公召见商鞅。商鞅再见孝公时，把夏禹、商汤、文王、武王的治国之道说得淋漓尽致，可还合不上孝公的心意。

商鞅终于明白了，秦孝公之志可不是偏安秦国一隅，而是要效法春秋之霸，进而成为天下共主。

商鞅其人，出身于卫国公族，年轻时喜欢刑名法术之学，受李悝、吴起的影响很大。他向尸佼学习杂家学说，后侍奉魏国国相公叔痤任中庶子。公叔痤病重时向魏惠王推荐商鞅，说："商鞅年轻有才，可以担任国相治理国家。"又对魏惠王说："主公如果不用商鞅，一定要杀掉他，不要让他投奔别国。"魏惠王认为公叔痤已经病入膏肓，语无伦次，于是皆不采纳。

其实，虽然商鞅鄙夷儒家学说，崇尚法家，但对于地理之学十分精通，自然对地图也并不陌生。他所撰写留存于今的《算地》篇，处处透露出他精于地图之道。对一个国家的土地、资源的分类和利用，该篇算法合理，言之详尽，简直把地图应用得淋漓尽致，某种意义上完全可媲美管仲所著的《地图》篇。

秦孝公欲图天下，商鞅想到不妨从承载天下全局的地图上看大格局，求大变革。

果然，无论是春秋之霸的崛起之道，还是天下态势的精辟分析，都让秦孝公的态度转了个大弯，二人谈得非常投机，不知不觉地在垫席上几次向前移动跪坐着的膝盖，接连谈了好几天都不觉得厌倦。

秦孝公寻求的变法强国，地图的影子无处不在。商鞅所谈的变法新政，地图的用途也无处不在。一君一臣，二人的交集也似乎打开了地图在春秋之后的战国年间迎接兴盛的生门。

两人一致明白一个道理：土地是根基，军队是柱石，百姓是后援。这三者要形成强大的爆发力，必须用户籍和地图贯穿始终，形成严明的法则来有效管理。

商鞅认为，英明的君主知道空谈不能增强军队的战斗力，更不能开疆辟土，只有专心于农耕和作战，集中民众的力量，才具备逞强称霸的基础。

一般国君犯的弊病是用兵作战时不衡量自己的兵力和能力，开垦荒地时不计算好土地。因此，有的地方狭小而人口众多，人口的数量超过了国家所拥有的土地；有的土地宽广而人口少，土地面积超过人口数量。人口数量超过国家拥有的土地，就一定要开辟疆土；土地面积超过人口，就要想办法招来人口开荒。要开辟疆土，就要成倍地扩大军队的数量。可是人口超过了国家占有的土地，那么国家获取的资源少且兵力不足；土地面积超过人口数量，那么国家的山林、湖泽等财力、物力就不能得到充分利用。放弃自然资源，任民众放荡，游手好闲，这是君主在事业上的过失。就因为如此，放眼天下各国，人口虽多而军队的实力却很弱，土地虽广而国家的实力却很小。

秦孝公听来颇为高兴，就询问如何才能使土地得到有效开发，百姓得到有效管理。

　　商鞅随即提出用户籍制度来管理百姓，收集数据来计算国力强弱，重新划分土地来提高生产。

　　自古以来，版图一体。版为户籍，图为地图。商鞅提出秦国重新登记民众的人数。活着的登记造册记录于版图上，死了的人也要从版图上消除掉。这样一来，举国的民众就不能逃避税租，田野上就没有荒草，那么国家就能富足，也就强大了。

　　除此之外，对于国力的强弱，资源的多少，商鞅也提出必须收集翔实的数据。至少，要知道 13 个方面的数据，如境内粮仓数，金库数，壮年男子和女子的数目，老人和体弱者数目，官吏和士人的数目，靠游说吃饭的人数，商人的数目，马、牛和喂牲口饲料的数目。如果想要使国家强大，不知道国家这 13 个方面的数据，土地即使肥沃，人民纵然众多，国家也很难治理。

　　秦孝公频频颔首称善。如果把秦国的这些数目一一了解清楚，最好标注在地图上，岂不一目了然，称雄可待了？

　　土地和资源如何有效利用，商鞅的主张更是让秦孝公眼前一亮。商鞅分析说，过去君主治理国家使用土地的比例是：山、森林占十分之一，水少而草木繁茂的湖泊沼泽占十分之一，山谷、河流占十分之一，城市、道路占十分之一，坏田占十分之二，好田占十分之四，这是前代帝王的正确规定。古代的君主在治理国家时田地的赋税是这样分配的：每个农民分得五百亩，国家得到的税收不足以养活一个士兵，这是因为土地不足以完成这样的任务。土地方圆百里，派出兵士一万人，人数少于土地数。最好的办法是，让国家可耕种的土地足以养活那里的民众，山地、森林、湖泊、沼泽、山谷足够供应民众各种生活资料，湖泊、沼泽的堤坝足够积蓄水源。因此，军队出征作战，粮食的供应充足而财力有余；军队休息时，民众都从事农耕，而积存经常富足，这就叫利用土地备战的规则。

　　商鞅变法的思想，看似强调法则重刑，但无一处不以地理资源为依托，无一处不以地图用途为参照。秦国之所以崛起，地图悄然扮演的角色也就重要起来。

　　对于秦国的土地和资源的变法，商鞅称，现在秦国能种庄稼的田地还不能占到十分之二，井田数不到一百万，国中的湖泊、沼泽、山谷、溪流、大山、大河中的原材料、财宝又不能全部被利用，这就是人口与广阔的土地不相称。而与秦相邻的国家是三家分晋后的韩、赵、魏三国。秦国想要用兵攻打的是韩、魏两国。这两个国家土地面积狭小而人口众多，其中经商之民又没有土地和住宅，人们在低洼处挖洞居住的超过半数。这些国家的土地不够供养它的民众生存，似还超过了秦国民众不够用来住满秦国国土的程度。这些民众最想要的东西是田地和房屋，可是三晋也确实没有，秦的田地却有多余。现在三晋战不胜秦国，已经四代了。自魏襄王以来，他们野战打不过秦国，守城必定被秦国攻下，大小战争，三晋割给秦国的土地及其他损失是数不过来的。像这样，他们还不屈服，是因为秦国如果发动战争，仅能夺取他们的土地，而不能归化他们的百姓。

如果秦国现在发布政策，凡是各诸侯国来归附的人，立刻免除他们三代的徭役赋税，不用参加作战。那么，秦国四界之内，岭坡、土山、洼湿的土地，十年不收赋税，足够招来上百万从事农业生产的人。自然，秦国的实力就会与日俱增。

秦孝公决定以商鞅为左庶长，秦国变法由此拉开大幕。

第一次变法，核心是法。因此，明令刑法，废除旧世卿世禄制，奖励军功。代表性的法令是《啃草令》，表明秦国重农抑商，奖励耕织，尤其奖励垦荒。

第二次变法，地图的用途则熠熠生辉，成就非凡。

首先，从地理态势来看，要想成为天下雄霸，栎阳城已经难以担当秦都重任。而咸阳位于关中平原中部，北依高原，南临渭河，顺渭河而下可直入黄河，终南山与渭河之间可直通函谷关。要向函谷关以东发展，咸阳才是理想之都。

于是，秦孝公命商鞅征调士卒，按照鲁国、卫国的国都规模绘制图形，修筑冀阙宫廷，营造新都，次年就迁都于咸阳。

随之紧锣密鼓的改革，同样使得地图在秦国变法中大显身手。一是以县为地方行政单位，划分为 31 个县，废除分封制，县下辖若干都、乡、邑、聚。二是统一度量衡，颁布度量衡的标准器。三是编订户口，五家为伍，十家为什，规定居民要登记各人户籍，开始按户按人口征收军赋。四是废除贵族的井田制，国家承认土地私有，允许自由买卖。

这其中，尤其废除井田制和实行户口制，让地图为秦的崛起添上了一抹最亮丽的光彩。

统计户籍和重新划分土地疆界，势必都要用地图体现法度的公平性和严肃性。井田制的弊端在于土地归属于国家，不得买卖和转让。而变法则鼓励开荒种地，重新划分土地疆界允许归私有。如此一来，农民耕种的积极性大为提高，铁器的普及更让铁铺里打造农具的声音日夜不休，国家实力自然得到增强。

户籍统计让国家的税赋没有了漏洞，每个秦人都有缴税和服兵役的义务，否则面临严厉的刑法。而一旦从军，按军功论赏。自然，秦国军队的战斗力骤然提升。

秦国在商鞅变法的短短十多年间，治理得道不拾遗，山无盗贼，很快跃居战国首强，迈出了崛起的重要一步，逐渐成为实现中原统一的中心力量。

实际上，战国诸国都在变法，但只有商鞅主持的变法借地图之道，用地理之形，融治国之策，在各国中是最全面、最系统、最彻底，也是最成功的。

因此，地图在秦孝公和商鞅的重用下，一步步使秦国成了傲视群雄的天下头号强国。

后人贾谊在著名的《过秦论》中对秦孝公和商鞅善用地理强国，依靠地图治国的方针赞不绝口。

贾谊看来，秦国之所以强大，能够一统天下，正是因为秦孝公时期占据着崤山和函谷关的险固地势，又拥有雍州的土地，随时有夺取周王室权力的可能。秦孝公的内心中，有着像卷席子一样卷走天下，像包包裹一样包走九州，像装口袋一样装走四海的雄才大略。秦孝公死了以后，惠文王、武王、昭襄王承继前人的基业，沿袭前代的策略，向南夺取了汉中，向西攻取了巴、蜀，向东割取了肥沃之地，又向北占领了战略要区。诸侯们恐慌害怕，集会结盟商议削弱秦国。尽管各路诸侯拥有十倍于秦的土地，上百万的军队，联合攻打函谷关来讨伐秦国，秦人敢于打开函谷关口迎战敌人，可各国的军队却有所顾虑，踌躇不前不敢入关。秦人没有耗费一兵一卒，天下诸侯就已窘迫不堪了。因此，各诸侯国只好争着割地来贿赂秦国。

贾谊认为，秦国正是凭借有利的形势，割取天下的土地，重新划分山河的区域。

无论怎么看，秦国的崛起，地图都功不可没。秦孝公之后的秦惠文王、秦武王，所任用的纵横家张仪也是一个地图"狂人"。

张仪为秦国相国，创"连横"的外交策略，表面上以"横"破"纵"，促使各国亲善秦国，实际上则是利用地图的种种特殊作用，让秦国更加鼎盛。

张仪钟情于地图，认为地图代表了国柄，尤其周天子拥有的九鼎图，更是天下的象征和王权的法器。秦国只要占有了九鼎之宝，依照地图和户籍，就可以挟持周天子而向天下发号施令，天下各国没有谁敢不听从的。所以，谁掌握了天下的地图户籍，谁就可以成就天子的功业。

从秦国建国伊始，地图就相伴相随，倍受重用，也始终成为秦临危不惧、遇难呈祥的特殊工具。商鞅变法，张仪为相，更是把地图推崇到无以复加的高度，帮助秦国把各国诸侯远远甩在后面。倘若其余六国也能依据地图制定战略计划，靠地理地形攻守有度，用地图审视天下格局，把地图用于发展经济和增强军力，历史恐怕不一定由秦国来改写。

历经六世积累的雄厚实力和功业，任凭谁是秦王，都有征讨诸侯，统一天下的底气。

何况，现在的秦王是嬴政。

这是一个同样嗜好地图的人，甚至期望大秦的版图无边无际，永恒不变。

天将暮，日已斜。

咸阳官道。

马车在路上颠簸，车里的人却酣然入梦。

蓦然间，星辰璀璨，夜空如昼。点缀其上的星宿宛如一幅透亮的画卷，在高高的天空平整地铺开，点线相连，簇拥着一颗最明亮的星，闪闪发光，煞是好看。

俯瞰大地，也是一幅壮丽的画卷，大海、平原、山峰、草地，千姿百态，更有奇禽异兽腾跃其间。那些远海的岛上，似有仙气缭绕，楼阁隐现，恐是仙人的住所。

天上地下，都是画卷。交相辉映，让梦境中的人流连忘返。

偏偏这时车驻马嘶，人已醒，梦即终。

车内的人是秦王嬴政，梦如此斑斓如真，突然被惊醒，不生气才怪。可嬴政并不恼怒，他相信这个梦里天上地下的五彩斑斓形同地图的图画，代表了天命所归，所寓意的就是他将灭诸侯，成帝业，为天下一统。

况且，嬴政平生所好，不是女人，也不是美酒，而是地图。

每当有人献图送地，依附于秦，秦王都会异常开心，拿着代表所献土地的地

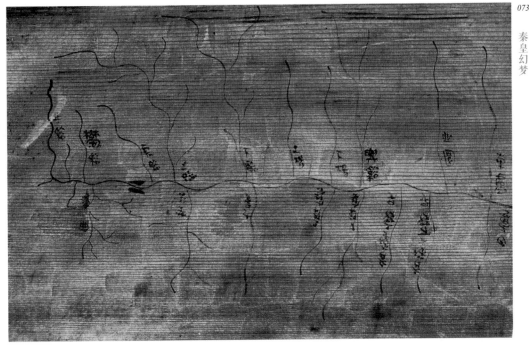

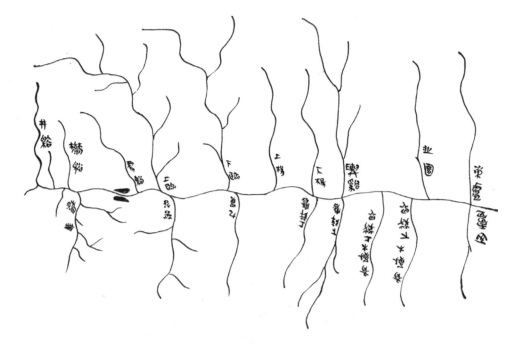

放马滩一号秦墓木板地图及其墨线图

甘肃天水麦积区党川镇出土的放马滩一号秦墓木板地图，为战国末期秦国属
县邽县地图。图有七幅，其中地形图三幅、行政区域图两幅、物产区域图和
森林分布图各一幅。图载内容丰富，具有一定的制作水平。此为其一。

图爱不释手，恨不得作枕而眠。

其实，有时嬴政自己也想不明白，为什么只有大秦的疆域越来越广，版图越来越大，自己才会开心得不得了。为什么只有把别人的土地据为己有，让别人的地图成为秦王的私藏品后，自己才有极大的满足感。

从小到大，直到成为秦王，嬴政的人生无时无刻不在危险中度过。少年为他国人质，成年归国就任秦王，却被丞相吕不韦和长信侯嫪毐操弄，自己的人身安危随时都要多一个心眼去提防。

亲政以后，天下的刺客也把他作为头号的刺杀目标。无奈之下，嬴政只能步步谨慎，不该露面时绝对不露面，不该见人时绝不见人，对待陌生人更是如此。

偏偏有些时候，为了一张小小的地图，他自己就会冲动。譬如一个叫荆轲的人，作为燕国的说客前来觐见。秦王原本毫无兴趣，但听说此人携带着燕国的督亢之图来献地，嬴政马上来了精神，想看看燕地督亢地图上，绘制了哪些山水，又有何等物产，于是就下令在王宫召见。

这次召见，留下荆轲刺秦功败垂成的悲情记忆，而秦王也命悬一线。

好在嬴政从惊吓中很快缓过神来，处置完这起刺客事件，被他视若珍宝的地图还是被收入宫中。

无论是东周，还是西周，已尽数归秦。周王朝气数已尽，没有人可以虚挂着天下共主的名头。唯有秦国，具备这样的雄心壮志，成就比商周天下更恢宏的伟业。况且，连同那镌刻天下九州、寓意天命王权的九鼎，在昭襄王在位时期，就搬入了咸阳，已然属秦所有。

嬴政想，如果一统天下，希望梦中的天地之图，也都归自己所有。他要秉承先祖的功德，为大秦开辟大大的疆土。那样，就可以广征天下所有地图，再绘制一幅前无古人，后亦难有来者的大秦疆域图，让天下每一个角落，都成为秦国的土地。

此时，六国还在。天下九州，尚未全部归秦。

嬴政最崇拜的先祖，就是大胆启用商鞅变法的秦孝公。秦孝公借地图之奇功，屡屡让秦国雄霸一方，国势鼎盛。嬴政此刻也要从地图那丝缕的线条中找到歼灭六国的对策。

六国之中，楚国原本疆域 5000 里，带甲百万，地大物博，为诸侯国中具有相当实力的大国。但自秦将白起攻陷楚都后，楚国势力大大减弱，远远无法与秦相匹敌，已然不足为大患。

但欲取天下，必须事事小心，大意不得。

依据各国方位、地理、实力的不同，嬴政在李斯、尉缭等人协助下，制定了笼络燕齐，稳住楚魏，消灭韩赵，然后各个击破而统一全国的策略。

之所以确定这样的策略，正是从地理格局来考虑的。如果把六国合并成一张地图，只有由近及远，先占据重要的关隘和城池，才能赢得主动权，缩短统一天下的时间。

嬴政在发动灭六国的战役中，始终不忘的依然是地图，故而要求秦国将帅每占领一座城池，一定要搜集当地的地图带回秦都。

距秦最近的韩国，所处的位置堪称"天下之枢"，是经略中原的战略要地。

秦灭六国第一场大决战，就以韩国为目标。其实，自从韩国南阳守将主动投降并献出南阳后，秦国实际上就以该地为前进基地，做进攻韩国的准备了。

是时六国中韩国最弱，面对突然南下渡过黄河的秦军，根本来不及反应，韩都新郑就被一举攻克，韩王安被俘，继而秦军占领韩国全境，韩国宣告灭亡。

此战，秦国用绝对优势兵力，突然袭击，将韩国一举攻灭，占领了地处"天下之枢"的战略要地，在统一战争中迈出了成功的第一步。

与灭韩同步进行的，还有灭赵。

赵国实力强于韩国，甚至是战国后期实力仅次于秦国的国家。因此发动攻赵之前，李斯、尉缭用间谍手段挑起燕赵两国之间的战争，待燕赵战起，秦国即借口援燕抗赵，开始对赵进攻。

对赵之战，地图依旧受到秦国的高度重视。

阏与是秦军挺进太行山之战略要冲。燕赵两国正在酣战之际，秦军突袭阏与，立刻打通了从西北面进攻邯郸的通道。赵国岌岌可危，但同样借险要地势和城池固守家园，拼命抵抗秦军的入侵。

这场持久战持续了三年之久。或许天命王权当归属秦，在赵国殊死抵抗的关键时刻，一场大旱让赵国颗粒无收，国内人心浮动。秦国把征服后的韩国旧地作为前进营地，利用地理优势再度发动对赵国的进攻。

赵国饶是拥有廉颇、李牧等知名将帅，天要亡赵时也无可奈何。秦军一次次如同猛兽般汹涌而至，赵国也宣告灭亡。

魏国所处的位置也堪称"天下之枢"，具有优越的战略地势。但嬴政觉得魏国实力孱弱，不如先南下灭楚。秦楚旁边恰好是魏国，只好顺手先把魏国除掉。魏国都城大梁，城池坚固，易守难攻。但秦国好似也拿到了魏国都城及周边的地图，对魏国的地形地貌相当了解。黄河河道比大梁城还高，秦军统帅王贲利用这种特殊的地理条件，突然引黄河、鸿沟之水冲灌大梁城。大水漫城，导致城垣崩塌，魏王出降却被王贲所杀，于是魏国灭亡。

燕国意图刺秦，让嬴政勃然大怒。灭燕之战进行得简单而直接。

嬴政命王翦发兵攻燕，燕王喜联合赵代王嘉抵抗秦军，战败后率公室卫军逃往辽东。时隔不久，秦军紧追不舍，派王贲率军进攻辽东，虏燕王喜，燕国灭亡。

楚国虽然变弱，毕竟曾是实力强劲的大国。秦国灭赵、破燕、并魏之后，楚国面临被秦攻破的危险。

六国之中，楚国和赵国都具有坚强的战斗意志，是能战能守的军队。

如果善于捕捉战机，懂得地图之道，利用地形来制定用兵之法，楚国的抵抗并不会过于强大。偏偏秦军伐楚，起用了一个骄傲自大的李信。

初战告捷，李信就觉得自己了不得，接连攻城略地，放松了对楚军的重视。结果楚王派将军项燕率军乘秦军轻敌无备，发起突然袭击，大败秦军，李信带残兵逃回。

嬴政看到李信兵败归来，只好亲自去迎请老将王翦再度出山。

王翦和儿子王贲都有杰出的军事指挥才能，也懂得兵法和利用地理优势相结合的歼灭敌军之道，每逢战前，必审知地图，方才用兵。

再度披挂灭楚，王翦根据楚地的地形和楚军的行动态势，采取了坚壁自守、避免决战、养精蓄锐、伺机出击的作战方针。等到楚军求战不得，斗志松懈之时，王翦则实施追击，打得楚军措手不及。随后，王翦率领秦军继续向楚国纵深进攻，一举攻破楚都寿春，俘楚王负刍，楚亡。

齐国之亡，则轻而易举。早先秦国吞并天下的意图昭然若揭，可独居齐地一隅，齐国竟然对秦不做任何防备。齐国君主甚至为了眼前利益，对秦采取结好政策，幻想与秦联盟，既不与各国合纵抗秦，也不加强本国战备。当秦国虎狼之师灭完五国杀了过来后，齐国毫无还手之力。秦军一举攻占临淄，俘齐王建，齐亡。最可笑的是，秦王许诺齐王投降后给齐王一个万户侯。齐王竟然真的投降，而且期望嬴政能兑现诺言。不料灭齐后，这位齐国亡国之君被秦军关在一个小树林里活活饿死了。

六国灭除，天下一统，可嬴政依旧想着曾经做的那个梦。梦中，天地广阔，河山万里，说明天下除了中原六国疆域，还有别的地方，也应该归秦所有。

于是，嬴政又发动了统一战争中最惨烈的百越之战。

长江以南沿海一带为百越之地。百越自交趾至会稽七八千里，各有种姓。嬴政相信只有把秦的疆域开拓到大海之滨，整个天下才真的归秦所有了。

于是，秦军集七国力量，发兵 50 万，设五路大军，开始南征百越。可这次战役打得异常艰难惨烈，历时五年，损失了 30 多万人马，代价巨大。

所谓百越，本身并非民族共同体。就现在来看，其后裔族群的祖先并不同，有大禹（汉族）、雄王（京族）、布洛陀（壮族）、袍隆扣（黎族）等。居住的地区，则包括吴越（苏南、浙北）、东瓯越（浙南、闽北）、闽越（闽北、闽东）、扬越（江西、湖南）、南越（广东）、西瓯越（广西）、骆越（越南北部、广西南部）等，所以合称百越。

百越之所以远离中原，是因为百越部落所居地域辽阔，为山川峻岭所阻隔，素来和中原少有接触。

秦军向来战斗力惊人，征服百越之所以激烈持久，很多人猜度用兵不当，却忽略了一个重要的因素——地图。

与中原地区相比，百越完全是陌生之地，那里的地理环境、地形地貌、物产种类、兵员组成等，秦军一概不知，更不可能拥有当地的地图。况且，百越地区当时的文明程度要低于中原地区，地图的使用似乎并没有普及。向来依靠地图神助攻的秦军，一旦没有地图指引，就如同盲人走路，自然要吃大亏。

好在最终秦军还是成为胜利者，将百越地区纳入了秦的版图。

百越之战，最值得铭记的是，历史上第一次将百越正式纳入了中原的版图，使百越诸部正式成为中华民族大家庭的一员。单是这一区域，就让秦的国土面积增加了 100 多万平方公里，此时的秦国，东起辽东，西抵高原，南据岭南，北达阴山，疆域达 340 万平方公里左右，远胜于商周王朝。

当梦想中的全天下尽收囊中，天命王权自然属秦。但秦王嬴政不想延续前朝天子称王的旧例，他认为自己功超三皇五帝，应该采用三皇之"皇"、五帝之

"帝"，即以"皇帝"为称号。因为他是使用"皇帝"称号的第一人，后世也就称其为始皇帝。

始皇帝登基，天下归秦。嬴政又想到了地图。秦孝公时代商鞅用地图强秦，天下一统也应该利用地图来实现长治久安，富国强兵。

可秦的疆域太大，从原先诸侯各国收集来的地图并不完整。要想把大秦的疆域了解得清清楚楚，绘制成图，得重新测量和汇总。

可那样到底需要多久？

始皇帝实在等不及，索性走了一条"捷径"，命令全国农民自报占有田地的实际数额，以获知疆域之大，便于征收赋税。

这样似乎可以统计绘制出全国土地之图。可这事太容易作弊了，而且当时天下尺度不统一，误差极大。

始皇帝决定继承秦孝公时的改革法则，废除分封制，统一度量衡，创立一套

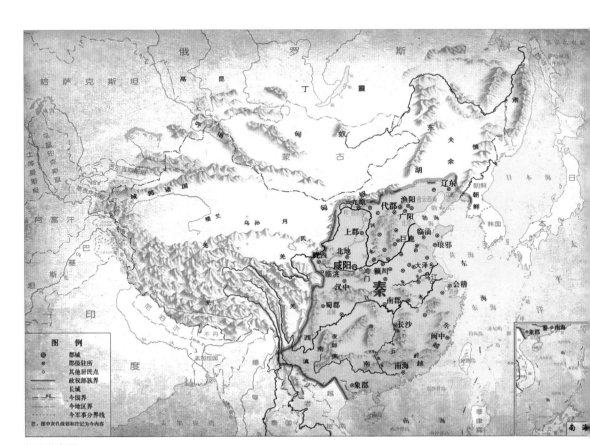

秦时期全图

自中央到地方的郡县制和官僚制。初分全国为 36 郡，以后随着土地的扩大增至 46 郡，定咸阳为首都。用官僚制代替了贵族血统论的世袭制，要求 46 郡按照统一的度量衡绘制地图上报，再汇总起来，全国一张图的梦想不就成真了。

不过，这个全国一张图的梦想若要实现实在需要耗费太多的时间，始皇帝生前还是未能完成。

但地图的存在，为大秦的万年基业提供了可能。天下之大，交通往来不便，始皇帝命令修建四通八达的驰道和直道以连同全国，形成一张天下交通图。

咸阳自然是天下的中心，以咸阳为中心通往全国各地的驰道，成为中国历史上最早的"国道"。而北起九原，南至云阳，全部用黄土夯实全长 736 公里的直道，则成为连接关中平原与河套地区的主要通道。

无论是驰道，还是直道，规划建设都需要地图来辅助。而这些道路建成之后，自然意义重大，少不了也得绘制成交通图，以备朝廷使用。

关于地图，始皇帝希冀它生机勃勃，为大秦的江山永固带来无限可能。

当然，天下一统，战乱减少，百废待兴，地图少不了用武之地。若将地图的生与死之间做比较，这样的时期，一定是地图得以正常成长的岁月。

始皇帝嬴政梦幻中的地图，除了经国理政所需的天下疆域图，还有缥缈星空的天文图，以及记忆犹新的海上仙岛图。

人毕竟不是神仙，非死不可。可始皇帝不想死，他期待梦中的画卷真实地存在，天上或者海外的仙山如若有长生不老的仙药，就可以让他成为永远的皇帝。

求仙得长生，成为始皇帝晚年最迫切的愿望。

屡次被方士欺骗，屡次前往海岛寻药不得，哪怕嬴政怒而焚书坑儒，杀掉一堆方士和妄议的儒生，还是念念不忘梦中天地海岛的图卷和长生的仙药。

当每一次东巡都是失望的结果后，始皇帝终于有所醒悟，但他还是不死心。至少，他希望他的陵墓按照天象和地理之形建造，让大秦的版图始终归他所有，了却他梦中的幻境之念。

当秦国的能工巧匠开始建造始皇帝的陵墓时，果然遵照嬴政的愿望，按照天空中的星宿排列用水银灌浇为始皇帝梦中的天境之图，或许也算是慰藉他对地图的痴爱吧。

传说中海上仙人居住的蓬莱、方丈、瀛洲三岛，始皇帝并没有如愿看到，便在他第五次东巡途中的沙丘宫内病故。

被称为"千古一帝"的秦皇嬴政，开创了一统天下的大业。地图本该在包括始皇帝在内的秦国历代国君的重用下，迎来一个辉煌的全新篇章，但始皇帝晚年痴迷成仙长生，驾崩后胡亥篡改遗诏即位。秦二世残暴无道，官逼民反，天下立马陷入大乱。地图的命运，又将陷入生死两茫茫的境地。

六

汉宫秋色

西汉（公元前206—公元9年）

公元前206年，秦朝被刘邦、项羽领导的农民起义军所推翻。刘邦与项羽进行了四年多的楚汉战争，最后打败项羽，于公元前202年建立汉朝，定都长安（今陕西西安西北），史称「西汉」。汉初实行郡国并行制，至汉武帝时，将全国分为13个监察区，称为「十三州刺史部」。与秦朝相比，西汉疆域有了较大拓展，其中最大的变化就是将河西走廊至西域的广大地区纳入了中央王朝的版图。西汉周边的部族和政权有匈奴、鲜卑、乌桓、夫余、乌孙等。西汉末年，社会动荡，公元9年，外戚王莽篡位，改国号为「新」。

扫码读第6、7章参考文献

生逢大汉，不见得是幸事，也不一定是坏事。

人如是，地图也如是。

夜色阑珊，笙歌阵阵。

月色下的洛阳南宫内，酒香四溢，君臣俱欢。

登上帝位的汉高祖刘邦，意气风发。此时放眼底下群臣，有人喜气洋洋浅酌细饮，有人则豪放不羁近乎失态。高祖刘邦似乎也摆出微醺的样子，醉眼蒙眬地打量着这些跟随自己南征北战或出谋划策的功臣。刘邦却突然想一本正经地发表一篇祝酒词，来告知群臣今日大汉王朝之兴起，功德何在，天命何归。

宫殿内，依旧灯火摇曳，歌舞欢腾。

刘邦斜着脸朝后悄悄递了一个眼色，跟前的内侍立时便朝堂下用拂尘一点，示意歌停舞止。这时，迷醉的臣子们也都明白皇帝要说话了，随之不敢造次，个个恢复正襟危坐。

殿内瞬间悄寂下来，刘邦却没有急于表达观点，而是设问众人：“我为什么能取得天下？项羽为何失掉天下？”

显然，皇帝提出这样的问题，是对群臣智慧的考验。

素日里刘邦并不能够礼待他人，尊重臣子。所以当他要求大家畅所欲言时，良久，才有人借着酒劲上奏说，陛下平日似乎并不大尊重他人，项羽却能关心与尊重他人。但是陛下派人攻城略地所取得的战果，都给予有功之人，这是与大家同甘共苦的表现。而项羽妒贤嫉能，对有功之人进行打击，对贤才之士不愿重用，打了胜仗攘人之功以为己有，得了土地不愿意分赏功臣，这就是他众叛亲离而失败的症结。

这番话既营造了直言不讳的语境，又恰到好处升华了刘邦的为人处世之道，当然赢得了帝王的欢心。不过，在认可这番言辞之后，刘邦随即补充了显然经过自己深思熟虑后总结出的观点。

刘邦认为，运筹于帷幄之中，决胜于千里之外，自己不及张良；镇守国家，安抚百姓，供应粮饷，保证粮道畅通，自己又不及萧何；指挥百万之众，战无不胜，攻无不取，自己更不及韩信。这三位都是旷世俊杰。而我刘邦恰恰能充分发挥他们的作用，这就是大汉能夺取天下的原因。项羽本有一贤才范增，但不能重用，所以他才败在自己的手下。

向来不太谦虚的刘邦能有这样的气度和眼界，群臣自然无不心悦诚服。

萧何善治，张良善谋，韩信善战，各有千秋，但三人都有一样出众的本领——悉知地图。三人或将地图融入天下治理，或运用于计略谋划，或使用在四处征讨。这一本领，亦是大汉王朝兴起的重要因素。

其实，从反秦战楚伊始，地图便与大汉结下了不解之缘，成为高祖从市井无赖成就非凡帝业的利器。

尽管刘邦对地图似乎一窍不通，但手下这三位文武柱石之臣，对地图无不精通，无不善用，辅佐他赢得天下大业。此三人不仅让地图迎来勃然生机，将地图广泛运用在民政、税赋、计谋、用兵、征伐等大事上，还让地图再次轮回成为天命所系、王权所归的不二神器。

夜已深，酒正浓。

皎皎月光，投射大地之上一片银辉。南宫宫墙之上，月影婆娑，似梦似幻。随着舞姬的舞姿愈发曼妙，宫乐愈发悠扬，刘邦看着因为他一番致辞而心悦诚服的众臣，各个醉态各异，他倒不觉得轻松，思绪又回到过往……

曾经，似乎也是这样一个夜晚，没有人记得当时的月光是明是暗。汉军军士高擎火把，连绵数十里，几乎照亮了半个咸阳城。嘶鸣的战马声中，盔甲整齐的刘邦在苍茫的夜色中从容下马，在将士们的簇拥下，挺进阿房宫，看着一群群簌簌发抖的秦宫内侍女眷，不禁坦然一笑，想着在这华丽的秦宫内舒舒服服地休整几天。

也就在这时候，他的丞相萧何却不知影踪。

大秦值得炫耀的皇家气度，除了巍峨的阿房宫、如云的美姬，还有搜遍天下的奇珍异宝。萧何对于秦王朝最有兴趣的宝物，倒不是什么金银珠宝，而是秦丞相和御史掌管的典章、户籍、地图。

秦灭六国，天下一统，六国的地图、户籍、典章尽数归秦。萧何从沛县跟随刘邦，兴兵伐秦，时至如今，绝非只是为了给项羽称臣，而是要仿效前人，辅佐刘邦登上权力最高峰，山河一统，王权天命。

因此，萧何所做的一切，都是在围绕这个目标进行着事无巨细的准备。眼下时局并不明朗，尽管刘邦先入咸阳占得先机，但实力不足以威慑天下。况且项羽的铁甲随后将至，若不能以退为进，蓄势待发，必然功亏一篑。可如何蓄势？又如何在退中求进？萧何想到项羽此时攻城略地，正是意气风发之时。至于未来谁来执掌天下，如何治国，恐怕剽悍有余、谋略不足的西楚霸王尚无暇顾及。因此，他必须利用早入咸阳的良机，把秦王朝所有的皇室文献、典章，特别是可以经略天下、悉知九州、治国安民的地图和户籍等重要资料收纳起来，以备未来治国安天下。

果不出所料，刘邦被封为汉王后，难以和项羽直面抗衡，迫于形势只能弃咸阳入川蜀。

当刘邦别离咸阳后，随之而来的项羽用一场熊熊烈火，焚烧了咸阳的宫城，无意中也掩盖了萧何取走秦宫地图户籍的秘密。

汉军入蜀，士气不振。汉王烦躁，将士纷争。可萧何不以为然，当他把秦宫取来的天下地图、户籍竹简徐徐展开在汉王面前时，天下的险关要塞，百姓人口的多寡，各地诸方强弱，一目了然，顿时让汉王深以为是，不再垂头丧气。

正所谓不识此宝者形同废物，识得此宝者如虎添翼。地图在萧何手里，不再是粗糙的线条和图画的符号，而成为汉王源源不断的兵员补充和后勤供给。在川蜀站稳脚跟后，汉王便联合各路诸侯攻打楚军。守卫关中的萧何则结合从秦宫搜集来的典章制定法令、规章，建立宗庙、社稷、宫室、县邑。悉知地图特殊用途的萧何，也将关中的地形、户籍绘制成图，编制成册。如此一来，户籍人口、物产耕收便一清二楚，得以征集粮草运送给前方军队。

后来汉王多次弃军败逃而去，萧何总能征发关中士卒，补充军队的缺额。由于萧何调度得当，管理有方，地图在此时几乎扮演着决定汉王胜败生死的关键角色。

而汉王最重要的谋士张良，以图谋策不让萧何。当年汉王入蜀，西楚霸王并没有消除顾虑，尚担心汉军蠢蠢欲动。而张良深知霸王猜忌之心，所以观察地势后，当机立断，建议刘邦待汉军过后，全部烧毁栈道，表示并无东顾之意，以消除项羽的猜忌，同时也可防备他人的袭击。这样也实现了养精蓄锐，等待时机再展宏图的战略部署。

也就在此时，韩信的出现，让萧何发现了无双国士、将帅奇才，力劝汉王拜韩信为帅。

面对韩信，刘邦却不屑一顾。萧何直言，果真要长期在汉中称王，自然用不着韩信，如果要争夺天下，除了韩信就再没有第二人可成大事了。

刘邦显然不愿偏居一隅，受制于人。于是，韩信登坛拜帅，汉王开始东进平定三秦，向天下一统迈出最坚实的一步。

韩信用兵，谋略得当，既能审时度势，从大局布局，又能善于用地形优劣出奇兵，从而汉军兵出函谷关，收服了魏王、河南王，韩王、殷王也相继投降。

或许是注定地图因汉而光芒四射，一个并不通晓舆图的汉王，麾下文臣武将却把地图的功能用得淋漓尽致，似乎昭示着天命王权将归属于汉。

公元前202年二月，刘邦大军行至汜水之北时，楚王韩信、淮南王英布、梁王彭越、衡山王吴芮、赵王张敖、燕王臧荼等诸侯王联合上书，请求刘邦称帝。

二月初三，刘邦在汜水之北的定陶称帝，建国号为汉，史称西汉。

汉王朝的崛起，让中国再次完成了天下大一统。

天下初定，王权更迭，似乎是地图劫后重生、再度兴达的历史契机。但出身布衣的汉高祖刘邦之所以成为天子，并不是他自身的文治武功，才姿卓绝，而是善于用人，其取天下所依仗的多是臣僚之功。此时要坐稳皇位，首先要安抚的便是这些功臣。

这位颇有些痞子气的皇帝，对地图原本就不那么上心，留存的史籍绝少有与地图相关的诏书御批。但此时不得不面临一个尴尬的事实，国家实行什么制度，天下版图怎么管治，功臣诸侯如何分封，无一处不涉及地图的使用。

首当其冲的便是国家制度的建立和功臣的封赏。秦朝实行的是三公九卿制，为始皇帝嬴政接受李斯建议所制，以皇帝为尊，下有三公，分别为太尉，管理军事；丞相，协助皇帝处理全国政事；御史大夫作为副丞相，执掌群臣奏章，下达皇帝诏令，兼理国家监察事务。九卿对丞相负责，按其职能，行使权力。

由于秦王朝的短命，三公九卿制并不完善。可出身草莽的刘邦还是决定随秦制，确立三公九卿制。

当然，秦汉差异很大，早在楚汉相争阶段，刘邦为了分化项羽的阵营，壮大自己的力量，曾封韩信、英布等为王，因为这些人非刘姓，故称"异姓王"。虽然异姓王非刘邦嫡系，雄踞一方，但新王朝初立，非但动不得，还得安抚。

夜静人散，灯火通明。案几上摆一张有些粗劣的全国舆图，刘邦仔细端详半天，心里盘算着如何让诸侯封地权益不妄动，又能巩固皇权，这件头疼的事情委实让他寝食难安。

事实上，西汉初期的版图比秦朝还小，北方的河套地区为匈奴所占，南方五岭以南为赵佗所据（南越），东南（今福建、浙南）地区和西南（今贵州、云南、川西南）地区也为地方割据。天下 50 余郡，中央王朝直辖的仅 15 郡而已，其中大部分郡属诸侯王国所有。

驾驭有功的诸侯当然是治国安邦的第一步。

皇帝看似是刘氏的，但郡地被诸侯牢牢占据。想来想去，刘邦从地图上看到了危机，更看到了变通。既然诸侯王尾大不掉，那就"以毒攻毒"，大封刘姓子弟为王，称为"同姓王"，地位则高于列侯。

迫于形势所限，汉王朝初期只能在地方上继承秦朝的郡县制，同时又分封同姓诸侯国。当时封立的"同姓王"共有九国，他们在封国内是国君，权力很大，其政权与中央基本相同，除太傅和丞相由中央任命外，自御史大夫以下的各级官吏，都由诸侯王任命，诸侯王还拥有一定的军权、财权、治权等，史称"郡国并行制"。

有了皇族子弟称王，从地图上看危机似乎少了一些，实则并没有消除地方势力对中央的威胁，反而埋下了更大的祸根。

棘手的封赏解决了，国家的制度也确立了，可另一件事又和地图扯上了关系。

原想定都洛阳的高祖刘邦，此时却因为一名戍边士兵的大胆谏言，改变了主意。

　　若说起地图的兴衰，西汉初年颇有些不同寻常。皇帝治国理政需要懂得地图，偏偏贵为天子的刘邦对地图一知半解，反倒是手下善知熟用地图的人才蔚为可观。非但萧何、张良、韩信这等重臣将帅深得地图之妙处，就连戍边的士兵也有善用地图的出类拔萃者。

　　娄敬便是如此。作为由齐国发往陇西戍边守关的士兵，途经洛阳时，娄敬居然托一位姓虞的同乡将军心急火燎地说："我希望见到皇帝谈谈有关国家的大事。"

　　不知这位虞将军缺心眼还是刘邦闲得慌，娄敬这等卑微兵士如此荒谬的请求，虞将军竟然一口答应下来。报给皇帝后，刘邦居然也下诏召见了。

　　颇有些恃才放纵的娄敬，拒绝了虞将军给他一件光鲜的衣服，而是穿着粗布短衣就大大咧咧去面见高祖刘邦。

　　进殿之后，娄敬不急于谈什么国家大事，先表示自己有点饿了，毫无顾忌地享受了刘邦赏赐的饭食。随后才语出惊人地问皇帝："听说陛下打算建都洛阳，难道这是要跟周王朝打擂台比兴隆吗？"

　　刘邦听完一愣，该回答是还是不是？他很想知道这个大胆的士卒为何敢如此妄议国家大事，于是就以肯定的语气告诉娄敬，的确是这样的。

　　不料，娄敬更以挑衅的语气说，洛阳并没有险要的地理屏障，周王朝之所以定都洛阳，作为天下的中心，是因为周的始祖从后稷开始积累德政善事十几代，到周文王姬昌时更是以德服人，才成了禀受天命统治天下的人，而贤能之士纷纷归附于他。周成王即位后，周公等人辅佐他，就在洛阳营造成周城，把它作为天下的中心，四方各地的诸侯来交纳贡物赋税，道路都是均等的。这样君主因为有德行，就容易靠洛阳便利的条件称王统治天下。

　　换言之，定都洛阳无天险可守，唯有以德立国。这番问话等于质问刘邦，你有周天子一样的德望吗？

　　娄敬似乎是个胆子很大、能耐也很大的奇才，不仅对天下地理门清，对王朝兴亡的规律和历史也熟知，口若悬河，滔滔不绝。

　　刘邦若有所思，继续让娄敬说下去。

　　娄敬侃侃说道，陛下取得天下跟周朝是不同的。您从沛县起事，招集三千士卒，带着他们直接投入战斗便席卷蜀汉地区，平定三秦。算下来，大战70次，小战40次，使天下百姓血流大地，父子枯骨暴露于荒郊之中，横尸遍野不可胜数，悲惨的哭声不绝于耳，伤病残疾的人们欲动不能，这种情况却要同周朝成王、康王的兴盛时期相比，这是不能同日而语的。

娄敬这些大不敬的言辞说完，似乎并不顾忌刘邦是否发怒，继续进言说，周朝鼎盛时期，天下和睦，各方诸侯心向洛阳，不过是仰慕周天子的道义，感念他的恩德，一起奉事周天子，不驻一兵防守，不用一卒出战，八方大国的百姓没有不归顺臣服的，都进献贡物和赋税。可到了周朝衰败的时候，天下没谁再来朝拜，周室已经不能控制天下。不是它的恩德太少，而是形势太弱了。所以，陛下要建都于此，想要像周朝一样兴隆，务必要用德政来感召人民，您觉得自己做得到吗？

这一番言辞让刘邦有些瞠目结舌，脸上颇有些挂不住，但他又极为认同娄敬的看法。

娄敬这个人，之所以这次涉险过关，绝不是因为他有胆略，皇帝有气度，而是他提出问题的同时，还能解决问题。

无论是王朝还是职场，许多人明明找到问题的症结所在，并直言上报，却并无太好下场，其中的关键就是只能提出问题而不能有效解决问题。

可娄敬解决问题的思路比查找问题的直言更清晰可行。排除了洛阳建都的弊端后，他提出关中建都的建议，而且理由充分。娄敬的这番见识，非熟读舆图典章，或是悉知天下地理者不能。

娄敬认为，秦地有高山被覆，黄河环绕，四面边塞可以作为坚固的防线，即使突然有了危急情况，百万之众的雄兵是可备一战的。借着秦国原来经营的底子，又有肥沃的土地为依托，这就是所说的形势险要、物产丰饶的福地。陛下进入关中把都城建在那里，郁山以东地区即使有祸乱，秦国原有的地方也是可以保全的。如此一来，控制着秦国原有的地区，这也就是掐住天下的咽喉了。

刘邦最大的能耐，就是敢用人，善用人。娄敬滴水不漏的逻辑判断和基于地理形势、政治历史的精确判断，当即让刘邦另眼相看。当然，如此事关国体的大事，也不能只听信一个士卒的一面之词。

次日早朝征求群臣意见时，大臣们争先恐后地申辩说周朝建都在洛阳称王天下几百年，秦朝建都在关内只到二世就灭亡了，希望刘邦建都洛阳。好在张良站在娄敬的立场上，明确地阐述了入关中建都的有利条件，让刘邦决定接纳娄敬的建议，并且雷厉风行，当日就乘车西行到关中建都。

为安抚群臣，刘邦居然找了一个极为滑稽的理由说："娄敬主张建都在关中，正好娄的谐音是刘，说明天意如此。"

就这样，一个士卒确立了大汉王朝的国都。刘邦不仅赐娄敬改姓刘，授给他郎中官职，称号为"奉春君"。

娄敬这样的士卒之所以有非比寻常的见识，定然也是能够轻易地接触到天下舆图。如此一来，如果民间私藏舆图，必然生发大患。

这显然让天子警惕起来，于是继续推行秦朝施行的挟书律，即民间有百家书籍者族诛的法令。

挟书律抑制了文化的繁荣，也间接地影响了民间地图人才的培养。好在汉惠帝四年（前 191 年），朝廷宣布废除秦始皇焚书时颁布的《挟书律》，使长期受到压抑的各种思想和文化艺术得以正常发展。地图虽然还是民间禁止持有的典籍，但也允许民间从地理、测绘等领域进行有益探索，间接推动了舆图的进步。

从封赏诸侯分地、建立国家制度，到确立国都选址，地图无处不在，无时不用。饶是高祖皇帝对地图不那么感兴趣，地图还是成就了汉王朝初期的安定，同时也使汉王朝的发展迎来了曙光。

按照汉初制度，地图属于王朝的重要典籍。朝廷所拥有的天下舆图多是从秦朝继承而来，因此丞相萧何专门在皇城长安未央宫殿北，主持修建了石渠阁和天禄阁，用以珍藏皇家图书和天下舆图典籍。由于这二阁中藏有大量图书、舆图和档案资料，为避免火灾，在阁周围以磨制石块筑成渠，渠中导入水围绕阁四周，对于防火防盗十分有利。

汉惠帝刘盈是刘邦的嫡长子，母后则是大名鼎鼎的吕雉。尽管刘盈的皇帝生涯很短暂，但他在位七年，实施仁政，减轻赋税，在强势的吕后辅佐下，平衡朝内功臣和在野诸王，大大缓解了朝野矛盾，得以腾出精力励精图治，也给了地图兴发的契机。

刘盈为人性情仁厚，从善如流，奉行清静无为的黄老思想，任用曹参为相国，继续执行刘邦在位时萧何制定的休养生息的国策。

刘盈执政期间最夺目的一项工程，恰好就和地图密不可分。

高祖刘邦在位时，建国伊始，百废待兴，有限的财政无法大兴土木。都城长安，也仅修了长乐宫和未央宫，就连城墙都没有修成。整个长安只有几条街道，稀疏简陋，和帝都王气相差甚远。

随着汉帝国和外界的交往日益增多，国库逐渐充盈，增修长安城被提上日程。年轻的天子刘盈英姿勃发，诏令天下能工巧匠绘制长安都城的规划舆图。

这项工程的测绘及地图制图虽然在古籍中记载极少，但从工程完工后的成果看，所进行的测绘和制图都非常先进。按照天人合一的理念，长安城从萧何主持营建长乐宫、未央宫、武库、太仓等工程开始，就秉承阴阳五行互为影响的观念。到汉惠帝此次修缮扩建，出现了北斗与南斗之说。即城南为南斗形，城北为北斗形，所以京城又称斗城。斗星引申的政治意义也很明白："斗为帝车，运于中央，临制四乡。"北斗七星也被寓意为春、夏、秋、冬和天文、地理、人道。

尤其北斗象征的中央居要、政通人和、长安久长的含义，与吕后、汉惠帝等皇权拥有者的意愿非常吻合。所以新建设的都城，上合天道阴阳五行，气势非凡。

从惠帝元年（前 194 年）正式开工到惠帝五年（前 190 年）完工，长安城添建了长 22.7 公里的城墙。城墙周围 65 里，共 12 座城门，每个城门分成三个门道，右边的为入城道，左边的是出城道，中间的则是专门供皇帝用的。

此外还增修了大量的宫殿衙署、街衢市井，使长安成为一座"八街九陌，三宫九府，三庙十二门，九市十六桥"的繁华大都市。这时的汉都城，比罗马城还要繁华，成为大汉帝国经济、文化的中心。

如此浩大繁杂的城市布局和工程，没有详细的测绘制图，根本就无法完成。可见，地图在汉王朝初期生机勃勃，迎来了难得的发展阶段。

可惜，汉惠帝英年早逝，吕后接连立刘恭、刘弘为帝，这两帝形同傀儡。监国专权的吕后不断削弱刘氏权力，并封诸吕为王，掌握朝政长达八年。而这期间，外戚专权，朝野纷争，地图似乎也被遗忘在王朝冰冷的库房里。

及至吕后死后，太尉周勃、丞相陈平施计夺取吕氏的兵权，并迎立刘恒继帝位，是为汉文帝。"文景之治"由此发端，地图又开始进入了发展的新阶段。

文帝刘恒出身并不高贵。他是汉高祖刘邦的第四子，母亲薄姬在秦末原为魏王魏豹的妾。刘邦在亲征平定代地诸侯的叛乱后，册立八岁的刘恒为代王，都城为晋阳。在代地的 15 年间，刘恒与民休息，发展生产，恭俭作则，代地由是大安。

在朝廷并无雄厚政治基础的刘恒仅仅依靠一批老臣的拥戴而登上皇位，他面临的是不断壮大和日益骄横的诸侯王势力，所以他的首要任务是采取恩威并施的两手策略来巩固皇权。

除了保留旧有的诸侯王之外，汉文帝又立了一批新的诸侯王。即位三个月后，根据群臣的建议，文帝立长子刘启为太子。这样，自汉高祖以来，预立太子就成为汉家的定制。

如前文所叙，在大汉王朝的版图上，中央直接管辖的郡地微不足道，诸侯并起，已是尾大不掉。高祖刘邦时期的权宜之策到了文帝时，虽然异姓王多被分化，但同姓王诸侯坐大。就因为文帝的皇位继承问题，刘氏宗室内部产生了尖锐的矛盾。

于是，济北王刘兴居率先发动叛乱，开启同姓王武装反抗中央之先例。随后淮南王刘长又举起了叛旗，诸侯王势力的恶性发展，直接威胁到中央朝廷的权威和安全。

此刻地图又适时出现，成为解决这一难题的好帮手。

时年28岁的贾谊，提出了版图重构的设想以分化诸侯的势力。他提议，只有根据大汉版图上诸侯割据态势，逐一分割诸侯王国的势力，方能实现中央集权。所以，问题的关键不是诸侯亲疏问题，同姓诸侯王不比异姓王可靠。这是其一。

其二，强者先反叛，弱者后反叛，诸侯国的地盘过于强大，必然会造成天子与诸侯之间互相对立的态势。

贾谊特意以异姓王割据一方反问文帝，假如国家的局势还像从前那样，淮阴侯韩信还统治着楚，黥布统治着淮南，彭越统治着梁，韩王信统治着韩，张敖统治着赵，贯高做赵国的相，卢绾统治着燕，陈豨还在代国，假令这六七个王公都还健在，这时陛下继位做天子，自己能感到安全吗？

在大汉的版图上，决定叛乱的不是人品问题，也不是宗族问题，而是地盘大小和实力差距的问题。淮阴侯韩信统治着楚，势力最强，最先反叛；韩王信依靠匈奴的力量，也反叛了；贯高借助赵国的条件，也反叛了；陈豨部队精锐，也反叛了；彭越凭借梁国，也反叛了；黥布凭借淮南，也反叛了；卢绾势力最弱，最后反叛。长沙王吴芮才有二万五千封户，功劳很少，却保全了下来，这说明权势最小对朝廷才最忠顺。

贾谊旗帜鲜明地提出重新划分诸侯在王朝版图上所占据的土地，即多多建立诸侯国而使他们的地盘减小，弱化他们的势力，确保天下牢牢掌握在中央手中。这样一来，力量弱小就容易用道义来指使他们，国土很小就不会有反叛的邪念。如此就使全国的形势如同身体使唤手臂，手臂使唤手指似的，没有不听从指挥的。

文帝十分欣赏贾谊的《治安策》，然而，当时政局不稳，形势不允许他用激烈的方式实施版图重构。等到文帝十六年（前 164 年），齐文王刘则死，无子嗣位，文帝趁机将最大的齐国分为六国。又封淮南国刘长的三子刘安、刘勃、刘赐等为王，将淮南国一分为三。可惜，这一版图重构的方略并没有彻底推行下去，文帝对同姓王本着一家亲的理念，采取了姑息政策，导致后来景帝时期的七国之乱。

如若贾谊的版图重构战略彻底实施，汉王朝的中央集权将会更加稳固，地图也完全可以承载起稳定天下、长治久安的历史责任。

此外，文帝在位期间，为了谋求安定的和平环境，对匈奴一直采取克制忍让的态度，执行和亲政策，避免大动干戈。匈奴却不信守和亲的盟约。行之有效的御边之策，除了军事实力外，也需要知己知彼的实测地图来提供支撑。崇尚"无为而治"的文帝显然没有认识到地图对王朝安危所具有的特殊作用。

任太子家令的晁错上书汉文帝，分析汉与匈奴在军事上各自的长短，在没有精确作战地图来了解匈奴动态和实力的情况下，建议实行"募民实边"的策略，在边地建立城邑，招募内地人民迁徙边地，一面种田，一面备"胡"；每个城邑迁徙千户以上的居民，由官府发给农具、衣服、粮食，直到他们能自给为止；迁往边地的老百姓，按什伍编制组织起来，平时进行训练，有事则可应敌，凡能抵抗匈奴人的侵扰，夺回被匈奴人掠夺的财富，则由官府照价赏赐一半。这些措施产生了积极的作用：改变了单一轮换屯戍的制度，既有利于对边郡的开发，又大大加强了抗击匈奴的防御力量。

在中国历代帝王中，刘恒一生都注重简朴，为世人称道。虽然文帝躬行节俭，励精图治，开创了"文景之治"的繁盛之局，但如其先祖刘邦一样，手下臣僚对利用地图治国理政颇有心得，提出稳固根本的善政，天子却完全不懂版图格局变化所引发的祸患，不知借助地图的变化来调整安邦定国策略，导致一些政策虎头蛇尾，更留下隐患。

汉王朝真正意义上意识到版图危机，并大规模削藩集权，发生在文帝之后的景帝时期。

汉景帝刘启是西汉第六位皇帝，汉文帝刘恒的嫡长子。

刘启即位后，先提拔晁错担任内史，然后又升晁错为御史大夫，位列三公。

晁错和贾谊一样，是坚定支持通过削藩来重构全国版图的倡导者。他上书的《削藩策》，直截了当地提出"今削之亦反，不削亦反"，必须彻底解决威胁王朝安危的诸侯盘踞问题。

景帝刘启听从了晁错的建议，决定先削夺吴国的会稽和豫章两郡。吴王刘濞实力最强，而且私自铸钱，又煮盐贩卖，为了积蓄力量，他还招纳逃犯，谋反之心越来越明显。

汉景帝前元三年（前 154 年），吴王刘濞联合各地诸侯王打着诛杀晁错、安定国家的旗号反叛作乱。这次叛乱共有七个诸侯王参加，史称"七国之乱"。

七国之乱是地方割据势力与中央专制皇权之间矛盾的爆发。王朝的版图重构设想，随着七国之乱的平定得以实现，也标志着诸侯王势力的威胁基本被清除，中央集权得到巩固和加强。

汉景帝不仅抑贬诸侯王的地位，剥夺和削弱诸侯国的权力，收回王国的官吏任免权，仅保留其"食租税"之权，并且收夺盐铁铜等利源及有关税收。

这一历史遗留问题，此时基本得到解决，尤其是平定七国之乱后，景帝赐予绝大多数诸侯王国仅领有一郡之地，其实际地位已经降为郡级，国与郡基本上趋于一致。诸侯王国领郡也由高祖时的 42 郡减为 26 郡，而中央直辖郡由汉高祖时的 15 郡增加至 44 郡，使汉郡总数大大超过诸侯王国郡数。大汉王朝的版图基本上做到了诸侯所领，皇权所辖。

推行这些策略，自然离不开对土地要重新测量制图，用地图来划分、管治、重构王朝的新格局。

景帝时期，实行轻徭薄赋、与民休息的政策，即位伊始就下令将田租减掉一半，允许居住在土壤贫瘠地方的农民迁徙到土地肥沃、水源丰富的地方从事垦殖，并"租长陵田"给无地少地的农民。这一切，也都离不开丈量土地，进行测绘后依据地图进行分配、确立土地数量和归属。

显然，诸如此类的策略自然也大大带动了地图的发展与进步。

景帝末年任命文翁为蜀郡太守，文翁首创的郡国官学带动了文教事业的发展，通过熟悉经学和典章，从而为懂测绘、知地理的地图人才萌生培养提供了可能。

刘启之子，汉武帝刘彻的登场，让汉王朝开始了鼎盛时代，地图也在这一时期在各种场合高调亮相，成为王朝崛起的见证者和参与者。

武帝对版图的渴望和对地图的使用，首先就体现在军事上。到武帝时，汉王朝国力强盛，大破匈奴，远征大宛，降服西域，收复南越，吞并朝鲜，将西域纳入中华版图。特别是针对匈奴的侵扰，通过大量移民在西北边郡屯田，积蓄力量后接连用兵讨伐，甚至派大军深入匈奴腹地进行决战。显然，没有地图的指引，这样的冒险行为万不可取。

关于武帝对地图的重视和应用，试举几例。

天汉二年（前99年），汉军三万骑兵出酒泉，在天山攻击匈奴右贤王。担任辎重运输任务的将领是李陵，武帝亲自召见，并嘱托其将所经过的山川地形全部画出来，制作成地图，第一时间派部下快马上报朝廷。这证明了武帝深知用兵离不开地图，精确的地图才是制胜的关键。

同样对于地图的搜集，还出现在武帝经略西域上。自张骞出使西域开始，越来越多的汉朝使节前往西域。这些使节除了发展贸易，对外交往之外，很重要的一个使命就是熟悉当地的地理环境，尽可能进行记录或绘制成图，向武帝或朝廷汇报。

张骞出使归来，汉天子最感兴趣的便是西域各国的位置、资源、人口的分布。譬如张骞所到的大宛、大月氏、大夏、康居等国和汉王朝距离远近，耕地面积多少，城镇大小，当地物产，河流走向，交通要道等，皇帝都详加询问了解。

譬如说到大宛国，张骞向皇帝的陈述就如同一幅幅分类明晰的地图，各项数据都比较详尽准确。

从地理位置来看，大宛在汉朝正西面，离汉朝大约一万里。当地的风俗是定居一处，耕种田地，种植稻子和麦子；出产葡萄酒；有很多好马，马出汗带血，它的祖先是天马的儿子。那里有城郭房屋，归它管辖的大小城镇有70多座，民众有几十万。大宛的兵器是弓和矛，人们骑马射箭。它的北边是康居，西边是大月氏，西南是大夏，东北是乌孙，东边是扜罙、于寘。于寘的西边，河水都西流，注入西海。于寘东边的河水都向东流，注入盐泽。盐泽的水在地下暗中流淌，它的南边就是黄河的源头，黄河水由此流出。那儿盛产玉石，黄河水流入汉朝。楼兰和姑师的城镇都有城郭，临近盐泽。盐泽离长安大约五千里。匈奴的右边正处在盐泽以东，直到陇西长城，南边与羌人居住区相接，阻隔了通往汉朝的道路。

如此细致入微的描述，让汉武帝不仅悉知西域各国风情，也为制定远征匈奴，结交西域的军事策略提供了极为重要的参考。当然，因为对西域地理环境的掌握，绘制了西域之图。等解决了匈奴问题后，武帝随即挥师远征大宛、车师、楼兰、龟兹、莎车等西域之国，不仅稳定了边疆，而且让西域臣服，诸国纷纷遣子弟入汉贡献，以大汉王朝为宗主。

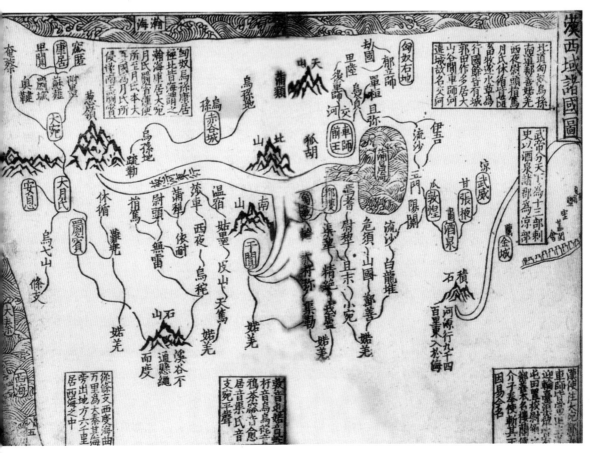

汉西域诸国图

武帝毫无疑问是汉王朝帝王中对地图最感兴趣也最看重的天子了。就是对河流的溯源，也极为认真。如派遣使者极力探寻黄河的源头，得出源头出在于寘国，而且那里的山上盛产玉石后，武帝又依据古代图书的记载和舆图的标示进行考证对比，这才命名黄河发源的山叫昆仑山。

甚至在立诸侯王这样的朝廷大事上，武帝都将地图看作社稷重器，不容丝毫怠慢。元狩六年（前117年）四月，武帝立皇子刘闳为齐王，刘旦为燕王，刘胥为广陵王。册立的仪式上，最重要的一项便是给所立封国命名，随即赏赐封国地图象征着仪式的完成。

正是因为对地图的高度重视，汉武帝平定南越、征服朝鲜、开拓闽越，将朝鲜半岛北部地区纳入了汉帝国的统治范围，长期处于半割据状态的东越、南越地区，均归属汉朝，南边的疆域到达了越南的南部，更是在今海南岛置儋耳郡、珠崖郡，统治了海南岛与南海诸岛的地区。

汉武帝还凭借地图之功，开拓了贯穿欧亚大陆的丝绸之路，第一次将中国的目光投向了世界。

当然，使用地图的同时，武帝还下令在全国范围内征集图书，广开献书之路。其中，不少民间留存的舆图也得以充实宫廷藏书。

据称，当时藏书多达33090卷，这也是中国历史上第一次明确记载的国家图书馆存书量。

毫无疑问，汉武帝是中国封建王朝中最杰出的君主之一，奠定了汉王朝强盛的局面，使大汉王朝成为中国封建王朝第一个发展高峰，还开辟了汉朝辽阔的疆域。自然，地图因为汉武帝的重视与善用，成就了武帝的雄才大略。

武帝时期，除军事之外，交通建设、水利疏导、土地测绘等涉及地图的王朝大型工程相继上马。利用地图实测掌握的数据，汉代最大的治黄工程汴渠由大司农主导。汉武帝先下诏敕令对渠道开挖路线进行地图测绘，等掌握了精确测图后，才允许施工。而屯田戍边的近臣桑弘羊打算屯田修渠，武帝也要求"各举图地形，通利沟渠"。天子对地图的偏爱，自然让举国臣僚无不欲悉知地图，以取悦天子。

以天子独一无二的权力和重视的程度，汉武帝无疑推动了地图形成以来发展的第一个高峰期。

汉武帝刘彻少子刘弗陵继位后，是为汉昭帝。通过进一步改革制度，废黜冗官，减轻赋税，开启了"昭宣中兴"的良好局面。因内外措施得当，使武帝后期遗留的矛盾基本得到了控制，西汉王朝衰退趋势得以扭转。

在地图的重视程度上，虽不及武帝，但也为了减免穷困百姓的负担，昭帝多次颁布了减免田租、口赋及其他杂税的诏令，这些举措都离不开地图的使用。

而昭帝加强北方戍防，多次击败进犯的匈奴、乌桓，以及平定西南叛乱，也不乏地图之功。在征伐中依靠地图，用兵得当，连连告捷，不仅解决了边疆之患，也保持了政局稳定。

此后的宣帝刘询，对地图的功绩，主要在军事方面，大破西羌，囊括西域设置西域都护，汉匈相斗70余年终于结束，从此东自车师、鄯善，西抵乌孙、大宛，西域诸国尽归汉朝版图，成为华夏史上一个划时代的大事件。

在社会经济方面，为制止土地兼并，改变"富者田连阡陌，贫者亡（无）立

西汉时期全图

锥之地"的现象，宣帝先后三次诏令把"赀百万者"的豪强徙往平陵、杜陵等地，而后将其土地或充为公田，或配给无地、少地的贫民，施行轻徭薄赋方针。在刘询统治后期，国内经济繁荣，农业连年丰收，国家整体呈现稳定祥和的态势。

宣帝之后的汉元帝刘奭，随着外戚、儒臣、宦官三种势力角逐，因元帝宠信宦官，导致皇权式微，朝政混乱，西汉由此走向衰落。

等到汉成帝刘骜即位后，更是外戚擅政，大政几乎全部为太后一族王氏掌握，不仅为王莽篡汉埋下了祸根，也注定了西汉王朝的衰败。成帝留给后人津津乐道的莫过于飞燕争宠，耽于酒色了。成帝为了取悦飞燕，令工匠在皇宫太液池建造了一艘华丽的御船，叫"合宫舟"。至于地图与皇权和治国有什么关系，恐怕成帝压根没想过。

绥和二年（前7年）三月十八日，汉成帝病故后，19岁的刘欣继皇帝位，是为汉哀帝。比起成帝，哀帝更加荒唐，在位仅七年就因贪色纵情把身子掏空而死，年仅25岁。

短暂的皇帝生涯中，哀帝非但和地图没什么瓜葛，反而弄出与自己宠爱的男宠董贤同卧同坐时，不忍惊醒男宠，用剑截断衣袖的荒唐事。

刘衎是哀帝的继任者，汉平帝刘衎年幼无知，只能任由王太后选择王莽任大司马，录尚书事，兼管军事令及禁军。

跃上权力巅峰舞台的王莽，在朝中的势力如日中天，几乎等同于皇帝。等到汉平帝驾崩后第二年（公元6年）正月，王莽选择了最年幼的广戚侯刘显的儿子刘婴为继承人且将其视同傀儡，他就任"假皇帝"，为篡位迈出了最重要的一步。这期间，朝野上下混乱不堪，地图也再逢劫难，归于沉寂。

初始元年十二月（公元9年1月），王莽接受孺子刘婴禅让后称帝，改国号为"新"。王莽称帝后，采取了一系列惠民措施，史称"王莽改制"。

这期间，地图的使用非但没有起到缓和社会矛盾、重振朝纲秩序的作用，反而因为王莽或兴师动众讨伐匈奴和周边少数民族，或大兴土木加重百姓赋税徭役，导致人心惶惶，各地百姓苦于新莽政权频繁的征发，相继弃城郭流亡为盗贼。

剧烈的动荡，加上屡有旱、蝗、瘟疫、黄河决口改道等灾害出现，各地农民

长沙国南部地形图及其墨线复原图

《长沙国南部地形图》由湖南长沙东郊马王堆三号西
汉墓出土，为公元前168年以前成图，表示了山脉、
河流、居民地和交通网等要素，是一幅接近现代绘制
技术水平的大比例尺地形图。

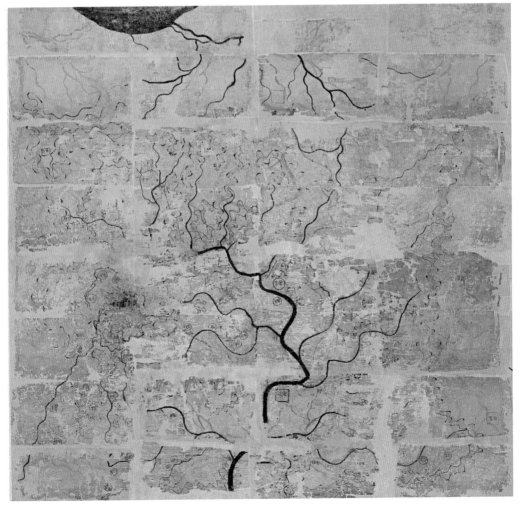

纷纷起义，其中形成了赤眉军和绿林军两大军事势力。

地皇四年（公元23年），起义的绿林军攻入长安，王莽被杀，新朝灭亡。

地图在西汉末年特别是王莽新朝时期，也曾在重新划分郡县，更改地名中起到积极作用，还为加强相权、兵权进行中央机构改革提供过参考，但只是昙花一现，未成大器。

西汉王朝的兴起，地图扮演的角色十分重要，也因此带来了地图发展的一个高峰期。其间，无论是帝王被动接受地理信息，随后利用地图，开疆拓土，治国理政，还是王朝实力的增强，各类工程及民政的展开等，都离不开地图的辅助。总之，在西汉王朝，全国性地图纷纷出现，"舆地图"的名词多次被提及，地图的测绘和绘制都上了新的台阶。

现代发掘出土的西汉放马滩纸质地图，山脉、河流、道路等图形一目了然。长沙马王堆出土的西汉帛地图，无论是地形图，还是驻军图、城邑图，也都非常精美多样化。这都证明了西汉王朝是地图鼎盛时期，各个行业，各种载体，都开创了地图发展的新篇章。

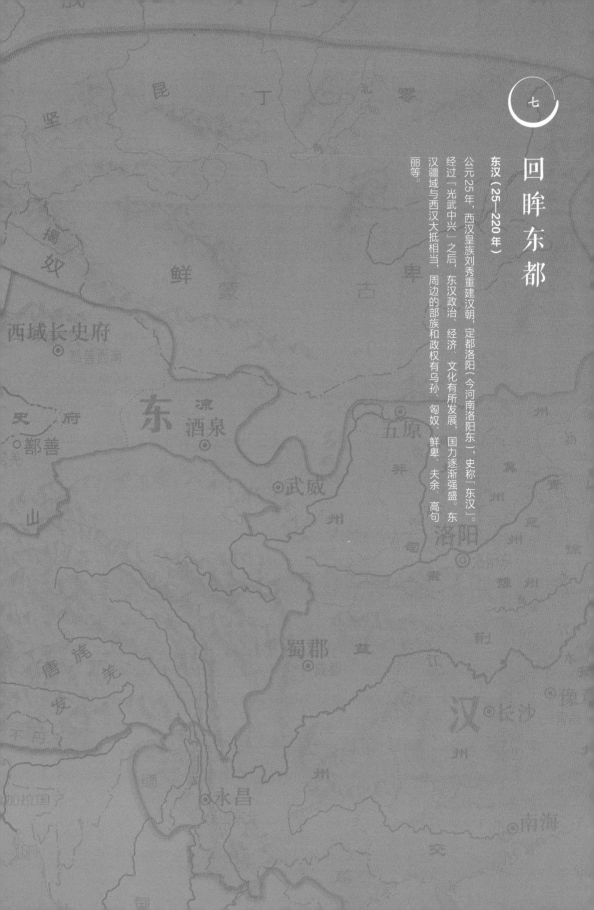

回眸东都

东汉（25—220年）

公元25年，西汉皇族刘秀重建汉朝，定都洛阳（今河南洛阳东），史称「东汉」。经过「光武中兴」之后，东汉政治、经济、文化有所发展，国力逐渐强盛。东汉疆域与西汉大抵相当，周边的部族和政权有乌孙、匈奴、鲜卑、夫余、高句丽等。

（七）

大汉王朝，因海内分崩，天下大乱而兴；又因军阀割据，复归天下大乱而亡。

王朝乱象丛生，本该是地图的劫数，却因为新皇帝的重用，以及辈出的人才、科技，倒是让地图在这一时期意气风发。

徐徐汉时风，悠悠千古愁。吹散了皇家梦，吹乱了百姓家。

王莽篡位，西汉覆灭。

赤眉、绿林、铜马等数十股大小农民军纷纷揭竿而起，豪强割据，天下大乱。

汉高祖刘邦的九世孙，出自汉景帝子长沙定王刘发一脉的刘秀，高擎"复高祖之业，定万世之秋"的大旗，跨州据土，带甲百万，更始三年（公元 25 年）六月，在众将拥戴下，于河北鄗城（今河北省邢台市柏乡县固城店镇）的千秋亭即皇帝位，建元建武，是为汉世祖光武皇帝。

光武皇帝登基，就不得不提图谶之兴。

由河图洛书发展而来，附会儒学，与经义挂钩，借天象自然，隐语吉凶，谓之为图谶。如果河图洛书作为中国古代地图的雏形，图谶和地图自然就牵扯上关系了。况且，图谶中某些内容也的确涉及地图要素。

而"谶"，是方士将一些自然界的偶然现象伪托神灵天命的征兆，编造而成的隐语或预言，常附有图，故称为"图谶"。"纬"是与"经"相对得名，是假托神意或假托孔子解释经义的著作。因此，图谶往往融谶纬之学，预言兴亡。刘秀其人，笃信图谶。图谶把帝王圣人神化，并认为国家的治乱兴衰都是由天命安排好了的，其兴必有祯祥，其亡必有妖孽。刘秀之所以起兵，就是出于宛人李通以图谶"刘氏复起，李氏为辅"为由的劝说。待到将帅拥立时，又有"赤伏符"昭示天命所赋的验证，刘秀当然深信不疑。

而今，图谶预言成真。光武帝取得政权后，自然还把谶纬奉为神典，在发布诏命、制定法令、施政用人等方面都要根据图谶来引用制定策略。

光武帝以天命举事，夺王权君临天下，登基后又用了 12 年的时间终于克定天下，使得自新莽末年以来四分五裂、战火连年的中华大地再次归于一统。

其实，从版图上看，新莽末年的华夏疆域已是大幅度缩水。东北撤销真番、临屯二郡。西南地区由七郡变成五郡，并且放弃海南岛上的珠崖、儋耳二郡。这一态势直到光武中兴后才得到改观，原有大汉的版图才基本得到恢复。

和西汉末期那些怠政的君主相比，刘秀倒是个勤快人，每天勤于政事，和公卿郎将议论经义，钻研图谶，往往忙到后半夜才安寝。

光武皇帝不分昼夜、不遗余力地扑在政事上，实在是有他迫不得已的苦衷，

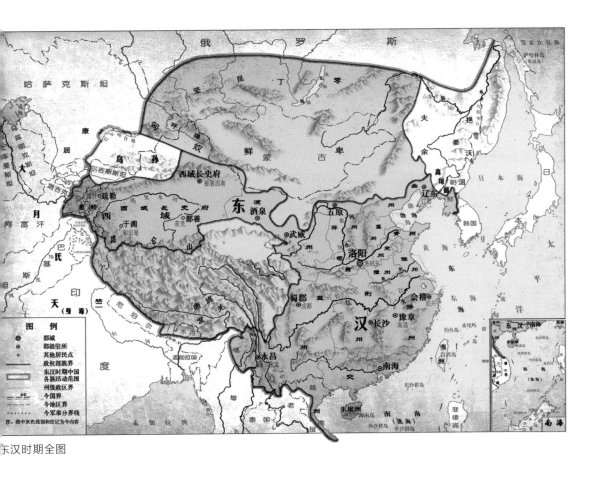

东汉时期全图

也有他内心希冀王朝复兴的恢宏大愿。

自新末大乱到天下再次一统，历经近20年的时间，其间百姓伤亡惨重，战死和病饿而死者不计其数，天下人口"十有二存"。

本来作为马上皇帝靠武力光复王权的光武帝，却在此时极度讨厌用兵。就连匈奴分裂，北匈奴衰弱，只要出兵远征，就可建永绝边陲后患的"万世刻石之功"，光武帝也以吃瓜群众的心态揣起袖子只看不参与。手下的将帅不解，光武帝却说，这些年来天灾人祸不断，百姓日子过得惨不忍睹。现在我满脑子都在想如何制定振国兴邦的良策，你们鼓动我不远千里去讨伐匈奴，还让不让老百姓活了？列位臣工，算了吧，咱就消停一点，让百姓喘口气，过几天舒心日子吧！

让人民群众尽快富起来，让大汉王朝再度强起来，这才是光武帝此时最大的心愿。

如何富，怎么强，谈何容易？

愁眉不展的光武帝，不经意间想起纵马疆场时，之所以能够扫平关东、平复陇西、攻略川蜀，让赤眉、绿林纷纷落败而亡，除了图谶所言天命王权归他刘秀，更有多次善于捕捉战机而乱中制胜，全赖利用军中舆图调度得当，方才光复刘氏宗室。

是地图给了光武帝幸运的天子尊位，也是地图再次让他点燃以图兴邦的热情之火。

随即，这位颇有些忧国忧民的皇帝陛下，点燃了光武新政的三把火，分别是精简机构，重新布局行政区划；安抚地方，善待边疆少数民族；丈量土地户籍，周知天下人口，让穷苦百姓有田耕种。

这三项政策，皆可以现有地图为参考来制定具体策略，又能靠新绘制的地图为结果验收新政推行结果。

建武六年（公元30年）六月，光武帝首先解决烦冗的机构设置和行政区划。他下诏开宗明义说，朝廷设置官吏，是替老百姓服务。而今百姓遭难，户口减少，国家官吏的设置还很繁多。令司隶校尉、各州州牧各自在所辖范围核实实际需要，裁减官员。无论是县还是封国，不足以设置长吏的，予以合并。

这一道诏令，合并减少400余个县，官吏的职位也大幅削减，十个官员，只留任一个，改革的力度十分大。

以边郡为例，边郡是光武帝在边疆少数民族地区实行的行政区划制度，不过因袭西汉旧制边郡没有大的增减，但边郡领县骤减 100 多个，裁撤了大量官员。

东汉的行政制度，郡、王国、属国同为一级地方行政区划，实行的依旧是郡国并行制。光武帝虽然恢复西汉旧制，但降司隶校尉部为全国 13 州之一，废朔方，归入并州，改交趾为交州。

在展开一系列精简改革的同时，为保持边疆民族地区的安宁，减免军事威胁对经济发展的影响，光武帝令归德侯刘飒出使匈奴，匈奴也遣使者来献。此后，光武帝又派中郎将韩统回报，并赂赠匈奴金币，以此沟通与匈奴原有的友好关系。

这样从全国舆图上来，行政区划更加合理，朝廷的治理体系也能够上下通顺，消除了地方势力的掣肘。

比起这些，最为核心、最为倚重的新政则是在建武十五年（公元 39 年），下令度田和检查户口。光武帝之所以"度田"，主要是针对垦田、户口不实的情况，在利用现有的地图掌握了一定田亩、户口数据的前提下，下诏令各郡县丈量土地，核实户口，作为纠正垦田、人口和赋税的根据，以使百姓生计可依，豪强土地不再瞒报，国库赋税收入增加。

从另一个角度看，度田的本质，其实也是光武帝和根深蒂固的地方宗族势力在争夺百姓人口和田地及政治控制力，这也是强国富民的根本之基。

这是一次规模宏大的全国性土地丈量和测绘工程，其成果必然以新绘制的地图和户籍来验收。可地方官吏在执行"度田"诏令时，豪绅强权因为不愿意放弃利益，自然要拼命抵抗，弄虚作假。

光武帝终于怒了。

很少生气的光武帝不仅大怒，而且要大开杀戒。

本来是一项治国安邦的大工程，可各州刺史、郡太守多行诡诈，投机取巧，他们大多都是地方豪强的保护伞和土地利益的分成者。这样一来，就胡乱地以丈量土地为名，把农民聚集到田中，连房屋、乡里村落也一并丈量。百姓只好挡在道路上啼哭呼喊，表达对官吏优待豪强，侵害苛待贫弱百姓的不满。

一个对图谶和地图都很善用的皇帝，当然不会被下面报送的数据蒙蔽。要知道光武皇帝不仅崇尚图谶，对于各类书籍、典册都分外喜好，且颇有研究。他不仅继承了西汉时期独尊儒术的传统，还极为重视图书文化建设和皇家藏书。新莽新朝，大量典籍遗失或焚毁，鉴于西汉宫廷藏书散佚，而民间藏书颇多，光武皇帝每至一地，采求阙文，补缀遗漏，广为收集。那些战乱时期怀挟图籍、遁逃林薮的四方学士、鸿生巨儒，此刻个个莫不抱负典策图籍，芸汇京师。数十年间，朝廷各藏书阁，旧典新籍，叠积盈宇，汗牛充栋，藏书的规模和数量超过了西汉。

各郡各自派使者把丈量土地的奏章呈奏上来之后，光武帝立马发现了猫腻。尤其来自陈留郡的官吏，居然把一张上司千叮咛万嘱咐如何应付朝廷测绘丈量任务的"护身"简牍不小心夹杂其中。

简牍所记录的"颍川、弘农可以问，河南、南阳不可问"云云，显然是地方官在度田时对不同区域区别对待，用双套标准来搪塞朝廷。

露馅了的陈留郡官吏先是百般抵赖，最后才承认这是郡守下的指令。因为河南是京都所在地，有很多朝廷重臣；南阳则是皇帝的故乡，又有很多皇亲国戚。这些人的田地住宅全都严重超标，不像颍川、弘农平民百姓居多，怎么丈量都无妨。

光武帝怒不可遏，先派出钦差对地方官员在度田中徇私枉法的行为进行视察核实，随即拿权贵开刀。

大司徒欧阳歙身为儒宗，八世为博士。因先前在汝南太守任内丈量土地作弊，被逮捕下狱后死在监牢。

包括河南尹张伋在内及诸郡守十余人，因度量田地弄虚作假，也都下狱处死。一些试图叛乱抵抗度田的地方势力，也在光武帝打击下土崩瓦解。度田随之得到严格执行。加上前后九次下诏释放奴婢，使流民返回田野耕种，全国生产和经济得到了迅速恢复，人口与垦田数目大大增加，形成了"牛马放牧，邑门不闭"的大好局面，光武中兴就此到来。

度田政策成功有效，全国的土地、户籍、人口也就自然通过地图、典册的准确记录，被朝廷所掌握。

无论是主动所为，还是无意促使，地图辅佐光武帝成就了大业，光武帝也赋予了地图勃勃生机。或许是从舆图上发现了王朝之外的番邦，日本列岛的倭国遣使交通，愿为汉臣藩属，光武帝以其人矮，赐名"倭国"，并向倭人"赐以印绶"。当时中日隔着汪洋大海，之所以能够互通有无，宫廷的藏书中应该是有相关的地图存在。

汉明帝刘庄是东汉第二位天子，地图在这位皇帝执政期间，依然是宠儿。

明帝继续奉行光武帝在位时期为巩固东汉统治而推行的各项政策的同时，也多次借地图之功，开疆拓土，兴修水利，发展民生。

比起光武帝稳定局势恢复经济，无暇顾及边疆的尴尬，汉明帝版图意识更强，对于疆土的渴望不止承袭祖宗的这点江山。特别是西北地区，汉明帝开始调兵遣将，欲与北匈奴争夺西域。

西域本已纳入大汉王朝的疆域，但因为朝廷的衰落，此时与汉绝65年而无联系。等明帝的军队长驱直入，赢得胜利后，复置西域都护、戊己校尉于龟兹（今新疆库车）、车师（今新疆吐鲁番），恢复大汉在西域地区的管辖。

明帝让地图大放异彩的高光时刻，则是兴修水利。

早在光武帝年间，黄河、汴渠同时决口，随之向东泛滥，豫、兖二州（今河南、山东一带）百姓怨声载道。眼看国库充盈，百姓叫苦，汉明帝于是启动大型水利工程，疏导汴渠，整治黄河。

水利工程的建设，绝对离不开地图和测绘。工程动工之前，汉明帝翻阅了《河渠书》《禹贡图》等与治水相关的书籍和地图，诏令侍御史王景为河堤谒者，主导王朝的这项大型惠民工程。

王景此人和地图也颇有渊源。他少年时期就开始学习《周易》，并博览群书，特别喜欢天文数术之学。在古代，无论是天文还是数术，其实和地图都有关联。而王景早先任职司空属官时，曾配合将作谒者王吴疏浚仪渠，对治水很有心得。此次主持河汴水利整治，王景更是参详相关地图，提出治水策略。等汉明帝召见时，王景全面分析了河汴情形，应对精辟，明帝大为欣赏，赏赐了他《山海经》《河渠书》《禹贡图》等皇家所藏治河相关的专著和地图以供工程所用。

王景明白，现有的地图当然不能精准地对应河道的变化。治水的首要任务，恰恰需要地图来反映真实的河道走势。于是，王景亲自勘测地形，规划堤线，绘制成图。其后，根据地图上记录的地理地势，先修筑黄河堤防，然后着手整修汴渠。对汴渠进行了裁弯取直、疏浚浅滩、加固险段后，汴渠引黄河水通航，沟通了黄河、淮河两大流域，同时也恢复了水运通道。

这项工程，王景通过实地测绘和参照地图，能够俯瞰全局，制定了在流域要害之处筑起堤坝，疏通引导阻塞积聚的水流之策，并且创造性地在每十里修造一座水闸，使得水流能够来回灌注，不再有溃决之害，泛区百姓得以重建家园。

王景筑堤后的黄河，经历 800 多年没有发生大改道，决溢也为数不多，证明王景之功的确不朽。而王景的殊荣，的的确确离不开地图的协助。

王景和地图的关联，不只是治水。东汉图谶学说流行，原本就和地图有着血缘关系的堪舆学，王景也是大家。他曾整理各家数术方面的书籍，对建墓造宅的格局禁忌、阴阳风水的勘查、天文占星和卜卦等进行了校正研究，并编成一部名为《大衍玄基》的书籍。从该书内容看，理应附有大量相关的地图，只是后世佚失。

地图随着汉明帝的赏识，也传导给东汉第三位皇帝汉章帝刘炟。这父子二人在位期间史称"明章之治"，让东汉抵达鼎盛巅峰。地图，也在这一时期活力四射，功勋卓著。

汉章帝即位之初，边关再起纷乱，焉耆、龟兹、车师等联合北匈奴，攻打中央政府的军政驻地，形势颇为紧张，汉王朝的版图直接面临被蚕食的危险。朝廷的司马，也是地理家和军事家的班超，曾任兰台令史，遍览国家图书馆兰台所藏的各类图书和地图。他的家族中，哥哥班固本身就是史学家，是《汉书》的作者，书中辑有与地图相关的大量典籍。再者，班超身在西域 31 年，悉知西域的地理地貌和政治势力，提出了"以夷制夷"的策略，立足于争取多数，分化、瓦解和驱逐匈奴势力，因而可以战必胜，攻必取。他加强了朝廷与西域各属国的联系，为西域回归立下汗马功劳。班超授命调和西域，如果没有于兰台浏览天下舆图，特别是借地图参详各国情况和利用地缘地政来对西域各个击破，显然不太可能。

同样重视农业生产的汉章帝，提出"王者八政，以食为本"，并亲耕农田以示鼓励；又平徭薄赋，减轻农民负担，鼓励垦荒，这也离不开对土地的测绘和利用地图进行管治监督。比如，每到农事季节，时任山阳太守的秦彭，亲自测量土地的亩数，区分土地的肥沃和贫瘠，列为三等，分别记在公文簿上，并将相关土地绘制成图，将其收藏在乡里和县府。汉章帝得知后，大加赞赏。如此一来，政事有据可查，有图可知，奸猾的官吏不敢妄为，也就没法藏奸。汉章帝特意下诏书将他所列的条文和绘制的舆图，分发给三府，并且向州郡下达诏书要求效仿执行，从而使得各地均进行田土测绘制图，并且建档留存。

汉章帝末年犯了一个错误，重用外戚窦宪，又优待宦官，使外戚和宦官这两股势力登上东汉王朝的政治舞台，刘氏天下也从此由盛世走向衰败。

建初七年（公元 82 年），汉章帝废太子刘庆，立刘肇为皇太子。汉章帝去世后，刘肇即位，是为汉和帝，养母窦太后临朝称制。窦太后将政权统于自己一人之手，独断专横，强行决策。大批窦氏家族子弟和亲朋故友成为官员，从而朝廷里上下勾结，专权放纵。

地图，也随着汉王朝的乱象隐患而浮沉不定，难有大的建树。

汉和帝执政短暂就亡故，在位期间能够与地图功绩相关的事，最值得一提的恐怕就是开垦荒田之举了。

到永元十七年（105年），全国垦田面积达732万多顷，为东汉之最，户籍人口也高达5325万多人，也有史册盛赞此为"永元之隆"。

除此之外，能够多少和地图有点瓜葛，并予以重视的事件，无非是安定边疆，派遣征西将军刘尚、越骑校尉赵世等平定羌乱。又有平叛於除鞬、南匈奴右温禺犊王叛乱、车师后王叛乱、迫降巫蛮等军事诸事宜，以及外交远邦，出使到安息西界的西海（今波斯湾）沿岸，增进了对中亚各国的了解。也有史书所谓其时"齐民岁增，辟土世广"。

汉殇帝刘隆是汉和帝刘肇少子，本养于民间，作为东汉第五位皇帝的刘隆，实在和地图扯不上一丁点关系。他登基时出生刚满百天，是中国历史上继位年龄最小的皇帝，不满周岁便夭折，虚寿二岁，也是中国历史上寿命最短的皇帝。除此之外，由邓太后临朝听政，也没有什么大事件触及地图的使用和发展。倒是这一期间，邓皇后主持过历时十余年的朝廷藏书校理，成绩还很显著，或许也整理过部分地图簿册吧。

东汉第六位皇帝汉安帝刘祜，在位19年，他本来是清河孝王刘庆的儿子。与其说是王权天命，倒不如说是邓太后与她的哥哥车骑将军邓骘密谋迎立的结果。

此时的东汉王朝，皇权和外戚势力矛盾尖锐，愈演愈烈，地图的用武之地不能说没有，但也似乎只剩下内部的争权夺利和抵御外部风险了。

朝廷内部，外戚与宦官的斗争中，宦官集团又一次得势。以杨震为代表的朝臣多次上疏要求汉安帝约束和惩戒飞扬跋扈的宦官，但安帝总是置之不理。被揭发的宦官则乘机诬告，杨震被迫自杀。

民间也是灾祸连连。延平元年（106年），六州发大水。十月入冬，四州又下冰雹，宿麦都无法下种。永初元年（107年），更有18个郡国发生地震，41个郡国暴雨成灾，28个郡国则是大风和冰雹齐袭。到延光三年（124年），京城和 23 个郡国又发生了地震，36 个郡国发大水和下冰雹，人民困苦不堪。

天灾人祸当头，汉安帝似乎明白有必要了解一点天文地理知识和招纳一批相关人才了。

于是他下诏令说，以前的皇帝对天文地理、日月星辰的变化都很了解，我现在是天子，结果阴阳不调，处处出现灾祸异数，老百姓饥寒交迫，流离失所，我也很着急。我只能命令百官和各个郡国地方，把那些懂得阴阳之术、灾患异象，通晓天文律令的人才统统都召集进京，我要亲自接见并给予优待，只要来的人能够想到解决问题的办法，就算上天对我惩罚我也在所不惜。

应该说，这道诏令言辞算是比较诚恳的。而且当时那些通晓阴阳五行和天文星宿的方士，也都悉知舆图。从这点来说，汉安帝想招徕的人才也必须懂地理地图方面的知识。须知，如果能够用地图标注并统计天下灾情，倒也是解决难题的好策略。不过，信奉上天祸福的帝王，多是被动接受地图的好处，主动领受鬼神的吉凶。

且不说王朝内乱未停，灾祸不止。边关又有奏报北匈奴和车师联兵，进攻河西四郡。安帝只好派班超之子班勇为西域长史，率领 500 名士兵出屯柳中城。好在班勇到西域后，依靠河西四郡和西域属国的军事支援，击退匈奴，降服车师，使中原和西域的交通再次畅通。

以上诸事，地图自有功劳，但也谈不上遭遇什么生死之劫，或有兴亡之气。

汉安帝驾崩后，汉章帝刘炟之孙，济北惠王刘寿之子刘懿，成为东汉第七任皇帝。半年刚过，刘懿因病去世，之后宦官孙程等人合谋迎立济阴王刘保为帝，是为汉顺帝。从此，东汉皇帝开始被上天嫌弃，接连悲剧不断。从来助推历史、见证兴旺的地图，也好似无意陪伴这帮短命的亡国之君，渐渐消沉于史海中。

由于汉顺帝的皇位是靠宦官得来的，所以他将大权交给宦官。宦官与外戚梁氏勾结，开始了长达 20 多年的梁氏专权。

汉顺帝去世，两岁的刘炳继位为帝，是为汉冲帝。在位一年夭折后，大汉又迎来一个在位仅一年、九岁就亡故的皇帝汉质帝刘缵。汉质帝死后，大将军梁冀持节迎立蠡吾侯刘志入南宫即皇帝位，是为汉桓帝。

刘志总算没有短命，之前几位夭折的皇帝但凡用得上地图的事项，恐怕就是修筑陵墓所需的兆域图了。

而汉桓帝和地图的兴衰，也搭不上什么关系。

桓帝看似在位 21 年，但前 13 年基本是傀儡。当时梁太后临朝听制，梁冀把持朝政，所有国家大事，桓帝插不上嘴，更管不了事。

因为拥立有功，桓帝时期梁冀获得了更多的封赏和更大的权势，连梁太后也无力约束他。到梁太后去世，下诏归政于桓帝时，梁冀更是飞扬跋扈。

待到桓帝找机会借重宦官力量除掉梁冀后，宦官单超、左悺、徐璜、具瑗、唐衡五个人因谋诛梁冀有功，被同日封侯，世称"五侯"。

撵走了狐狸来了狼，宦官更不是什么善茬。贪侈奢纵不说，中常侍侯览竟然前后竟强夺民田 118 顷，住宅 318 所，并模仿皇宫修建大规模住宅 16 区，都有楼阁、池塘、苑园。讽刺的是，这样豪华的建筑工程，倒是离不开地图了。

权力收不回来，汉桓帝索性也纵欲无度，娶了好多好多的妃子。说一个数字，他的后宫美女 5000 人。这位荒唐的皇帝，兴头上来，甚至会把数千嫔妃全都集中起来，勒令裸体排列，让自己的宠臣跟她们做不可描述的亲密接触之事。不过，更诡异的是这个拥有如此之多嫔妃的男人，竟然没有生下一个儿子，只留下三个说不清是不是他骨血的女儿。

除了女人，桓帝还热衷卖官鬻爵，以不同价钱卖关内侯、虎贲郎、羽林郎、缇骑营士和五大夫等官爵禄位。这不仅让王朝贪污合法化，更给贪官污吏提供了搜刮的机会，大大加重了百姓负担，更为灵帝时更大规模的卖官鬻爵开了极坏的先河。

汉桓帝亡故，渎亭侯刘宏被外戚窦氏挑选为皇位继承人，于建宁元年（168年）正月即位，是为汉灵帝。

比起荒唐的先帝，汉灵帝更是巧立名目搜刮钱财，卖官鬻爵成瘾，官员上任要先支付相当于俸禄 25 年以上的合法收入。许多官吏都因无法交纳如此高额的"做官费"而吓得弃官而走。

于是，天下持续动荡，黄巾起义爆发。

这位贪财好利的皇帝，压根不想和地图发生什么关系，也不在意地图里潜藏着什么祸福。只是，不管他愿不愿意，王朝版图里已经烽烟四起，地图又将重新登场，开始为各路军阀争夺地盘所用了。

汉灵帝死后的继位人刘辩，被唤为汉少帝，仅在位一年。刘辩倒是没有在位而亡，而是始终受制于以"勤王"为名进京的凉州军阀董卓，直至被废为弘农王，成为东汉唯一被废黜的皇帝。其同父异母弟陈留王刘协继位为帝，是为汉献帝。此时，已经名存实亡的东汉王朝迎来了最后一位皇帝。终究，这个皇帝还是被曹操之子，后为魏文帝的曹丕逼迫退位禅让，结束了东汉王朝惨淡的谢幕之殇。

从明、章二帝之后，东汉的天子一代不如一代，地图的命运也跌入低谷，似乎预示着天命王权要远离刘氏，不复归来。

不过，东汉王朝在经济、文化、科学技术等方面都远超过了西汉时期的水平。自然，也加快了地图的发展。

汉和帝时，尚方令蔡伦主管皇宫制造业。他选用树皮、麻头、破布、旧渔网等废旧材料，让工匠们切碎剪断，在水池中浸泡一段时间后，保留了纤维。再放入石臼中不停搅拌直到成为浆状，然后再用竹篾挑起来，等干燥后揭下来就变成很廉价方便的纸张。蔡伦对纸张的改造加工，为纸质地图大量生产提供了便利，也间接地推动了地图的进步和广泛使用。

同是汉和帝时期的议郎杨孚，撰写了中国第一部地区性的物产专著——《南裔异物志》。该书记叙了岭南陆产、水产的种类，以及岭南植物学、动物学和矿物学。许多记录没有地图的绘制参考和实地勘探是无法完成的。难能可贵的是，杨孚提及南海诸岛当时尚未露出水面的暗沙和暗礁，称之为磁石。可见当时杨孚无意间就对南海的海洋海岛进行了测绘和观察。

太史令历来掌管宫廷的地图和历法等职事。汉安帝年间，张衡被朝廷公车特征进京，被拜为郎中，再升任太史令，任此职前后达 14 年之久。

张衡研究阴阳，精通天文历法，是伟大的科学家，也是著名的天文学家和地图学者。

如前文所叙，东汉王朝地震频发。而张衡发明的地动仪，巧夺天工，精确地监测到了陇西地震。从功能上看，虽然它只限于测知震中的大概方位，但堪称世界上的地震仪之祖。

地动仪已然具备了方位、指向等地图要素。而张衡的另一项发明浑天仪，则是将地图，特别是天文地图的制作实现了跨越式的发展。

浑天仪是有明确历史记载的世界上第一架用水力驱动的天文仪器。浑天仪是用一个直径四尺多的铜球制作而成的，其上绘制镶嵌了完整的天文地图。包括二十八宿、中外星官，以及黄赤道、南北极、二十四节气、恒显圈、恒隐圈等。这种仪器，用以测定昏、旦和夜半中星及天体的赤道坐标，也能测定天体的黄道经度和地平坐标。

与地图相关的探索和研究，张衡成就斐然。他制造的指南车用一种能自动离合的齿轮系统，让车子朝哪个方向转动都能准确地指向南方；他所创造的计里鼓车则是用以计算里程的机械，利用差速齿轮原理，制造车为二层，皆有木人，行一里下层击鼓，行十里上层击镯。张衡对地图直接的贡献是，曾记载他直接画过一幅在唐朝时还未佚失的地形图。

张衡对地图的贡献还不仅于此。他本着科学的态度，针对朝野上下迷信图谶提出了自己独特的见解，认为许多本该绘制精良地图的技师，沉迷于谶纬之书涉及天文、五行怪诞的想象中。他于是提出朝廷应该收藏图谶，禁止流行，并明确指出，古代圣人卜筮、测度天象，无非借用的是天文历法和观察记录。任何所谓的预言祸福，都是通过多年的观察计算和长期实践得出来的结论，这才是谶。很多人没弄明白，都往什么天命祸福上凑，实在是大谬。

当有人从图谶观念出发，对当时较科学的《四分历》发难，提出应改用合于图谶的《甲寅元历》后，张衡和另一位学者周兴拿出了研究多年的天文观测记录，和各种历法的理论推算进行比较，不仅否定了《甲寅元历》，还新提出了《九道法》的使用。《九道法》发现了月亮运行的速度不均匀的事实，是计算历法比较先进的方式。可惜，当时未能在朝廷获认可并推广应用。

对天体的运行规律和天文的变化，张衡正确解释了冬季夜长、夏季夜短和春分、秋分昼夜等时令的起因，得出一周天为三百六十五又四分之一度的结论，与后世所测地球绕日一周历时 365 天 5 小时 48 分 46 秒的数值相差无几。这些成就，都无疑对天文类别的星图起到了极大的促进作用。

在四川成都市新都区的东汉墓葬，出土的画像砖刻《市井图》，是迄今中国最早的浮雕地图，图上商肆街景、城门道路明晰可见；内蒙古多地出土了多幅东汉城市壁画地图，其中《宁城图》平面和鸟瞰相互结合，彩色绘制而成。另外一幅繁阳县（治所今河南内黄县西北）的县城图，也绘制了当地主要建筑的分布。这些都明证了两汉特别是东汉的地图发展成果。

东汉王朝随着《算罔论》《九章算术》等有利于推动地图计算和绘制的学术著作出现，远古地图的写意逐渐蜕化成更进步的写实地图，地图的精确性得到提

宁城图（摹本）

内蒙古和林格尔东汉墓出土的《宁城图》壁画是最早反映官府区、
市区与居民区相隔的古代建筑布局特点的地图。

高，也逐步形成中国独特的地图学科体系。

　　总之，一瞥东汉王朝，看到了既有帝王天命所赐，也有王权旁落的感慨。于地图而言，却是一个芳华正茂的时代。可叹的是，东汉立国之始，王莽败死后未央宫及其典籍遭到焚毁，到赤眉军攻陷长安，其他宫阙典籍也被焚烧无遗。这其中，就有大量地图。而东汉末年董卓作乱，皇室内又有诸多珍贵地图或付之大火，或遗失殆尽，是为最大的憾事。

八

三国烟云

三国（220—280 年）

东汉末年，自黄巾起义，经董卓之乱，转入群雄割据之势。220 年，曹丕称帝，国号「魏」，定都洛阳（今河南洛阳东），东汉结束，221 年，刘备称帝，国号「汉」，史称「蜀」，定都成都；222 年，孙权称王，国号「吴」，后定都建业（今江苏南京）。至此，三国鼎立的局面形成。三国统治的区域与东汉大体相当，其周边地区，则分布着乌孙、匈奴、鲜卑、夫余、高句丽等部族和政权。三国时，吴国的船队曾经到达夷洲（今台湾），加强了大陆与台湾的联系。

早春，却不见得春意盎然。

都城洛阳的宫阙，被吞没在一片肃杀晦暗的阴郁中。

这一年是初平元年，公元 190 年。

尽管此时的皇帝还是刘氏宗室的汉献帝刘协，但他根本无法主宰自己的命运。名存实亡的东汉王朝已经油尽灯枯，枭雄并起的三国时代很快来临。

经历两汉辉煌兴达的地图，也将迎来一场乱世烽烟的大劫难。

自打西北来的军阀董卓入主朝政以来，权倾朝野，随意摆弄皇帝，更将自己的官职由司空改任太尉，兼领前将军，加节，赐斧钺、虎贲，封郿侯。

董卓麾下的军队，似乎不知道人性的存在，四处奸淫掳掠，无恶不作。洛阳城内一时乌烟瘴气，分外萧条。众多官民叫苦不迭，却又敢怒不敢言。

这年开春，关东的州郡牧守联合起兵，将渤海郡太守袁绍推选为盟主，共同讨伐董卓。诸州郡牧守各拥兵数万，袁绍则自号车骑将军，与河内太守王匡屯兵河内，威逼洛阳。身在南方的长沙太守孙坚也起兵北上，和后将军袁术在鲁阳结盟讨董。一时之间，满天下几乎都是讨伐董卓的义旗。

山雨欲来风满楼。惊慌失措的董卓眼看洛阳难守，强令朝廷迁都长安。

董卓进驻长安后，废旧立新，毒杀太后，广植党羽，培养亲信，统收兵权，控制朝廷，挟天子以令诸侯。

董卓作乱，朝局晦暗不明。京师之外，黄巾军起义气势汹汹，各路割据豪强更是趁机发难，各打各的算盘。如此一来，摇摇欲坠的王朝随时都会彻底崩塌。

王允出身自太原王氏，世代官宦，名门之后。王朝大厦将倾，谨记祖训的王允非但不顾及自身安危，还执意相信，只要除掉董卓，就能重振朝纲。

可是，董卓提出迁都长安，王允始料未及，仓促之间，既顾不上也来不及执行除董计划，更无暇操心洛阳百姓的死活和百官的抱怨，只能先捡紧要的事情做。

破败的王朝，上下乱成一团。王允看来，唯一能够代表王朝再度复兴，并能延续刘氏龙脉的，就是那些宫藏的典籍了。

这些典籍中，既有王朝最核心的法典、地图、户籍，也有东汉以来历代天子收集的各种古籍善本。要知道，自光武皇帝开始，就广为收集天下图书，明、章二帝同样重视图册典籍的整理保护。就是到了桓帝时期，还特意专门设置"秘书监"，专事掌典图书，并且下设校书郎中、校书郎等从属。经过历代帝王的重视，王朝藏书的场所就有辟雍、东观、兰台、石室、宣明、鸿都等多地，据称汗牛充栋，蔚为壮观。

两汉各类精美地图和所有郡国户籍，当然都在这些秘藏中。王允的认知的确没有错。无论是谁，掌握了这些朝廷最重要的图籍，就能周知天下物产、人口、资源和国家制度、法典，把王朝的权柄牢牢握在手中。

寅夜时分，乱糟糟的洛阳城内，百姓啼哭呼叫，兵士火把通明，强迫各家各户随朝廷迁都长安。

一队70余辆马车组成的浩大车队，分别进入辟雍、东观、兰台、石室、宣明、鸿都等皇家藏书地，把一捆捆图书和典册胡乱装车准备拉往长安城。

云隐星稀，众人手忙脚乱。哗啦一声，数卷光武年间度田时各郡国绘制的田亩地图滑落地上，被马蹄踩入泥泞后，竟然无人顾及。

这样慌乱的深夜，能够顺利装车出城就不错了，没有谁会顾得上捡起搬运过程中掉落一地的任何书册。

晨曦初露，整装待发。满满70车装载已毕的典籍，承载着王朝的全部希冀，在洛阳城的晨光中上路了。亲自前来送别的司徒王允无语哽咽，目送着车队逐渐走远。

可悲可叹的是，王允怎么也没想到，他这一番保护典籍的好意，最终付之东流水。

且不说兵荒马乱，洛阳到长安前路遥远，一路上风吹日晒，兵匪横行，诸多图典七零八落，所遗甚多。就是到了长安城，乃至他成功诛杀董卓后，这批典籍还是没有保住。

至少，从地图的传承来讲，藏身于这批典籍之中，非但没有得到安全的保护，反而是一场灭顶之灾很快就要到来。

从洛阳迁都长安次年，王允甚至还组织过对这些典籍的整理和登记，希望能让这些王朝藏书在新的都城恢复本该有的宁静。此外，他的除董大计也终于提上日程。到了初平三年（192 年），开春以后就连绵阴雨。连续两个多月的雨水，冲刷着王朝羸弱不堪的重负，也给了王允诛杀董卓的机会。他和士孙瑞、杨瓒等人借登台祭祀乞神请霁之机，紧急商议谋杀董卓的行动方案。

董卓此人，力大无比，凶残毒辣，如果不采取万全之策，一旦失手，恐怕后果难以设想。况且，他的爪牙密布，戒备森严，难以靠近。王允提议必须里应外合，才能杀董卓一个措手不及。

原本是董卓义子的吕布，成为王允离间的对象。吕布虽然是董卓的嫡系，但和董卓之间实际上也存在很深的矛盾。王允利用这一点，秘密召见吕布并把诛杀董卓的计划全部告诉吕布，要求他做内应。王允对吕布说："你姓吕，奸贼姓董，父子只是名义上的，并非骨肉亲情，况且董卓现在已是众叛亲离，你难道还认贼作父吗？你当他为父亲，平时他待你是儿子吗？"吕布想来想去，联想到自己与董卓的婢女貂蝉私通，董卓一旦发现，必然凶狠报复，便答应下来。

未央宫前，吕布派同郡骑都尉李肃等人带领十多名心腹亲兵，穿上宫廷侍卫的服装，潜伏在宫殿侧门两边。当旁若无人的董卓大摇大摆地出现时，潜伏在门后的李肃等人突然袭击。董卓发现吕布也在，便急呼吕布相助。不料吕布手捧圣旨，大呼：奉旨杀贼！亲自诛杀了董卓。

董卓被诛，朝野欢腾。王允成为居功至伟的英雄，朝廷在百官的心中，也有了还魂如初的侥幸希冀。

可是，王允毕竟是文官出身。董卓虽死，从凉州跟随来的手下部将还在，特别是李傕和郭汜等忠于董卓的凉州籍将领，实力还是很强。王允曾想着削夺凉州将领的兵权，取缔全部凉州兵，并且计划利用关东兵去控制他们。可凉州百姓听到王允想解散凉州兵的风声后，便到处传言，说王允要杀掉所有凉州人。凉州将领得知王允要削夺他们的军权，解散凉州兵的消息后，更是惊慌。绝望的凉州兵寻思与其一死，不如拼争。于是他们迅速召集军队，誓师进发都城长安。

守卫长安的王朝官兵面对剽悍愤怒的凉州官兵根本不堪一击，李傕、郭汜的部队很快便攻陷长安。

随即，王允被处以极刑，他的长子侍中王盖、次子王景、王定及宗族十余人都被杀害，吕布也兵败逃亡。李傕等人挟持汉献帝，开始专政。而王允苦心保护的那批从洛阳来的典籍，也在李傕等人纵火焚烧长安时尽数被毁，成为永远的憾事。

后来汉献帝在东迁还都的路上，再度被乱兵追杀，百官士卒被杀的数不清。什么辎重及皇帝用的器物，还有侥幸留存的少部分符契、法典、地图，更是丢得精光。

两汉的地图尽管曾是历史上的一个顶峰期，但接连遭逢劫难，稀有残存，令人痛心不已。

冥冥之中，地图或许和王朝的气数有某种神奇的关联。当汉王朝的诸多珍稀地图成为灰烬后，王朝的气数也到头了。仅以长安为例，几年前从洛阳迁都而来，三辅百姓的户口还有数十万，自从李傕、郭汜互相攻杀，长安40多天后就成为空城，百姓四处逃散，老人孩子及体弱多病者都被人杀害或者吃掉，数年之内，关中再无人烟。

但凡发生人吃人这种尸骨遍野、骇人听闻的事件，任何王朝都将被历史所抛弃。而地图，在这样黑暗的岁月中也一定难逃劫难，归于沉寂。

纷乱的天下，在董卓祸乱之时，以讨伐董卓为名堂的各路郡州既已纷纷起兵，积蓄力量，不断壮大。董卓死后，顿时师出无名。但趁势崛起的各种势力再无甘于为臣之心，你争我夺，都有觊觎王权之意。而自献帝迁都许都，以曹操、刘备、孙权为代表的枭雄，终于在东汉残破的疆域上形成鼎力，开启了风起云涌的魏、蜀、吴三国时代。

历史跌宕起伏，在这样的大局下，地图又归于沉寂，身不由己地蛰伏起来。饶是曹魏有所重用，也不过过眼云烟罢了。

不妨再回到初平元年。

以袁绍为盟主讨伐董卓的阵营中，奋武将军曹操眼看盟军中虽有各路军队十多万人，却终日大吃大喝，不思谋略，于是斥责说，大军瞻前顾后，不敢进兵，会使天下百姓绝望。如果此时能够驻守成皋，控制敖仓，封锁缳辕、太谷二关，占据所有险要之地，再让南阳的军队进军丹水县和析县，挺进武关，以威震三辅地区，天下就可以快速平定。

从这番言辞来看，曹操对周边关隘地貌十分熟悉，能够说出如此攻防自如的战术安排，显然参详过这一区域的地图。

义军没有采纳曹操的策略，曹操就决定带领自己的人马单干。要知道，曹操本是朝廷的典军校尉，见董卓倒行逆施，不愿与其合作，才改易姓名逃出京师"散家财，合义兵"，首倡义兵号召天下英雄讨伐董卓。如今加盟袁绍麾下，却看不到希望，只能自己发展壮大。

及至后来，因迎接汉献帝到许都之功，曹操被任命为司空，代理车骑将军，从此真正站上了历史舞台正中央。

有了权力，能够挟天子以令诸侯的曹操，没有像别的枭雄一样横征暴敛，残害百姓，而是立即用一场与地图有关的轰轰烈烈的运动，拉开了曹魏政权含苞待放的序幕。

东汉末年诸势力中，曹操对地图很有研究，而且极为重视收集和绘制地图。曹魏之所以强大，与多次在军事斗争、农业生产等方面的正确使用地图有很大关系。

这项名为屯田制的运动就和地图息息相关。早在曹操占领兖州自领兖州牧时，曾任命枣祗为东阿令镇守东阿。枣祗在东阿期间，致力于劝课农桑，积谷屯粮，收效甚好。

苦于历经战乱粮食救济不上的曹操，立即把许都周边荒芜的土地加以利用，仿效枣祗在东阿的屯田制度，大力推行开来。

屯田就是将荒芜的无主农田收归国家所有，把招募到的大批流民按军队的编制编成组，国家提供土地、种子、耕牛和农具，由他们开垦耕种，获得的收成由国家和屯田的农民按比例分成。

要统计屯田的地亩数，再分配给流民种植，必然要经实地测量后绘制成地图进行分配。为保证屯田制的实施，曹操专门设置屯田都尉的官职，由枣祗担任。此后还接受枣祗的建议，下令军队屯田，从而使屯田制得到广泛推行。随之，曹操又置典农都尉、典农校尉、典农中郎将等专项官职，保证了屯田的实施。

屯田成效卓著，第一年就得谷百万斛，不仅为曹操解决了令人头疼的军粮问题，而且还为他争取了大量的人口，从而加快了曹操统一北方的进程。同时，长期遭受战争破坏的北方农业生产，在短期内得以恢复并稳定了下来。失去土地的农民重新回到土地上来，许多荒芜的农田也被开垦，社会经济得到复苏。

后期，东吴、川蜀也都实行过屯田，只是规模和成就都不及曹魏。

手里有粮，心中不慌。献帝身在许都，曹操近水楼台先得月，便借由朝廷名义来讨伐各地群雄，先后破袁术、灭吕布、降张绣、逐刘备。通过官渡之战大败袁绍，又过几年时间，消灭了袁绍三个儿子残余的势力，平定辽东公孙康后，基本上统一了北方。

在统一北方的过程中，曹操更加高度重视地图的作用。尤其官渡之战，袁绍的军队一败涂地，弃军逃跑。曹军没有赶尽杀绝，而是缴获了他们全部的辎重物资、图册书藏。因此，袁绍所藏的大量地图也就落入曹操手中。在军事史上，官渡之战是中国战争史上以少胜多、以弱胜强的著名战例，其过程冗长不再赘言。此战曹操客观上处于劣势地位，但他能扬长避短，采用正确的战略战术，使战争向有利于自己的方面转化。从曹操早年间用兵谋略就高度重视地理环境和战略格局的变化来看，曹操显然对地图的使用炉火纯青。否则，兵力和处境早先并不占优的曹操，无法统一北方，称雄天下。

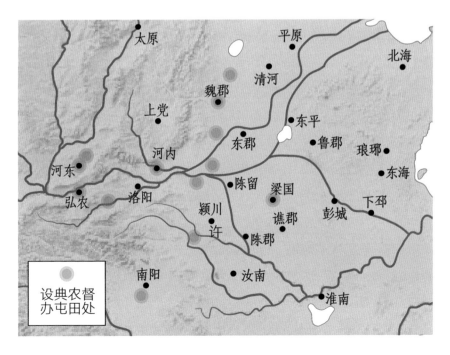

屯田图

此外，为弥补军费不足，曹操还在军中设置了摸金校尉、发丘中郎将，专司盗取王侯墓葬。一些随葬幸免于战乱的地图，也就收入曹操囊中。

实事求是地说，曹操的确懂地图。他在建安九年（204 年）颁布户调令，改革户籍制度，取代了汉朝以来的算赋和口赋，从此户调与田租一起成为国家的正式赋税。户籍自古和地图同体，因此要准确了解天下户籍和人口，必须依靠地图统计汇总。东汉后期沉重的人头税改为户调制后，的确减轻了农民的负担，促进了经济的持续恢复。

在水利工程方面，也有曹操使用地图的痕迹。建安五年（200 年），曹操派刘馥为扬州刺史，当时，汉初修建的七门堰因为年久失修，水利几乎全废。刘馥"修筑断龙舒水，灌田千五百顷"。这项工程同样离不开实测绘图。

建安十八年（213 年），汉献帝册封曹操为魏公，加九锡、建魏国，定国都于邺城。魏国拥有冀州十郡之地，置丞相、太尉、大将军等百官。到建安二十一年（216 年）四月，汉献帝又册封曹操为魏王，位列诸侯王上，奏事不称臣，受诏不拜，以天子旌冕、车服、旌旗、礼乐郊祀天地，出入得称警跸，宗庙、祖、腊皆如汉制，国都邺城。王子皆为列侯。

名义上还是臣子的曹操，实际上等同于皇帝，而且魏王的封号也成了曹丕称帝后的国号。

地图无形中助力了曹操的霸业，为把这些来之不易的地图和典籍保护利用起来，曹操一方面搜采东汉官府遗书，藏于三阁，以建立魏国官藏体系。另一方面则设秘书令、秘书丞，充中书之任而兼管图书秘籍。当时的目录学家郑默就充任秘书郎，在魏国崇文馆主管三阁图书秘籍，并编成藏书目录《魏中经簿》，记载魏国一朝藏书和典籍的情况。

建安二十五年（220 年）正月，曹操病逝在洛阳，终年 66 岁，谥曰武王。

身为魏王太子的曹丕继位为丞相、魏王，改建安二十五年为延康元年。

汉王朝的天下从董卓叛乱伊始就形同虚设，曹操在世时也把汉室皇帝当傀儡，曹丕则索性一脚踢开汉献帝，先假模假样谦让一番，后接受所谓的"禅让"，登受禅台称帝，改元黄初，改雒阳为洛阳，大赦天下。东汉就此彻底灭亡，魏王朝新立，曹丕是为魏文帝。

曹丕对地图等典籍还是比较重视的。继位之初，就设中书令典尚书奏事；改秘书令为秘书监，专掌艺文图籍，中书与秘书分开。置秘书监，秘书左、右丞，秘书郎中官职。其中秘书丞协助秘书监统领官府藏书机构之各项事务；秘书郎中又称秘书郎，掌管图书的收藏及分判校勘、抄写事务；后又设秘书校书郎，专掌校勘残缺，正定脱误之事。这些举措，对包括地图在内的典籍修复和整理很有意义。

曹丕在政治抱负上，继承了曹操统一山河的志向，对外一向主张征伐。可惜三次亲征东吴，均没有取得太大的效果。但不容忽视的是，在征伐东吴及消灭蜀汉的准备阶段，曹丕对地图的需求表现出强烈的渴望。他特意要求各级官吏，用尽一切办法编撰和访求东吴和蜀汉的地图。尤其是蜀汉的地图，待到后来曹奂在位期间司马昭分兵派遣钟会、邓艾、诸葛绪三路进攻蜀汉，魏军所用的地图对比前往蜀汉所经之地，无论地域的距离远近，山川的险易标示，或是征途的曲直，一一校验地图所记载事项，都没有差错。

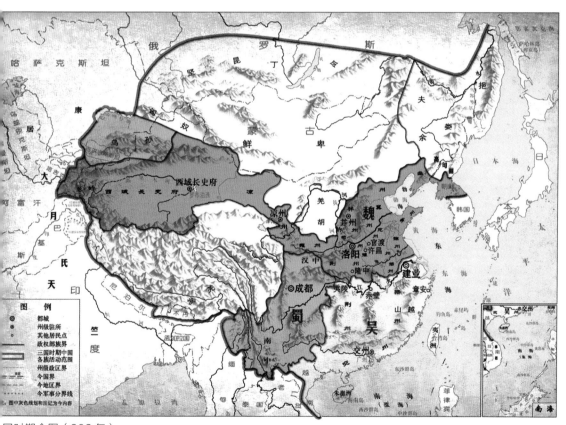

国时期全图（262 年）

曹丕之后其子曹叡继位，是为魏明帝。

关于地图，魏明帝也有所倚重。先是在版图上，对行政区划进行了一番改革，诏令诸王们改封为诸侯王，各以所管辖的郡为诸侯国。随即太和六年（232年），从三月到十二月，明帝开启了一次东巡，所经之处甚多，若无地图规划行程，显然是不合理的。

当然，魏明帝和地图关系最大的事项，莫过于营建宫室。

皇家营造宫殿，当然要绘制规划设计图。魏明帝大修洛阳宫，新建昭阳殿和太极殿，筑总章观。大兴土木让许多百姓贻误农时而影响耕种，从而也为魏政权的灭亡埋下了伏笔。

曹魏第四位帝王是曹髦，因不满司马氏专权秉政，甘露五年（260年），亲自讨伐司马昭，结果为太子舍人成济所弑，年仅19岁。

曹髦死后，司马昭立曹奂为帝。曹奂虽名为皇帝，但实为司马氏的傀儡。咸熙二年（265年），司马昭死后，其子司马炎嗣位晋王，篡夺曹魏政权，曹魏随即灭亡。

三国时另一政权蜀汉，是汉室刘备创建的。

刘备仁德，广览人才，为天下人称颂。但他对于地图的使用乃至军事谋略，能力十分有限。就连曹丕，也曾讥笑刘备不知地理，不善用兵。当听说刘备大军东下，与孙权交战，围栅栏连接营寨达700多里，曹丕立马断言刘备的军队在草木丛生、地势高旷或低洼潮湿的地方安营扎寨，必然被敌方所击败。直言刘备不通晓军事，哪里有用700里的营寨来抵抗敌军的？这是用兵的大忌。孙权胜利的奏章马上就要到了。

七天之后，孙权打败刘备的奏书果然就到了。

刘备和地图缘分有限，但他开创蜀汉政权，地图的功绩必不可少。好在蜀汉丞相诸葛亮对地图颇为善用。

刘备早期投奔各处都郁郁不得志，后来三顾茅庐请诸葛亮出山，隆中奏对，诸葛亮的言辞好似对一幅天下地图的深度解读。

诸葛亮断言，曹操最终之所以能打败袁绍，不仅依靠天时，更是谋划得当。诸葛亮所言的"谋划"，曹操善用地图应有一席之地。

而在提到孙权时，诸葛亮认为其占据江东已经历三世了，直接点明东吴"地势险要，民众归附，又任用了有才能的人"，孙权的地盘也不可谋取。

随即，诸葛亮给刘备上了一堂精彩绝伦的地理课。诸葛亮说，荆州北靠汉水、沔水，一直到南海的物资都能得到，东面和吴郡、会稽郡相连，西边和巴郡、蜀郡相通，这是大家都要争夺的地方，但是它的主人没有能力守住它，刘备同学你可有占领它的意思呢？益州地势险要，有广阔肥沃的土地，自然条件优越，高祖凭借它建立了帝业。刘同学既是皇室的后代，如果能占据荆、益两州，守住险要的地方，和西边的各个民族和好，又安抚南边的少数民族，对外联合孙权，对内革新政治，那么称霸的事业就可以成功，汉室天下就可以复兴了。

这堂地理课，分析战略大局，做出三分天下的判断，对于各方势力范围、地理环境都精确进行解读。若说诸葛亮没有查考大量地图和地理书籍就能滔滔不绝，绝无可能。

刘备听得很认真，心潮很澎湃，觉得有了诸葛亮就如同鱼儿有了水，定然能图一番大志。

果不其然，这位虽号称皇叔，实则读书不多，但善于网络人心的编织匠，最终成就了蜀汉政权，做了开国皇帝。

三国之中，蜀汉地盘最小，盘踞在西南，善用地理攻守是政权得以建立和稳固的基础条件。尤其诸葛亮于谋略的应用得当，也少不了借地图排兵布阵，调度军队，才给蜀汉找来了立身之地。对于扎营地诸葛亮都会根据地理环境的不同而精巧布局，连司马懿巡视蜀军的营地后都叹道："孔明真是天下奇才啊！"

只不过，诸葛亮英年早逝，小名阿斗的刘备之子、蜀汉第二任也是最后一任皇帝后主刘禅，再无如此精通地理的良才，也就被司马氏率领的魏军消灭了，蜀汉也无奈地消失在历史长河中。

东吴则是踞守长江之险，乃三国中历时最久的政权。

孙氏世代在吴地做官。孙坚和长子孙策在群雄割据中打下了江东基业，次子孙权执掌东吴之时成为一方诸侯。建安十三年（208 年），孙权与刘备建立孙刘联盟，并于赤壁之战中击败曹操，奠定三足鼎立的基础。

东吴政权及孙权本人，都对地图表现出相当渴盼的态度。

黄龙元年（229年），孙权登基为帝，建国号为吴，孙吴王朝正式建立。

孙权推行的诸多政策，都有地图的影子。如接替其兄主事不久，即开始推行类似曹操的屯田制度。东吴的屯田兵且耕且战，屯田户只需种田，免除民役。屯田地区分布很广，规模可观。这一制度，涉及地图的应用。

而水利的兴建自然也有地图绘制为施工前提，赤乌八年（245年）八月，孙权派校尉陈勋开凿句容城中路运河，建造粮仓。

而孙权发展海上交通很是值得一提，地图当然在其中大显身手。在孙吴之前，北部沿海的航线已经分段开通，但由于东汉时期江左地区经济文化比较落后，既没有形成强大的政治中心和大都会，也没有开通从江左直达辽东半岛的航路。孙吴立国后，孙权频繁通使辽东，使江左与辽东地区的直通航线得以开通。这条航道，从建康沿长江东下，在长江口北端海门附近之料角转向北行驶，傍黄海海岸北行，绕过山东半岛东端的成山角，进入登州大洋，再沿庙岛列岛北上，渡渤海海峡到达辽东半岛南端的都里镇。都里镇即马石津，亦即三国时期的沓津，在今辽宁旅顺附近。沓津在三国时期已发展为孙吴与辽东通航通商的重要港口。孙吴出使辽东的船队即停泊于此，在这里进行互市。再由此处上岸由陆路至公孙渊首府襄平。这条海道的开通，便利了江左地区与东北地区的交通。很明显，不去绘制航海图，没有地图的帮助，这种海上交通怎么可能建立起来，海上贸易又如何繁荣呢？

当然，孙权倚重地图最直接的证据是他娶了一位姓赵的夫人，专门为他绘制地图。孙权常常感叹要打败曹魏和蜀汉，离不开地图的辅佐。如果有人把天下的山川地势绘制成地图，岂不有如神助。赵夫人善丹青，得知后不仅自告奋勇说能够绘制地图，还提议说用笔绘制地图时间久了容易褪色，不如把地图绣在帛上，不仅便于携带，而且美观大方、经久耐用。孙权听后大喜，于是让赵夫人把地图绣成帛地图，不仅有列国列郡的分布，还有三山五岳和江河湖海的位置，以及排兵布阵的阵形。

孙吴全盛疆域版图包括扬州、荆州、广州、交州。

孙权之后的继承人中，地图很少被提及。其子孙亮时年十岁登基为帝，但被权臣孙綝废为会稽王。孙亮之后，孙权另一子孙休被迎立为帝，是为吴景帝。景帝专心于古典书籍，打算将各家著述通读完，想必也会浏览一些地图吧。

景帝之后，群臣尊孙休的朱皇后为太后。虽然他有儿子，但当时蜀汉刚灭亡，再加上交趾发生叛乱，东吴国内大为震惊，想立一个较年长的君主。左典军万彧以前担当乌程令的时候，与孙权废太子孙和之子孙皓关系很好，便向丞相濮阳兴、左将军张布推荐孙皓，说孙皓才识明断，很有当年长沙桓王的风采，又说孙皓更加好学，遵守法度，于是，濮阳兴和张布说服朱太后让孙皓继位。23 岁的孙皓被拥立为帝。

孙皓初立时，下令抚恤人民，又开仓赈贫，减省宫女和放生宫内多余的珍禽异兽，一时被誉为明主。但一段时间后，治国刚刚有成、志得意满的孙皓便显露出粗暴骄盈、暴虐治国的不堪嘴脸来，其人又好酒色，好大喜功，恐怕在营造宫廷建筑上方才想到了地图之用处。为建立新宫，孙皓让俸禄两千石以下的官员都到山林里监督伐木。破坏营房，周以围墙，布置亭榭石木，穷极技巧，费用以亿万计。

随着魏、蜀相继灭亡，司马氏西晋王朝的建立，偏居一隅的东吴在孙皓的经营下已千疮百孔，难以为继了。

天纪三年（279 年）冬十一月，西晋六路兵马大举伐吴。孙皓将要落败，悔恨之下，就写信给舅舅何植讲道："当年吴大帝以神武之略，发动三千兵卒，割据江南，席卷交广，开拓宏伟的基业，想要传至万世。我却致使南蛮叛乱，征讨不能攻克。晋国大军到来，丧失军队超过一半。我惭愧不已。看这形势，危急如同累卵，吴国国祚最终结束，这是我所招致的，我又有什么脸面见先帝呢！"

天纪四年三月壬寅日（280 年 5 月 1 日），孙皓仿效刘禅的做法，备亡国之礼，素车白马，两手反绑，衔璧牵羊，大夫衰服，把棺材装在车上，率领太子孙瑾等 21 人来到西晋龙骧将军王濬营门投降。王濬接受孙皓的投降，亲解其缚，接受宝璧，焚烧棺椁，并派人将孙皓一家护送到晋都洛阳，孙吴至此灭亡。

这里倒是有个和地图相关的小插曲，王濬受降，第一件事情就是要求孙皓交出东吴的各类地图和典籍。随即接管了东吴 4 州 43 郡 313 县的政权，并谷 280 万斛，舟船 5000 余艘，后宫 5000 余人。

随着东吴灭国，三国时代就此终结，天命王权移交给了司马氏的晋王朝。

　　三国鼎立，天下动荡不安，地图难有勃勃的生机，就算曹魏的曹操、曹丕父子，蜀汉的诸葛孔明和东吴的孙权大帝都能意识到地图的重要性，并试图借助地图的力量永固江山，完成统一，但都功败垂成，仿佛天命王权并不属于他们之中的任何一个人、任何一个政权。因此，三国时期，地图也就如过眼云烟一般，稍纵即逝，空余淡淡的身影。

两晋遗珠

西晋东晋（265—316年，317—420年）

三国后期，魏国灭蜀。265年，魏国大臣司马炎篡位称帝，建立晋朝，定都洛阳（今河南洛阳东），史称「西晋」。280年，西晋灭吴，统一南北，结束了东汉末年以来的分裂局面，但西晋的统一只维持了短短的30多年。316年，匈奴贵族攻破长安，西晋灭亡。西晋时期，其统治范围与三国时魏、蜀、吴的总和大致相当，其周边地区各族的分布也大致与三国时期相同。

317年，西晋皇室司马睿重建晋朝，定都建康（今江苏南京），史称「东晋」。与西晋相比，东晋的统治区域已大为缩小，基本上位于淮河以南、汉水的下游、巴蜀盆地的长江以南，而北方中原地区则重新陷入战乱，先后建立了十几个政权，连同西南的成汉，统称为「十六国」。

东汉末年，魏、蜀、吴并立，曹、刘、孙三家似乎都没有受到上天的眷恋。反倒是司马氏取而代之的晋王朝，完成了天下统一。

不过，晋王朝谈不上是天命所授的王权，用窃取来表述或许更为恰当。

西晋东晋，是是非非，风风雨雨。纵览中国历代王朝，正是一道兴衰成败难以言状的分水岭。王权觊觎的诸王之乱，奢靡无度的社会风尚，流传千古的名士风流，惨绝人寰的五胡乱华，悲怆无奈的衣冠南渡，种类繁多的科技兴发，都在这一时期连番上演。

在繁杂众多的诸项事务中，地图却如璀璨的明珠，遗留在那个悲欢离合、兴亡刹那的王朝中，被史籍所感慨，让后世所景仰。

黄初七年（226年）五月，魏文帝曹丕病重。临终时，令司马懿与中军大将军曹真、镇军大将军陈群、征东大将军曹休一起辅佐魏明帝曹叡。而明帝崩时，又托孤幼帝曹芳于司马懿和曹爽。

司马家族，从曹操、曹丕，再到曹叡、曹芳，历经四世，都被曹魏天子所倚重和信任。可悲可叹的是，这份托孤最终演变成"引狼入室"。司马懿之子司马师把持朝政，将曹芳废为齐王，改立高贵乡公曹髦为帝。

待到司马懿之孙司马炎袭封晋王爵位后，终于撕下伪善的面具，弑杀曹髦，篡夺魏国政权，逼迫傀儡魏元帝曹奂禅位，魏国自此灭亡。司马炎建立西晋，史称晋武帝，建都洛阳，年号泰始。

曾与曹魏休戚与共的司马家族，之所以备受恩宠，成为曹氏的左膀右臂，和地图也算得上有不少关系。

司马氏是高阳之子重黎的后裔，远古至商朝世代袭承夏官这一职位，到了周朝，夏官改称司马。周宣王时，先祖程伯休父平定徐方有功，恩赐司马为族姓。

东汉时任职京兆尹的司马防，性格耿直公正，颇有声望。他生有八子，人称"司马八达"，司马懿为其次子。

司马懿少年才俊，熟读诗书，善于谋略。听到司马懿的名声后，时任东汉王朝司空的曹操征辟他到府中任职。司马懿见东汉政权被曹氏控制，曹氏又是阉宦之后，不想屈节在曹操手下，便借口自己有风痹症，身体不能起居而不出仕曹氏。

建安十三年（208年），曹操升任丞相，便使用强制手段征召司马懿为文学掾。掾在古代为副官佐或官署属员的通称。也就是说，曹操让他做家族属官，且主要做其子曹丕的幕僚。其后历任黄门侍郎、议郎、丞相东曹属、丞相主簿等职。

司马懿畏惧曹操方才为官，但他和曹丕惺惺相惜，倒也不再抗拒。可自身不时表露出来的"有雄豪志"，还是被曹操所察觉。曹操觉得司马懿不是甘为臣下的人，提醒曹丕要警惕。可曹丕和司马懿私交甚好，处处维护他。司马懿也见风使舵，藏起锋芒，只是废寝忘食、勤于职守，便让曹操安心下来。

司马懿的点子多，无论政治层面，还是军事部署，常出奇策。有些点子显然出自参详地图后的正确判断。曹氏父子同样认同地图在扩充地盘、统揽朝政方面的重要作用，因此就倚重其策略主张。

曹操屯田测绘地亩，以解决军粮供应问题，司马懿也是首先倡议者。汉献帝在许都，曹操一度准备迁都黄河以北，但被司马懿以政治层面得失为由，及时劝阻。

曹丕称帝后，司马氏更是堪比高祖皇帝待萧何一般被重用。曹丕伐吴，司马懿坐镇许昌。曹丕驾崩托孤，司马懿率军抵吴抗蜀，立下汗马功劳。

特别是在抗击蜀汉丞相诸葛亮北伐的战争中，司马懿战略判断和战术使用都极为精当。当军师杜袭、督军薛悌认为麦熟后，诸葛亮必来侵扰，陇西没有粮食，应该在冬季预先运上去。司马懿却从地理格局和防守部署上判断出诸葛亮再出祁山，攻讨陈仓挫败，即使他以后再来，也因缺少粮食而不会选择攻城，肯定希望在荒野平原上速战速决，因此战场一定在陇东，而不会在陇西。而要等到蜀汉粮草齐备，怎么也得三年，应抓紧时间把冀州的百姓迁到上邽，发展生产。这一提议被采纳后，朝廷还组织凿通了成国渠，灌溉了数千顷土地，国库由此而富足充实。

无疑，分析如此精准，司马懿自然离不开地图辅助及情报工作。等到诸葛亮再度率领十多万军队出斜谷，在郿地的渭水以南平原屯兵时，司马懿又从地理地势上判断出诸葛亮的作战意图，派遣奇兵牵制诸葛亮的后部，斩杀 500 多人，活捉 1000 余人，投降的也有 600 余人。

关于这场战争，史籍中明确提到了司马懿善用和重视地图。在清理战场时，司马懿发现蜀军营地残留了大量的粮草和地图、文书、典册。军队如此最核心、最重要的物资散落一地，说明蜀军突遭大变故。这就像一个人把五脏六腑都丢弃了，岂能有生还的道理。于是司马懿要求部队立马进行追击。的确，蜀军正如司马懿判断的那样出现了非常大的变故，主帅诸葛亮军中病逝，只不过秘不发丧。司马懿能够根据散落的军队地图和文书做出如此精准的判断，的确得益于其人知地图之要害，晓军事之机要。

司马懿的一生，助曹魏夺得帝位，平定孟达，远征辽东，抵御蜀汉，并有上邽军屯、兴修水利等与地图密切相关的民生善举。后期的确也怀有夺曹魏政权之心，但总算没有突破底线。反倒固辞相国、郡公之位不受，以曹魏之臣去世遗命简葬。但到了其子司马昭、其孙司马炎，司马家族窃取王权取代曹魏就坐实了。

司马懿死后，曹魏终灭蜀汉，并平定钟会、姜维叛乱。首要功臣即司马懿之子司马昭，后称晋王。司马昭不久后中风猝死，司马炎继承其父相国职位和晋王爵位，随即发动夺权之争，逼迫魏元帝曹奂禅让，建立西晋王朝。

地图，似乎不那么寓意明确地昭示天命王权在司马氏手中，但也无可奈何地开始了陪伴两晋王朝的坎坷历程。

为了尽早地使国家从动乱不安的环境中摆脱出来，为统一天下奠定牢固的基础，无为与宽松政策成了晋武帝西晋之初的立国精神。

新朝初立，少不了地图的助力。但几乎制定的相关国策都留有隐患，成为西晋后来瓦解崩溃的导火索。所以，地图于晋王朝，是福是祸，很难说得清。

晋武帝用到地图的第一件事情就是改革分封制度，将其祖司马懿以下宗室子弟均封为王，以郡为国，邑二万户为大国，置上、中、下三军，兵五千人；邑万户为次国，置上军、下军，兵三千人；五千户为小国，兵千五百人。诸王封地的划分，自然要依靠地图测绘来实现。

因王朝诸王当时大多担任各地都督，若让他们各归封国，将使朝廷控制地方的力量削弱；而且分割郡县，充实封国，将使被移徙的百姓怨声载道。王国置军，也会削弱国家军队的数量。晋武帝随之将军权收归中央，下令罢减州郡所领军队，少数边郡虽仍有军队，也被大大削减。

不过，因为淮南相刘颂提出新的建议，认为诸王封国方圆千里，但军力不足，法同郡县，无成国之制，宜增加王国军队数量，从而使得这项制度改革并不彻底，留下祸患。后来，封王们结纳封国内的士族人士，形成了一个个与中央政权相背离的政治集团，并凭借其王国军队争取各自的利益。八王之乱中，长沙王司马乂、东海王司马越均凭其国兵起事，参与皇位的争逐。

西晋的版图袭曹魏领土，统一后领有孙吴疆域。疆域北至山西、河北及辽东，与南匈奴、鲜卑及高句丽相邻；东至海；南至交州（今越南北部）；西至甘肃、云南，与河西鲜卑、羌及氐相邻。国土面积达 543 万平方公里。具体到疆域治理上，基本沿袭汉魏，地方实行州、郡、县三级行政制度。共分 19 州、173 郡，州置刺史；郡以太守主事，若为诸王封国所在，则郡称为国，太守则改称内史；大县置令，小县置长。

涉及地图的事项还有晋武帝推行的户调式制度。户籍调查和税赋统计是地图在历史上最重要的职能之一，也是天子知晓天下、控制政权、发展经济、充实国库的重要之举。

晋武帝的《户调式》于太康元年（280 年）颁布，共有三项内容：占田制、户调制、品官占田荫客制。

占田制是把占田制和赋税制结合在一起的一条法令。武帝对人口年龄进行了分组：男女 16—60 岁为正丁；13—15 岁、61—65 岁为次丁；12 岁以下为小，66 岁以上为老。占田制规定：丁男一人占田 70 亩，丁女占田 30 亩。同时又规定：每个丁男要上缴国家 50 亩税，计四斛；丁女缴 20 亩税；次丁男缴 25 亩税，次丁女免税。

此项制度，涉及大规模的土地测绘和制图，可使所有农民合法地去占有应得的田地。占田制发布以后，不少农民的确开垦了大片荒地，对王朝的农业经济好转起到了一定作用。同时发布的废除屯田政策，则使得之前的非编户人口成为编户。到太康三年（282 年），全国人口达 377 万，较之太康元年（280 年）增加了130多万户，出现了"太康繁荣"的景象。

户调制即征收户税的制度。户调不分贫富，以户为单位征收租税。这一制度规定："丁男之户，岁输绢三匹，绵三斤；女及次丁男为户者半输。"对边郡及少数民族地区的户调也做了具体的规定。边郡与内地同等之户，近的交纳税额的三分之二，远的交纳三分之一。少数民族，则近的纳布一匹，远的纳布一丈。

品官占田荫客制是一种保障贵族、官僚经济特权的制度。晋武帝在这项改革中，不仅允许官员据官品占有土地和人口，而且规定士人子孙亦如是，给予在政治上已享有实际权利的士人以经济上占有人口并免除徭役的特权。这样一来，政治经济势力不断上升的世家大族终于形成一个特权阶层，士族门阀制度因而确立，成为当时王朝政治中一种最为活跃的政治势力。

唯独这项改革，地图好似帮凶一般，给本来就有优裕经济基础的皇族和贵族占据和累积了更多的财富，无形中为这一群体豪华奢侈、纵情享受的生活带

西晋时期全图（281年）

来便利。尤其武帝本人就是荒淫奢纵的表率，奢侈浪费，风气日渐败坏。公卿贵族跟着竞富争豪，大臣何曾每天吃饭用一万钱居然感叹没办法下筷，找不到可口的佳肴美食。

武帝的母舅王恺，身为山都县公，更是与当时的首富石崇比赛炫耀财富。王恺饭后用糖水洗锅，石崇便用蜡烛当柴烧；王恺做了40里的紫丝布步障，石崇便做50里的锦步障；王恺用赤石脂涂墙壁，石崇便用花椒。武帝暗中帮助王恺，赐了他一株珊瑚树，高二尺许，枝柯扶疏，世所罕比。王恺用这株珊瑚树向石崇炫耀，不料石崇挥起铁如意将珊瑚树打得粉碎，随之命左右取来六七株珊瑚树，这些珊瑚树高度皆有三四尺，比王恺那株强多了。

司马炎以地图开新政，却因制度不完善，改革不彻底，导致奢靡之风盛行。而自身修为无德，后期荒诞纵欲，为晋王朝埋下衰败的伏笔。但在其执政时期，发生了一件关系中国地图发展的标志性大事件，千古称颂。

这一大事件的主导人和执行者是裴秀，中国地图史上最值得大书特书的地图大家，堪称世界古代地图学史上最灿烂的明星。后世汉学家李约瑟称他为"中国科学制图学之父"。

裴秀出身著名的大族"河东裴氏"，少年时便颇有名气，后被大将军曹爽辟为掾属，袭爵清阳亭侯，又迁黄门侍郎。高平陵之变后，因是曹爽的故吏而被罢免。

裴秀和晋武帝的渊源很深。

武帝是司马昭的长子。司马昭未定世子人选时，有意立舞阳侯司马攸为世子。司马炎害怕自己无法被立为世子，于是询问裴秀："人有贵贱之相吗？"并把自己身上奇异的标记给裴秀看，借此拉拢裴秀。裴秀后来便对司马昭说："中抚军（指司马炎）在世人中有德望，又有这样天生的标记，一定不是为人臣的相貌啊！"自此司马炎才被定为世子。

司马炎继位晋王后，拜裴秀为尚书令、右光禄大夫。西晋建立后，加左光禄大夫，封钜鹿郡公，食邑三千户。泰始三年（267年），升任司空。

武帝虽然荒唐，但和裴秀绝对是"真爱"。

安远护军郝诩和别人吹嘘说裴秀是他的好朋友，所以他就在朝廷捞了很多好处。这件事情被告发，官员们奏请武帝免去裴秀之职。不料武帝直接下诏包庇裴秀，不仅不去查证核对，反而坚持认为这是诬陷，裴秀哪有什么过错。又有司隶校尉李憙上奏说裴秀占用了官家的稻田，应对裴秀惩处。结果，晋武帝下诏轻描淡写地说裴秀辅助朝政功劳很大，这点小事算得了什么。至于朝廷上下的礼法、重要的典礼事项，乃至争议的解决，只要是裴秀提出来的，晋武帝都会顺利通过。

某种意义上，晋武帝对裴秀的庇护几乎毫无原则，历代君臣如此交际极为罕见。好在裴秀不是什么骄横跋扈、狐假虎威的小人之辈。本身学问广博的裴秀当然也投桃报李，尽心辅佐和报答武帝。

东汉末年从董卓祸乱到三国征伐，内廷中大量的地图佚失。身为朝廷大员，又是掌管地图的司空，裴秀觉得自古以来地图都以《禹贡》为参照，可《禹贡》中的山川地名由来久远，变化很多，后代解说的人牵强附会，因而逐渐令人不明白。

裴秀认为，地图的出现由来久远，但地图制作最大的弊病是很多图的绘制都依赖图书作为参考，数据并不翔实。晋王朝兴起统一天下后，很尴尬的一个现实就是地图存量严重不足，仅有的一些图，也无非是汉代《舆地》及《括地》等杂图。这些图既不设统一比例，又不考证方位，名山大川的记载也不完备。虽然有粗略的形制，但都不精当，不能作为朝廷推行国策的依据。特别是有些荒远地区的记载，更是荒唐不实，并没有太多可取之处。

裴秀决意用全新的地图成果，回报晋武帝对他的看重。

以《禹贡》为参考，裴秀对《禹贡》的记载做了详细的考订，从九州的范域到具体的山脉、河流、湖泊、沼泽、平原、高原，都一一考察落实。只要存在疑点就缺而不论，古代有的地名而今天没有的，都随图作注。最终将《禹贡》记载的山海河流、平原洼地、池塘沼泽、古代的九州和现代的十六州及郡国县邑、疆界乡村，还有古国盟会的旧地名、水路陆路都绘制出来，编制成地图18篇。

《禹贡地域图》奏报给朝廷后，武帝龙心大悦，下诏收藏在秘府备用。

《禹贡地域图》据称流传的时间不长。《隋书·经籍志》就不见记载其中，不过在隋代还有某些残篇留存。

《禹贡地域图》所绘制的内容，后人持有两种意见，一种认为是以历代区域沿革图为主的历史地图集，共18幅图；一种认为不是历代的，而仅是西晋时期的地图集，18幅为晋初16个州的行政区图，加上吴国、蜀汉地图各一幅，共计18幅。从《晋书》的记载来看，这两种观点都有片面之处。应该说，《禹贡地域图》共18幅图中，以《禹贡》为参考，重点绘制的是晋王朝的疆域版图。但古代九州某些区域历代沿革变化都进行了标注，应该说，这18幅地图把古代地域变革和晋王朝的疆域都融在了一起。

《禹贡地域图》的佚失颇为可惜，但裴秀在绘制校正《禹贡地域图》的过程中，把前人的制图经验加以总结提高，提出了地图制图六法。

一为"分率"，用以反映面积、长宽之比例，即今之比例尺；二为"准望"，用以确定地貌、地物彼此间的相互方位关系；三为"道里"，用以确定两地之间道路的距离；四为"高下"，即相对高程；五为"方邪"，即地面坡度的起伏；六为"迂直"，即实地高低起伏与图上距离的换算。

"制图六体"是相互联系的，在地图制作中极为重要。地图如果只有图形而没有分率，就无法进行实地和图上距离的比较和量测；如果按比例尺绘图，不考虑准望，那么这一处的地图精度还可以，在其他地方就会有偏差；有了方位而无道里，就不知图上各居民地之间的远近，就如山海阻隔不能相通；有了距离，而不测高下，不知山的坡度大小，则径路之数必与远近之实相违，地图同样精度不高，不能应用。这六条原则的综合运用正确地解决了地图比例尺、方位、距离及其改化问题，第一次明确地建立了中国古代地图绘制理论，在中国和世界地图制图学史上有着重要地位。

时至今日，除经纬网和地球投影外，现代地图学中地图的主要因素，裴秀在西晋时就几乎全提了出来。因此，称他是"中国科学制图学之父"名副其实。裴秀的这一理论对中国地图绘制影响深远，一直到明末，随着利玛窦带来意大利有经纬网的地图，中国的绘图方法才开始改变。

汉代全国性的地图称为"舆地总图"，涵盖了全国的州郡、分国和县域。曾有一幅《天下大图》的总图，由于体量巨大，用八千匹细密的绢制作而成，使用起来极为不便。裴秀在其助手京相璠的协助下，以一寸折地百里，比例尺约为1∶180万，缩绘成全新的《地形方丈图》。

《地形方丈图》把名山、大川、城镇、乡村等各种地理要素清清楚楚地标示在图上，这样阅览起来也就更加方便。可见，裴秀已掌握了比例尺缩放技术。可惜，这幅图也在流传数百年后佚失。又有记载称，裴秀和京相璠还曾绘制过《晋舆地图》，是西晋当朝的全境图。裴秀还有一本名为《春秋地名》的专著，对春秋以来的地名一一进行了考证。

裴秀全身心投入地图编绘和古代典籍保护工作，晋武帝当然要全力配合和支持。受裴秀的鼓舞，晋武帝下诏以秘阁为内阁，以兰台为外台，加崇文院，同为政府藏书处所。包括地图和古籍在内，国家此时有藏书29945卷，修补了汉末以来典籍流失毁灭的遗憾。到了泰始十年（274年），晋武帝命秘书监荀勖与中书令张华，依刘向《别录》，整理晋官府藏书，历时数年，至太康年间完成。荀勖先后复核、检对图籍10万余卷，据此编制出国家藏书目录《中经新簿》，亦称《晋中经簿》。全书正文14卷，附佛经2卷，共著录图书1885部、20935卷，分甲（经）、乙（子）、丙（史）、丁（集）四部，仅录书名、卷数、撰人及简略说明，为我国第一部四部体系分类目录。

咸宁五年（279年），汲郡有大批竹简出土，共计装载数十车，十余万字，称"汲冢竹书"。晋武帝命将全部竹简运至京师，收于秘阁。武帝下令整理"汲冢竹书"，后于晋惠帝时再次进行整理，终得史料价值极高之《竹书纪年》。到了太康元年（280年），晋六路大军直取吴都建邺，诸军入吴都城后也收其图籍悉数运至洛阳庋藏。太康二年（281年），武帝又下诏置"石渠阁"储藏官府藏书。

泰始七年三月初七（271年4月3日），裴秀在一次服用寒食散（即五石散）后误饮冷酒（食用寒食散后宜服热酒）而不幸逝世，终年48岁，一位地图制图学巨星就此陨落！武帝悲痛不已，下诏称裴秀"聪敏而有德，举止儒雅，佐皇室而辅国政，功勋宏大"，赐棺木、朝服一具，衣一套，钱三十万，布百匹，谥号元。

或许是裴秀的影响，或许是王朝的实际需要，晋武帝对于地图的发展和古籍的保护还是有所贡献的。

太熙元年（290年）四月二十日，晋武帝去世，太子司马衷即位，是为晋惠帝，大赦，改年号为永熙。

司马衷当政后，非常信任皇后贾南风。贾后专权，甚至假造司马衷的诏书。永平元年（291年），贾南风迫害皇太后，废其太后位，杀死太宰司马亮。同年，杀死皇太后于金墉城。八王之乱，自此开始。

八王之乱是一场司马氏皇族争夺中央政权的内乱，因贾南风干政弄权所引发。

八王之乱的参与者之一，司马懿第九子司马伦于永康元年（300年）使用离间计，使得太子司马遹被贾南风害死，又鼓动司马遹旧部及齐王司马冏起兵，废黜并杀死贾南风，诛杀淮南王司马允。自领侍中、相国、都督中外诸军事，加九锡，逼迫晋惠帝退位，司马衷被奉为太上皇，皇太孙司马臧被杀。司马伦擅自称帝，年号建始。

紧接着，八王之乱的另一主角齐王司马冏起兵反对司马伦，受到成都王司马颖、河间王司马颙、常山王司马乂等的支持。司马伦兵败后被杀，淮陵王司马漼接连诛杀司马伦的党羽，引司马衷复位。

光熙元年十一月十七日（307年1月8日）夜，司马衷在洛阳显阳殿驾崩，终年48岁，相传被东海王司马越毒杀，死后谥号孝惠皇帝，他的弟弟司马炽即位，改元永嘉，即晋怀帝。

这一阶段，地图除诸王乱政所用之外，又仿佛废纸一般被遗忘得不知所以。

晋怀帝在位期间，政局为司马越把持，匈奴、鲜卑、羯、羌、氐五族乘虚而入，五胡乱华开始萌动，皇室权力斗争日渐严重。更可怕的是，幽、并、司、冀、秦、雍等州闹大蝗灾，草木及牛马的毛都没有了。雍州以东，百姓多数饥饿乏困，相互变卖儿女，奔走逃亡流离迁移的，多不胜数。千里之内，尸体布满河面，白骨遮蔽田野。

在此期间，匈奴等少数民族也开始建立独立的地方性政权，匈奴铁弗部的刘渊趁着西晋内乱，割据并州地区，建立汉赵政权，设置文武百官，自称为帝。

永嘉五年（311年）六月，刘渊之子刘聪发动政变，弑杀身为皇位继承人的胞兄刘和夺权即位。接着，派兵攻破洛阳和长安，俘虏晋怀帝，制造永嘉之乱。晋怀帝被送往平阳后，刘聪任命晋怀帝为仪同三司，封会稽郡公。但很快又用毒酒毒杀晋怀帝，基本宣告了西晋的灭亡。

国破城亡，地图再度遇劫。刘聪陷洛阳，焚烧都城，魏晋时官府藏书多数化为乌有，尤其西晋秘阁所藏29000余卷尽毁无余。很多宫廷所藏地图，难逃此劫，化为灰烬。

永嘉之乱，周边胡族大肆入侵，出现了"五胡乱华"分裂格局。时间自304年李雄和刘渊分别在巴蜀建立成国（成汉）、在中原建立汉赵（前赵）时起，至439年北魏太武帝拓跋焘灭北凉为止，长达百余年，是中国历史上的大分裂时期。

由于北方社会的动荡不安，迫使士族和百姓大量南迁，中原士族十不存一，史称"永嘉南渡"，是有史以来中原汉人第一次大规模南迁。

其时，尽管晋怀帝死后，身在长安的司马邺即皇帝位，改年号为"建兴"，是为晋愍帝，但当时的西晋皇室、世族已纷纷从京师洛阳南渡江南，西晋中原王朝名存实亡。

建兴四年（316年）八月，刘渊从子刘曜率军围攻长安，长安城内外断绝联系。晋愍帝只好派侍中宋敞向刘曜送上降书，自己乘坐羊车，脱去上衣，口衔玉璧，由侍从抬着棺材，出城投降。

晋愍帝投降汉赵后，刘聪对他百般羞辱。建兴五年十二月二十日（318年2月7日），刘聪在平阳将晋愍帝杀害，愍帝终年仅18岁。

当晋愍帝死于赵汉国的讣告传到江东后，晋王司马睿承制改元，在建康即皇帝位，改元建武，是为晋元帝。从此，晋王朝残缺不全，史称东晋。

东晋政权维持了长期的偏安统治，疆域版图大体上局限于淮河、长江流域以南。北方则基本处于分裂状态，前后存在十六国，故将该时期泛称为十六国或者五胡十六国，而与东晋合称即所谓东晋十六国。

司马睿即位后，因为在皇族中声望不够，势单力薄，所以得不到南北士族的支持，皇位不稳。于是，他重用了安东将军司马王导为宰相，执掌朝政。时人谓之"王与马，共天下"。

地图一丁点的记载，也出现在这一时期。东晋处于草创之际，朝中未设史官，王导执政时才开始设置，从此典籍史录就较齐备。

为兴学治国，晋元帝诏令各地官民，征集图书。东晋国家藏书处为"秘阁"。因藏书量骤减，官府仅此一处庋藏典籍。

为积聚图籍，政府向私人藏书家借抄图书，充实秘阁所藏。张尚文、殷允、郗俭之、桓石秀等藏书众多，均被借去誊抄，故使秘阁藏书稍有增加。这一时期，王朝编纂出国家藏书目录《四部书目》，又称《晋元帝书目》，但著录图书仅3014卷。其确定五经为甲部，史记为乙部，诸子为丙部，诗赋为丁部，即经、史、子、集四部，后世以为永制。这其中，也包括了少量与舆图相关的典籍。

王导内掌朝政，家族中的堂弟、荆州刺史王敦外握兵权，王氏家族权倾朝野，司马睿徒具皇帝虚名而已。

永昌元年（322年）正月，王敦在武昌起兵，以讨伐奸臣刘隗的名义东攻建康。王敦起兵打的旗号是清君侧，而随着刁协伏诛、刘隗北逃，朝中"奸臣"业已清除，但他继续拥兵不退，纵兵四处劫掠，建康大乱。台城中的官员、卫士尽皆逃散，只剩安东将军刘超与两名侍中随侍在司马睿身侧。司马睿无奈，只得遣使向王敦求和。此后，朝中任何事情都由王敦做主。

永昌元年闰十一月初十日（323年1月3日），晋元帝忧愤病逝，终年47岁，在位仅六年。皇太子司马绍即皇帝位，大赦天下，是为晋明帝。

此时，晋明帝面对的是"王敦专制，内外危逼"的局面。王敦患病后，依然矫诏拜养子王应为武卫将军，作为他自己的继承人，并且杀害司马绍的心腹冉曾、公乘雄等人。晋明帝当即决定讨伐王敦，亲自驻屯并做出一系列军事部署。为消除将士对王敦的畏惧之心，明帝对外宣称王敦已死，晋军将士对王敦的"死讯"信以为真，登时士气大振。

王敦闻讯大怒，再次举兵。他此时病势沉重不能领兵，便以王含为元帅率五万大军向建康进发，并暗示破城后杀死司马绍。晋明帝亲自出屯南皇堂，数千甲卒乘夜渡河袭击叛军，在越城大败王含。王敦在重病之中愤恨交加，当日便死在姑孰军府，终年59岁。王敦之乱至此被彻底平定。

明帝拨乱反正，之后重整各州形势，消除以琅琊王氏宗族占据诸州以凌弱皇室的失衡情形。本该是地图再度大显身手的良机，可明帝健康状况不佳，于太宁三年（325年）闰八月二十五日病逝，享年27岁。年仅五岁的皇太子司马衍即皇帝位，是为晋成帝。

晋成帝倒是和地图有过浅浅的缘分。

东晋早期，朝廷在其管辖地区内用北方沦陷的地区名设立郡县（侨置郡县），安置南渡流民，以示不忘恢复故土。他们的户籍与南方本地人不同。南方本地户籍称为黄籍，侨置州郡的流民户籍称为白籍。南渡士族趁机广造田园，霸占土地，大肆隐藏户口，侨置郡县并无实际辖区，不征租税徭役，严重影响朝廷财政收入。

咸康七年（341年），晋成帝司马衍为了整理户籍，增加财政收入，命侨寓的王公以下，废侨置郡县，把属于侨州县的民户编入所在县的户籍，称为"土断法"。压根顾不上地图的东晋王朝，终于难得一见对土地税赋、户籍人口进行清理汇总，当然地图的编绘、实测也就派上了用场。

此后东晋的几任皇帝，似乎受了诅咒，寿数都不长，也就没有和地图发生际遇。

晋成帝幼年目睹朝廷乱局，试图振作东晋王室，但寿命太短，于咸康八年（342年）驾崩，享年22岁，弟弟司徒、琅琊王司马岳继承帝位，是为晋康帝。

建元二年（344年），晋康帝驾崩，时年23岁，太子司马聃继位，是为晋穆帝。

晋穆帝于升平五年（361年）驾崩，时年19岁。虽然晋穆帝时期有意北伐，收复北方的版图，但用兵都没有成功。好在太尉、征西将军桓温北伐关中时消灭了在四川立国的成汉，让东晋的版图有所扩大。

晋穆帝去世，晋成帝司马衍长子司马丕作为皇室正统，被拥立继位，是为哀帝。

早在晋成帝去世时，就本应司马丕登基，但中书令庾冰因害怕失去权势，遂以司马丕年幼为由，拥戴司马丕叔父晋康帝司马岳登基。如今司马丕克承大统，倒没什么争议。

偏偏哀帝也是一个短命皇帝，兴宁三年（365年）因迷信丹药中毒而死，时年25岁。哀帝也曾延续成帝时的"土断法"，史称"庚戌土断"，划定了州、郡、县领域，居民按实际居住地编定户籍。不过，此法虽离不开地图相助，但随着哀帝死后也就终止了。

晋哀帝司马丕没有后嗣，琅琊王司马奕继承帝位，史称晋废帝。

司马奕在位仅六年，就被大司马桓温所废，降封东海王，成为东晋唯一一位在位期间被废的皇帝。

历经元、明、成、康、穆、哀、废帝七朝的晋元帝司马睿幼子司马昱，在大司马桓温废司马奕后，被奉迎即位为帝，是为晋简文帝。

简文帝"清虚寡欲，尤善玄言"，可谓清谈皇帝。在他的提倡下，东晋中期玄学呈现丰饶的发展，地图却不曾得此眷顾。不过，简文帝多受大司马桓温牵制，在位仅八个月后，便因忧愤而崩，终年53岁。

晋简文帝驾崩前夕，第六子司马曜被立为皇太子并继承皇位，时年11岁，是为晋孝武帝。孝武帝一改之前天子或短寿早逝，或权落朝臣的尴尬局面，致力于冲破门阀政治的格局，恢复司马氏皇权，成为东晋开国以来最有权力的皇帝。

无论情愿还是不情愿，孝武帝刚走上帝位，首要之事或许就是研究南北方地图，借地图来解决王朝的安危。此时，由氐族苻坚治下的前秦政权相继灭掉前凉、代国，已完成对北方的统一。

太元八年（383年），苻坚率领百万大军南下，志在吞灭东晋，统一天下。

秦晋之战中，晋军对地图参详经过虽不得而知，但淝水之战如若没有地图的调度参考，晋军这场仅以8万军力大胜对方80余万的以少胜多经典战例也就不会发生了。

　　此役东晋大捷，除了主战派谢安等人临危不乱、意志坚决之外，晋军借淝水天险，占尽地利，准备充分，发挥己军之长也是决定因素。这不能不说，天险地利的排兵布阵，定然有地图的指导作用。

　　淝水之战后，东晋趁北方大乱之际，收复了巴蜀及山东、河南大片失地，中国南北分立的局面得以继续维持。孝武帝则展开了对皇权的把控，短短几年间排挤了陈郡谢氏，成功实现了"威权己出"。

　　孝武帝有了皇权，便在经济上实行赋役改革，地图再次派上用场。通过丈量百姓之田，孝武帝恢复了西晋以人丁为准的赋税方法，王公以下每口征税三斛，在役之人不交税，让王朝经济有所改观。

　　太元二十一年（396 年），孝武帝在睡梦中被宫女用被子给活活捂死。同年九月，太子司马德宗继位，是为晋安帝。

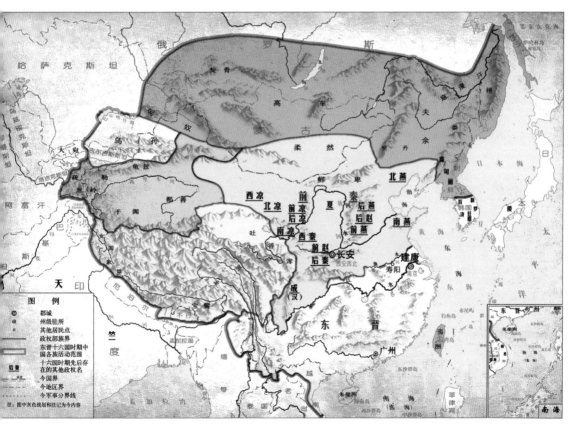

东晋时期全图（382 年）

晋安帝愚笨，智力也有残障，连冬夏都无法区别。因此，朝外许多将军实际上自立不受君命，朝内的权力也落在会稽王司马道子及其子司马元显手中。

隆安五年（401 年），桓温之子、徐州刺史桓玄自江陵起兵攻入建康，废杀司马道子、司马元显父子，自封为丞相、太尉，成为东晋实际的统治者。404 年则篡位称帝，改国号为楚，降安帝为平固王。

曾是北府军出身的刘裕派诸将追斩桓玄，迎接晋安帝在江陵复位。

刘裕以军功自傲，以十郡建"宋国"受封为宋公后，派人缢杀晋安帝，立其弟琅琊王司马德文为帝，是为东晋末代皇帝晋恭帝。

元熙二年（420 年），刘裕代晋称帝，降封司马德文为零陵王，随后又派人用棉被闷死司马德文，东晋宣告正式灭亡。

这个时期纷乱不已，先前许多的汉文化书籍和典籍遗散大半，当时东晋藏书仅 4000 卷。

两晋和地图的缘分，堪称亦深亦浅。说深是因为出现了裴秀这样的地图大家，提出影响深远的"制图六体"，诞生了陈寿的《三国志》及范晔的《后汉书》等含有大量地图信息的历史著作。魏晋之交的数学家刘徽的测量数学著作《海岛算经》，是中国学者编撰的最早一部测量数学著作，为地图学提供了数学基础，使中国测量学达到另一个高峰。东晋常璩撰写的《华阳国志》被誉为我国现存最早的地方方志，完整记叙了西南包括云、贵、川、渝和陕、甘、鄂部分地区从古到今的历史、地理、人物等内容。两晋时期，中国风水学鼻祖郭璞是当仁不让的堪舆大家，除家传易学外，还承袭了道教的术数学，其著作《葬经》不仅对风水及其重要性做了论述，还介绍相地的具体方法。从王朝政权而言，两晋也曾因占田制进行过全国性大规模测量绘图活动。

说浅则是两晋王朝，奢靡无度，国祚不久，铸成华夏乱局。其间，发生八王之乱、五胡乱华等，都把中华民族推入了深渊，地图也就没有喘息之机，无法造福于世。

总之，两晋王朝虽乱象纷纷，地图的发展进步却是遗落在那个乱世的明珠，值得后人追怀铭记。

纷乱南北

南北朝（420—589年）

420—589年，中国历史上形成了南北对峙的局面，史称「南北朝」。南朝先后经历了宋、齐、梁、陈四代，北朝则经历了北魏、东魏、西魏、北齐、北周。这一时期，也是民族大融合的时期。北方和西北方的鲜卑、匈奴等少数民族不断向内地迁徙，一些少数民族还建立了自己的政权。周边地区的部族和政权主要有乌孙、柔然、高车、契丹、吐谷浑、党项等。

扫码读第10、11章参考文献

西晋危亡，衣冠南渡。

东晋肇始，偏隅江南。

随着刘裕以"宋"为国号，取代东晋成立刘宋政权，晋王朝彻底覆灭，南方的王权更迭自此又将几度上演。

略阳氐族的苻氏强势崛起，创建的前秦政权渐有一统北方之势，从而让五胡十六国的王权之争也仅剩破晓残梦。尔后，鲜卑拓跋氏雄起，彻底统一了北方。

自此，中国的历史进入南北朝时期。

兵连祸结之下，地图的命运也就劫难多于生机，无法再如河清海晏、寰宇太平时那般繁盛兴达起来。

不过，兵荒马乱的岁月里，始终有些国君，或是贤臣，或是良才，为地图的保护与发展倾注了一番心血。

东晋咸康四年（338 年），曾在兴安岭一带以射猎为业、游牧为生的鲜卑人拓跋部，南迁至蒙古草原，部落首领拓跋什翼犍称代王，趁机建立政权，称为代国。

其时，氐族所创的前秦定都长安，是北方所谓十六国中最强大的国家。前秦第三代国君苻坚篡权夺位后，自降帝号为天王，通过开凿泾水渠，免除百姓赋税，消除各民族矛盾，励精图治，国力日渐强盛起来。随即，苻坚以军事力量攻灭前燕、出兵西拓，消灭北方诸国，后又平定西域诸国，逐渐统一北方，结束自永嘉之乱以来北方混乱不堪的乱象。

而拓跋部所建的代国，也在此时被苻坚攻破，宣告灭亡。

气贯长虹的苻坚带领前秦军队挥师南下，威逼东晋，让前秦统一天下的前景看起来似乎触手可及。随着淝水之战东晋以少胜多，前秦一败涂地，元气大伤。先前在北方被前秦统一的鲜卑、羌等部族纷纷举兵反叛，再次建立起自己的政权。

北魏登国元年（386 年），曾被苻坚消灭的代国再度复活。什翼犍之孙拓跋珪，纠合旧部在牛川召开部落大会，即代王位，正式恢复代国称号。因牛川偏远，拓跋珪迁都盛乐。同年四月，改国号为魏，自称魏王，史称"北魏"。

相比前秦的基本统一北方，北魏才是彻底结束北方分裂的统一者。在统一北方的前期，北魏开国皇帝道武帝拓跋珪虽然是游牧民族出身，但对地图还是有一点了解和看重的。他在对后燕的征伐中，缴获的物资除了代表王权的御玺印绥、府库物资、奇珍异宝之外，还特意收缴大量图书典籍。这些典籍中，有不少地图。

另外，天兴二年（399 年），拓跋珪命郡县大索民间包括地图在内的各类书籍典章，全部汇集京师平城。

在都城选址营建上，道武帝也表现出对地图测绘的看重和熟悉。天兴元年（398 年）八月，道武帝诏令有关官员对京城平城进行了一次较大规模的精准测绘。为使勘测工程数据精准，专门统一五种重量单位，校正五种衡器单位，固定五种长度单位，并且要求测绘人员严格按照测量标准施工，对道路里程进行明确标注，以此划定京城范围，确立郊野地域。

在他当政期间，太史屡次上奏说天象错乱，必有异数。而道武帝居然亲自观察天象，并进行占卜。这都说明道武帝对天文星象、基础测绘乃至地图制图都有所了解。还有记载称，其口述通过著作郎王宜弟编撰《兵法孤虚立成图》360 篇，似乎也有地图的身影。

天赐六年十月十三日（409 年 11 月 6 日），皇次子拓跋绍刺杀道武帝，皇长子拓跋嗣则又诛杀拓跋绍并继承帝位，是为北魏明元帝。

从道武帝发动北方统一战争，到太武帝拓跋焘以消灭北凉为标志，北魏彻底结束了西晋末年长达 135 年的北方大分裂局面，北魏疆域版图北至沙漠、河套，南至江淮，东至海，西至流沙，涵盖了整个北方地区，南北朝真正开始。

毋庸赘述，在北方统一的一系列战争中，北魏所面临的对手都很强大，自然情况极其复杂。但每每能审时度势，确定先后打击的目标，采取灵活机动的战略战术，比较顺利地完成了北方统一大业。试想，如此大规模的调度，长距离的征战，多战线的拉伸，不使用、不绘制地图很难说得过去。

回到魏明元帝时代，北方的柔然时时前来侵扰。柔然是游牧民族，迁徙无常，当北魏大军深入漠北进攻时它便遁逃。因此，北魏不得不采取一些加强边防的措施防止柔然南下。于是，在阴山以北地带兴筑了一条长城，东起赤城（今河北赤城县），西至五原（今内蒙古乌拉特前旗境内），长有一千余公里，同时在这一地带兴筑了一系列的城堡。这项大规模的军事工程肯定需要测绘制图。

泰常八年（423年），北魏明元帝拓跋嗣去世，皇太子拓跋焘继位，成为北魏第三位皇帝，是为北魏太武帝。

太武帝继位后，北征柔然，讨伐胡夏，招安高车诸部，亲征北凉，终于结束了十六国纷争，将柔然、吐谷浑以外的北方诸胡统一于北魏王朝的大旗下。

北方安定，南边却起了战火。

南北朝并存。但南朝宋经过"元嘉之治"后国力昌盛，宋文帝刘义隆幻想"封狼居胥"，就在元嘉二十七年（450年）秋七月下诏北伐。

不料，拓跋焘的北朝军队长驱直入，除了一些坚固城池之外，北魏军所经过的城邑，刘宋几乎都望尘奔溃。投降北魏的人，更是不可胜数。迫不得已，刘义隆向北魏求和。这倒使拓跋焘实现了"饮马长江"的志愿，而刘义隆只落得了"仓皇北顾"的狼狈下场。

除军事征讨所涉之外，本身是游牧民族出身的太武帝和地图的关联恐怕也就是推行有牛和无牛人户换工种田的做法，使得北魏垦田大为增辟。还有就是诏罢众多的杂营户隶属郡县，增加纳税人户，似乎都需要地图和实地测绘。

正平二年（452年），中常侍宗爱弑杀太武帝，拓跋余即位为帝，年号永平，是为隐帝。拓跋余纵情声色犬马，喜好野外狩猎，在位仅仅八个月。其后，文成帝拓跋濬、献文帝拓跋弘、孝文帝拓跋宏（元宏）相继登基，逐步实施改革，使社会经济由游牧经济转变为农业经济。

孝文帝在位期间，改革力度之大，在中国历史上都很少有。他整顿吏治，立三长制，实行均田制；又以"南伐"为名，迁都洛阳，全面改革鲜卑旧俗，以汉语代替鲜卑语，迁洛鲜卑人以洛阳为籍贯，改鲜卑姓为汉姓，自己也改姓"元"；参照南朝典章制度，改革北魏政治制度。这一系列举动推动北魏经济、文化、社会、政治、军事等方面大力发展，缓解了民族隔阂，史称"太和改革"。

地图，也和孝文帝缘分不浅，成了他改革的好帮手。以下提及的诸多改革事项，都离不开地图或实地测绘丈量的事宜。

首先是户籍制度改革，进行人口的重新统计和基层督导官吏的设置。当时北方士族大姓依靠经济与宗族势力建有坞堡等带有军事职能的自保组织，众多人口为逃避战乱而为坞堡主所控制。北魏统一北方后，承认这些豪绅既有利益，任命他们为宗主，即所谓宗主督护制。由于宗主隐瞒其控制的人口，逃避赋税徭役，影响了国家的赋税收入和徭役征发。孝文帝采纳给事中李冲建议，于太和十年（486 年）建立三长制，取代了宗主督护制。

三长制规定：五家为邻，设一邻长；五邻为里，设一里长；五里为党，设一党长。三长的职责是检查户口，征收租调，征发兵役与徭役。三长直属州郡，原荫附于豪强的荫户也将成为国家的编户。为保证统计数据的真实，孝文帝专门下

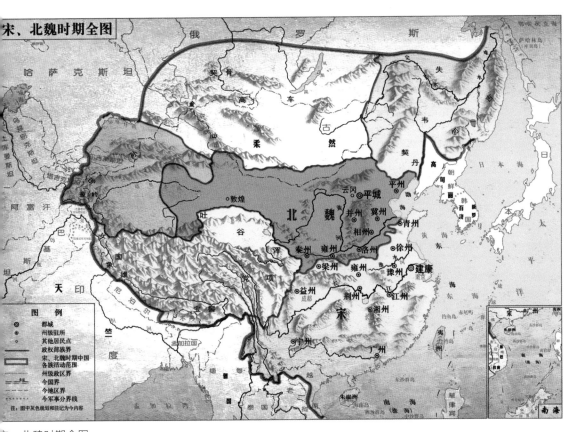

宋、北魏时期全图

诏派使者十人巡查各州郡，核查清理各地户口，对各地仍然隐瞒人丁不报的，州、郡、县、户主一律论罪。

与户籍改革三长制相辅而行的是孝文帝开创性地提出的均田制。太和九年（485年），孝文帝颁布均田令，将无主土地按人口数分给小农耕作，土地依旧为国有制，耕作一定年限后归其所有。

具体为男子年15岁以上受露田（只种谷物）40亩，妇人20亩，露田不准买卖，年老免课，身死还田；百姓原有土地为桑田，桑田是世业，不在还授之列，按制度每人可拥有20亩；奴婢受田与良人相同，受田30亩；土广人稀之处，如果民有余力，政府可暂借土地任民超额耕种，以后人口增加或有新户迁来，再依制受田；官吏给公田，刺史15顷，太守10顷，治中、别驾8顷，县令、郡丞6顷，离职时移交下任，不得转卖。均田制的实施过程中，孝文帝进行了《均田图》的绘制及田亩丈量的测图。

兴修水利也是孝文帝强国的一项举措。连年战乱，水利工程无人问津。孝文帝下诏，命各州镇凡有水田的地方，疏通灌溉渠道，并派工匠赴各地指导，传授经验。这些工匠中，有人就负责地图设计和绘制。

不过，孝文帝在清理图谶时，却祸及了一批地理图书。

太和九年（485年），孝文帝下诏说图谶既不是治国之经典，恐被妖邪之人作为借口。因此，要把图谶、秘纬及名为《孔子闭房记》的书，一律焚毁。这其中，某些和地理地图相关的典籍一同遭殃。

还是在这一时期，一位伟大的地理学者，倒为地图在南北朝的身影留下永恒的记忆。

孝文帝太和十三年（489年），青州刺史郦范去世，其子郦道元承袭永宁侯爵位。孝文帝于太和十七年（493年）迁都洛阳后，任命郦道元为尚书郎。

郦道元幼时随父访求水道，博览奇书。后游历秦岭、淮河以北和长城以南的广大地区，考察河道沟渠，搜集风土民情、历史故事及神话传说。在游历的过程中，他常感地理方面史籍的不足，遂以毕生心血，撰成《水经注》40卷。此外，郦道元另著《本志》13篇。

秦朝以前，已有许多地理地图类书籍，但人们对地理的概念还比较模糊，这些作品中普遍存在的问题就是虚构，如《山海经》《穆天子传》《禹贡》等，夹杂着神话传说等。郦道元对待地理的态度，则是坚决反对"虚构地理学"。为了获得真实的地理信息，他到许多地方考察，积累了大量的实践经验和地理资料。在写作体例上，《水经注》不同于《禹贡》和《汉书·地理志》。它以水道为纲，详细记述各地的地理概况，开创了古代综合地理著作的一种新形式。

《水经》本来一万余字，《唐六典·注》说其"引天下之水，百三十七"。《水经注》则堪称一部没有地图，却处处记载的都是地图的大作，全书达30多万字，是一部空前的地理学巨著。它名义上是注释《水经》，实际上是在《水经》基础上的再创作，在后世学者对其不断的研究中逐渐形成了一门学问——郦学。

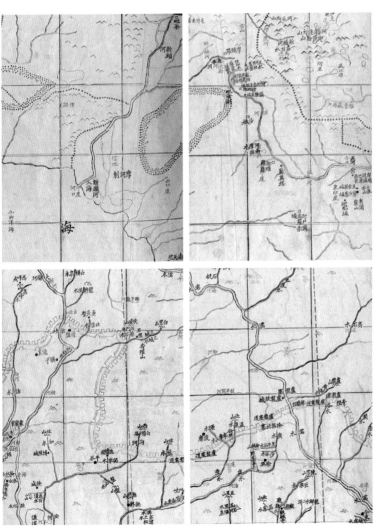

水经注附图（局部）

无疑，郦道元创作《水经注》不仅是北魏王朝，更是中国地理和地图学史上一件影响深远的大事。

《水经注》全书所记大小河流有 1252 条，从河流的发源到入海，举凡干流、支流、河谷宽度、河床深度、水量和水位季节变化，含沙量、冰期及沿河所经的伏流、瀑布、急流、滩濑、湖泊等都广泛搜罗，详细记载。所记各种地貌，高地有山、岳、峰、岭、坂、冈、丘、阜、崮、障、峰、矶、原等，低地有川、野、沃野、平川、平原、原隰等，仅山岳、丘阜地名就有近 2000 处。植物地理方面记载的植物品种多达 140 余种，动物地理方面记载的动物种类超过 100 种。各种自然灾害有水灾、旱灾、风灾、蝗灾、地震等，都予以记录，其中记载的水灾共 30 多次，地震有近 20 次。所记政区建置包括县级城邑和其他城邑共 2800 座，古都 180 座，除此以外，小于城邑的聚落包括镇、乡、亭、里、聚、村、墟、戍、坞、堡等 10 类，也记载了共约 1000 处，可补正史地理志之不足。从军事地理学而言，《水经注》记载的从古以来的大小战役不下 300 次，许多战役都生动说明了利用地形的重要性。

《水经注》还有许多学科方面的资料。如书中所记各类地名在 2 万处上下，详细解释的地名就有 2400 多处。又如书中所记中外古塔 30 多处，宫殿 120 余处，各种陵墓 260 余处，寺院 26 处，以及不少园林等。可见该书在历史学、考古学、地名学、水利史学以至民族学、宗教学、艺术等方面都有参考价值。

继续回到北魏王朝的风雨凋敝之中。孝文帝驾崩，太子元恪在鲁阳即皇帝位，是为魏宣武帝，改年号为景明。

宣武帝即位后，首先干的一件事情就是扩建新都洛阳。这倒是和地图有一定的关系。

宣武帝之后，北魏的皇帝闹着玩一样，一会儿谋反，一会儿夭折，一会儿乱立，乱成一锅粥，也就没有地图什么事。

先是孝文帝第三子，宣武帝元恪异母弟元愉在冀州起兵谋反，在信都的南郊筑坛祭天，即皇帝位，改年号为建平。朝廷讨伐，元愉兵败而死，而宣武帝此时也英年早逝。

接着宣武帝元恪的第二个儿子，时年六岁的皇太子元诩即皇帝位，是为孝明帝，改年号为熙平。不过，孝明帝被太后及其男宠郑俨、徐纥投毒，暴死于显阳殿，时年 19 岁。

道武帝拓跋珪玄孙，江阳郡王拓跋钟葵之子元法僧在 72 岁高龄，居然据彭城而反，自称天子，国号为"宋"，改元"天启"，将几个儿子都封了王爵。不过，有野心而少实力的元法僧，面对朝廷调派大军前来征剿，自知不敌，也顾不得什么"帝位"，赶忙派儿子元景仲到南朝梁国请降，甘为附庸。

另外，孝明帝元诩的女儿元姑娘，曾被掌握实权的祖母胡太后谎称"皇子"，拥立为帝。可是元姑娘即位当天，匆匆登位，就匆匆被废。胡太后改立临洮王元宝晖的儿子元钊为帝。结果，肆州刺史尔朱荣带兵问罪，制造"河阴之变"，在河阴之陶渚（今河南孟津县）溺死胡太后和幼帝元钊，纵兵围杀王公百官两千多人，北魏诸王元雍、元钦、元邵、元子正等全部遇害。尔朱荣借助河阴之变，将迁到洛阳的汉化鲜卑贵族和出仕北魏的汉世族大家消灭殆尽，完全控制了北魏朝政。随即，尔朱荣拥兵拥立已故宗室元老彭城王元勰三子元子攸为帝，即孝庄帝。这时北魏败象已现，朝局再也无法挽回。

孝庄帝在位也不过两年而已。因为诱杀权臣尔朱荣和元天穆，孝庄帝被尔朱荣的堂侄尔朱兆俘虏北上，缢杀于晋阳三级佛寺，时年也不过 24 岁。

孝庄帝被杀，尔朱荣的族弟尔朱世隆拥立扶风王元怡次子元晔即位，元晔成为傀儡皇帝。很快，尔朱世隆又觉得不合适，逼迫其禅让，降为东海王。随之，广陵王元恭即位，年号普泰，是为节闵帝。

与尔朱家族对立的军阀高欢，则又拥立安定王元朗即位，年号中兴。

高欢击败尔朱氏后，立即废黜节闵帝，在清除尔朱氏独揽大权后，又拥立平阳王元修为帝，年号太昌，是为孝武帝，也是北魏最后一任帝王。

以上皇权之乱，源起六镇之变。

北方六镇（沃野镇、怀朔镇、武川镇、抚冥镇、柔玄镇、怀荒镇）长期戍守北方边陲，多为拓跋部贵族及其成员或中原强宗子弟。孝文帝改革后，六镇成为历史遗留下来的问题。拓跋家族建国时，其所依靠的军队是以鲜卑人为主的部落兵，士兵地位很高。迁都洛阳后，部落兵发生分化，迁入河南者为羽林、虎贲，勋贵与士族同列；相反世守边陲六镇者则由"国之肺腑"逐步沦落为镇户、府户，身份低下，由是引起六镇军民的普遍不满。

孝昌元年（525 年），六镇爆发了武装起事，成为反对北魏政权的"叛民"。

六镇之乱，镇守晋阳的尔朱荣凭借镇压六镇壮大了自己的势力，发兵攻陷洛阳，发动河阴之变成为朝廷实力派，掌控了皇位的归属。

尔朱荣手下有个叫高欢的鲜卑化汉人。当孝庄帝刺杀尔朱荣于洛阳时，高欢乘尔朱氏混乱之机，说动当年被尔朱荣兼并的六镇起义军归顺自己，让这20多万六镇军民，成为高欢的政治资本和军事力量。

面对尔朱兆（尔朱荣侄子）率20万大军进攻讨伐，高欢以逸待劳，重创尔朱军，乘胜进据魏都洛阳，成为实际控制北魏政权的"掌门人"。随后，高欢攻克尔朱荣老巢晋阳，彻底铲除尔朱氏势力，在晋阳建立大丞相府遥控朝政。

此后，高欢及后来的北齐历代帝王，刻意经营晋阳，使晋阳成为北魏、东魏、北齐三代实际上的政治中心，史称"霸府"。

孝武帝元修身为拓跋家族的正宗皇帝，当然不愿意做高欢傀儡，在攻打高欢失败后，孝武帝只能率军西入关中。高欢随即另立元善见为帝，迁都邺城（今河北临漳），史称东魏。

强大的北魏政权就此彻底分裂。

孝武帝西入关中，中军四面大都督元宝炬曾是王朝的太尉、尚书令。

毒杀孝武帝的宇文泰，被侍中濮阳王元顺劝说勿效仿高欢立幼主以专权，而应反其道而行之，拥立长君。宇文泰于是拥立年长的元宝炬为帝，史称西魏。文帝改年号为大统。大权自然还掌握在宇文泰的手中。

西魏文帝在位期间，东、西两魏互相征讨，战事连绵，西魏国库空虚。多少和地图相关的一点改革终于提上日程。

窘迫的国库入不敷出，西魏文帝任用苏绰进行改革，建立计账和户籍制度。又颁行敦教化、尽地利、均田制等诏令，以保证国家收入。

苏绰博览群书，尤善算术。他把汉族统治阶级的经验总结为六条，上奏后作为诏书颁行，时称"六条诏书"。

苏绰是西魏权臣宇文泰最信任的臣僚，甚至参与很多机密事务。因此，苏绰得到宇文泰的大力支持。

宇文泰很重视"六条诏书"，令百官习诵，规定各地郡守令长不通晓六条诏书者不许当官。"六条诏书"成为西魏各级官员施政的纲领和准则。这其中，户籍制度的改革和记账法则是改革的核心。

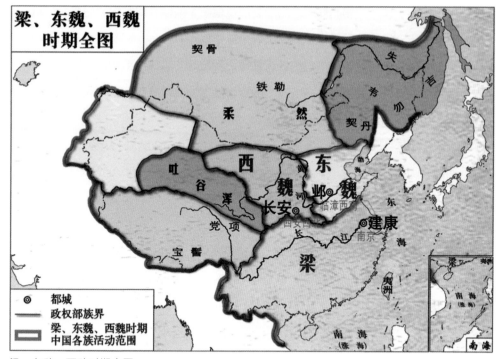

梁、东魏、西魏时期全图

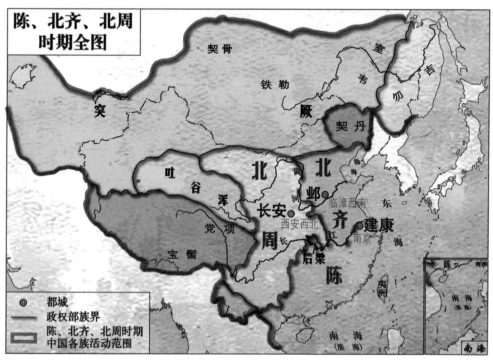

陈、北齐、北周时期全图

自古版图一体，户籍制度改革当然会涉及地图。偏偏苏绰制定的记账、户籍之法早已失传。只能从敦煌出土的《大统十三年瓜州效谷县计账》残卷看出点模糊的影子，当时户籍改革是按户统计，并登记受田数字、应纳租数。

"六条诏书"的实施，对西魏政治的整饬及国力的发展起到了很大作用，使原来弱于东魏的西魏迅速转弱为强。

大统十七年（551年），西魏文帝元宝炬去世，太子元钦继位，史称西魏废帝。

西魏之朝，大权皆掌于宇文泰之手，元氏皇权名存实亡。不少元氏宗亲对此忧愤不已，纷纷找西魏废帝密谋诛杀宇文泰，夺回大权。不料事情很快败露，就连皇帝也遭到宇文泰毒杀。

宇文泰接着又拥立齐王元廓为帝，是为西魏恭帝。

西魏废帝、恭帝时期，倒是还有几起和地图关系紧密的事件。其中一起，则是地图再度遭遇的大劫。

承圣元年（552年），南朝的梁元帝萧绎争夺皇位之时，武陵王萧纪称帝于蜀，萧绎亦在江陵即位。可不久，萧纪称帝的益州被西魏出兵袭取，纳入西魏版图。

梁元帝看来是个对地图颇为看重的人，登基两年后，他写信给西魏宇文泰，要求按照两国原来地图标明的国界来划分疆界，西魏应当归还益州。这封信惹得宇文泰大怒，立即命令常山公于谨等将领以5万兵马进攻梁都江陵。这一仗，梁元帝并没有多少还手之力，很快战败投降。不过，临降之前，梁元帝倒是把梁朝内廷的地图、典籍全部焚烧，多达14万卷。此次图籍被毁，汉晋以来地图发展进步的诸多成果再度遭难，地图制图事业也再度衰退。梁元帝如果是个不知地图有何裨益的昏君也许不会如此作为。偏偏梁元帝还算个明白人，只是为一己之私，让地图古籍蒙此大难，实在惋惜。

梁元帝出降却又被杀。班师回朝的西魏兵马，将被俘的梁王公、百姓数万人驱往长安。此后，长江中上游的荆、雍、梁、益诸州，全为西魏所有。

废帝、恭帝时期，推行均田制，在参照了北魏制度时也有一些创新。有室（已婚丁男）者授田120亩，未婚丁男授田100亩。另外，这一时期手工业得到一定的发展。朝廷的"冬官"之下，设有工部、匠师、司金、司水、司玉、司皮、司色、司织等大小50多个部门，较之北魏，分工更为详尽。像工部、匠师这些营造的机构和官吏，掌城廓宫室之制，必然会利用到工程地图。特别是这期间佛教继续盛行,像莫高窟这样的大工程,地图免不了会大显身手。

西魏恭帝三年(556年),宇文泰立嫡子宇文觉为世子,同年宇文泰病逝。

557年,宇文家族逼迫西魏恭帝把皇位禅让给宇文觉,宇文觉称帝受禅位,正式即位称天王,国号大周,史称北周,是为西魏的覆灭,北周的开始。

从北魏分裂出来的东魏建都邺,权臣高欢坐镇晋阳遥控。东魏和地图的关联很少见于典籍记载。高欢立清河王元亶的世子元善见为帝,元善见时年11岁,即魏孝静帝,大赦天下,改年号为天平,是为东魏的开始。

东魏与西魏相比,疆域版图包括今河南汝南及河南洛阳以东的原北魏东部地区。由于占据了山东传统富饶地区,东魏的实力强、人口多,经济发达。但东魏西面与南面基本上以黄河及河南洛阳一线与西魏为界,战事不断。北面山胡、柔然等族也不断南下骚扰。因此,抵御外侮,筑墙防御就成为当时的优先选择。

东魏武定元年(543年),高欢召集5万多民夫,费时40多天,在战略地位十分重要的管涔山与恒山两大山系的相连处,修筑了一条长城,历史上称为"肆州长城"。这项工程,必须用地图绘制施工图和军事布防图。

高欢权倾朝野,令孝静帝天天都提心吊胆。但孝静帝从头至尾只是一个傀儡,始终未能亲政。高欢死后,其子高澄承继父职,权势更大,曾在朝堂之上怒骂孝静帝"狗脚朕",并让手下殴打孝静帝。

549年,高澄遇刺而亡,其弟高洋继任父、兄之职。他见篡魏时机已到,于次年废帝而自立,改国号"齐"。因为北齐地处北方,与"南朝齐"同名,故称"北齐",东魏遂亡。

北齐历经文宣帝高洋、废帝高殷、孝昭帝高演、武成帝高湛、后主高纬、幼主高恒六帝,于577年被北周攻灭,享国28年。北齐诸帝大多昏庸,荒淫无耻。从暴政凶狠淫乱方面而言,素有"禽兽王朝"之称。

国运短暂,地图似乎也不愿意与北齐为伍。勉强关联的,也无非是继续施行均田制,在黄河南北进行大面积屯田,取消了受倍田的规定。还有就是军事用途的长城修建有所涉及而已。

宇文家族取代西魏,建立北周,取代东魏的北齐接着也被北周所灭,北方广袤的疆域尽数归北周,似乎给来北周王权带来天命所授的希望。

北周的开国帝王是宇文觉，是为孝闵帝。孝闵帝年幼无知，大权掌握在堂兄宇文护手中。宇文觉尚未成年，可宇文觉觉得这个弟弟迫不及待想亲政，就谋杀了年仅16岁的孝闵帝，又立宇文泰庶长子宇文毓为帝，是为北周明帝。

明帝宇文毓有能力、有主见，虽是由宇文护扶持上台的，却并不愿意当傀儡，在位时间虽然很短暂，但间接为地图的保护做出了贡献。

明帝本人博览群书，善写文章，于是召集公卿以下有文学修养者80余人，在麟趾殿校刊经史，又采辑众书，从伏羲、神农以来，直到魏末，编成《世谱》，共500卷。虽然此书已佚，但围绕此书的校刊，必须收集图书典籍。

眼见明帝有德有才，武成二年（560年），宇文护又毒死年仅27岁的明帝宇文毓，立宇文邕为帝，史称北周武帝。

武帝是孝闵帝宇文觉和明帝宇文毓异母弟。他成为皇帝后，吸取两位兄长被毒杀的教训，表面上与堂兄宇文护相安无事，任其专权，暗中却在慢慢积聚力量，寻机诛之。

建德元年（572年），宇文邕决心铲除宇文护。宇文护从同州返回长安，宇文邕便与他一同来见太后，宇文邕一边走，一边对宇文护说："太后年事已高，但是颇好饮酒。虽然我们屡次劝谏，但太后都未曾采纳。如今兄长入朝，请前去劝谏太后。"说着，又从怀中掏出一篇《酒诰》交给宇文护，让他以此劝说太后。宇文护进到太后居处，果然听从宇文邕所言，对太后读起了《酒诰》。他正读着，宇文邕举起玉珽在他脑袋上猛地一击。宇文护跌倒在地，宇文邕忙令宦官何泉用刀砍杀宇文护，何泉心慌手颤，躲在一旁的宇文邕同母弟宇文直跑了出来，帮忙杀死了宇文护。

在诛杀宇文护及其亲信后，宇文邕加强皇权，开始一统北方。

建德四年（575年），宇文邕亲征北齐，宣告北齐的灭亡，北周拥有了黄河流域和长江上游。从此，东、西魏分裂以来近半个世纪的割据局面结束，整个北方政治、经济、文化方面的广泛交流和发展得到促进。

历史上，任何朝代，地图除军事直接用途外，始终和土地、户籍的变革密切关联。

世族大家占有大量的土地和人口，是南北朝时期普遍的现象。为解决这一难题，周武帝规定的很严厉，凡正长隐五户及十丁以上，隐地三顷以上者，至死。

这一法令从北魏孝文帝创置三长以来,是对世族权贵荫护土地人口最严厉的一次法令。当然,这样的法令必须借助土地户籍的重新测量和绘制来实施。

为便利于商业交流,周武帝还颁发了统一的度量衡,也对地图测量工具的精准度有积极作用。

可等到一统北方,天命王权并没有向北周倾斜。周武帝死后,周宣帝宇文赟继位。

宇文赟沉湎酒色,甚至五位皇后并立。他还杀害皇叔齐王宇文宪,导致宗室势力日渐衰落。

大成元年(579年),宇文赟下诏传位于长子宇文阐,并改年号为大象,自称天元皇帝,住处称为"天台",对臣下自称为"天"。

大象二年(580年),沉溺酒色的宇文赟病危,御正下大夫刘昉、内史上大夫郑译伪造诏书,让随国公杨坚接受遗命,辅佐朝政。

大定元年(581年),宇文阐被迫禅位。杨坚改国号为隋,北周灭亡,南北朝之北朝从此谢幕。

北朝的版图疆域,从北魏崛起至439年统一中国北方结束十六国时期,其屡次入侵刘宋,占领山东、河南与淮北地,又取南朝齐淮南地及南朝梁汉中、剑阁一带,疆域北至漠南草原,西抵西域东部,东达辽西,南达江汉流域。北魏分为东魏、西魏后,东魏有80州,西魏有33州。北齐建立后,开始整顿政区规划,废除了三州,计153郡及589县。北齐江淮之地后被南朝陈占领,北周屡次攻占南朝梁巴蜀之地与江汉之地。北周武帝灭北齐,取南朝陈江淮之地,领土大大扩充。

以上所记,便是南北朝时期北朝的王权更迭,以及北朝诸政权和地图千丝万缕的种种关系。

而南朝的开始,需要从东晋元熙二年(420年),宋武帝刘裕废除晋恭帝,建立刘宋算起。

南朝疆土,宋时为最大,极盛时北至潼关、黄河一带,西至四川大雪山,西南包括云南,南至越南中部横山、林邑一带。

因为南朝与北魏、东魏、西魏、北齐、北周等北朝政权对峙,共有宋、齐、梁、陈四个政权更迭,与北朝合称南北朝。

南朝首先登场的宋政权，共传四世，历经十帝，享国 59 年。为与后来赵匡胤建立的赵宋相区别，故又称为刘宋。

刘宋的开国君主刘裕，在为东晋之臣时，就先后平定孙恩、桓玄、刘毅、卢循、谯纵、司马休之等势力，又灭南燕、后秦。不仅统一了南方，同时也夺取了淮北、山东、河南、关中等地。凭借着巨大的军功，得以总揽东晋军政大权，官拜相国、扬州牧，封宋王。

东晋元熙二年（420 年）刘裕废晋恭帝自立，改国号为"宋"，改元永初，是为宋武帝。

宋武帝相信代晋立宋是天命王权所归，崇尚的改革也多有地图相助。

首先是王朝资源的分配问题。早在东晋末年，刘裕针对山湖川泽被豪强士族夺取，百姓打柴、采摘、打鱼、垂钓都要强迫交税的社会矛盾，于义熙十年（414年）上奏提出一律禁绝这样的弊端，还山于民，还地于民。当时百姓的居住很分散，政府无法有效管理。刘裕上表制定了条例，进行了一次较大范围的土地测绘制图，让百姓依划分的土地为准，施行土断。

即位之后，宋武帝以司马氏为前车之鉴，进行了王朝版图的再分配，特别是鉴于荆州屡为祸乱之源，便裁并荆州府的辖区，限制其将、吏的额员。

宋武帝还下令整顿户籍，厉行土断之法，严禁世族隐匿户口。这项改革地图完全是主角。通过重新划定州、郡、县领域，居民按实际居住地编定户籍，大大打击了豪绅隐瞒户口人数的行为。

宋武帝时，包括地图在内的书籍和典籍历经战争，遗散大半。宋武帝北伐后秦前，加之府藏所有，当时的东晋藏书仅 4000 卷。北伐过程中，宋武帝将流落中原各地的图书悉数运回建康，又下令对赤轴青纸、文字古拙之书，亦加收藏以传后世。到刘宋初年，官方所藏的书籍已达到 6 万多卷，其中地图的搜集也不算少，奠定了南朝宋国家藏书的基础。

南朝宋第二位皇帝刘义符，是为少帝，在继承宋武帝皇位第二年，就被权臣徐羡之、谢晦等人所废，降为营阳王，后遭到杀害，年仅 19 岁。

刘裕第三子，宋少帝刘义符之弟刘义隆于元嘉元年（424 年）即位，是为宋文帝，在位 30 年，年号元嘉。这是刘宋最昌隆的时期，也是地图在刘宋王朝怒放的时节，史称"元嘉之治"。

宋文帝所开创的功业，也多与地图有关。

他继承了宋武帝刘裕的治国方略，首要的便是在东晋"义熙土断"的基础上清理户籍，免除百姓欠政府的"通租宿债"。随之在政区划分方面，分割荆、扬，复立南兖、兖和南豫三州，强化皇权。经济上，限制封山占水，鼓励百姓发展生产。

在文化层面，以裴松之《三国志注》最为著名。宋文帝以陈寿所著《三国志》记事过简，命裴松之为之作补注，让《三国志注》对后世注释史学影响深远。这一时期著名的历史学家范晔著《后汉书》，与《史记》《汉书》和《三国志》并称为"前四史"。这四史中，涉及的地图元素非常之多。

还有士族宗炳，最好游山观水，不论远近，他都要前往登临，所撰山水画论著《画山水序》，不仅作为我国山水画论的开端，在地图绘制方面也影响很大。宗炳提出了透视原理，"去之稍阔，则其见弥小"，故"张绢素以远映""竖划三寸，当千仞之高；横墨数尺，体百里之迥"为地图绘制不可或缺的借鉴法则。

杰出的数学家、天文学家祖冲之也生活在这一时期，祖冲之首次将"圆周率"精算到小数点后第七位。圆周率的应用很广泛，尤其是在天文、历法、地图绘制方面，凡牵涉圆的一切问题，都要使用圆周率来推算。

祖冲之对木、水、火、金、土等五大行星在天空运行轨道和运行一周所需时间，也进行了观测和推算，给出了更精确的五星会合周期。他设计制造过机件传动的指南车、千里船、定时器等，这些贡献也提升了当时地图制图及精准度的发展。

刘宋第四帝是文帝之子刘劭。元嘉三十年（453年）二月，刘劭发动宫廷政变，率东宫卫队闯宫弑父，随后自立为帝，改元太初。但在位仅三个月，便在其弟孝武帝刘骏的讨伐下兵败被杀，时年30岁。

孝武帝刘骏称帝后，也曾提及地图与治国的关系。

大明七年（463年）九月，孝武帝专门下诏说他治国之要，是通过查阅古旧典籍做参考，以补智谋之不足。而视察各地了解民风民俗，孝武帝都要典籍中的地图作为出行依据。

孝武帝也对地方州镇进行过重新的划分，这样的改革自然少不了丈量制图。即位之初，他将扬州分为扬州及东扬州二州；将东晋以来废置不常的湘州设立起来，分统原荆州所统长沙等八郡。经孝武帝的政区改革形成了荆、雍、郢、扬、东扬五州相互牵制的格局。东晋以来的荆、扬对立，威胁京城建康的局面自此彻底终结。在改置州镇的同时，还设立了王畿制度，孝武帝一共分出扬州六郡和南徐州的南琅邪郡共七郡设置王畿，并将王畿作为中央派机构直接负责管辖的区域，高于畿外诸州的地位。

户籍整治上，南徐州的 22 万户的侨户免租和不土断划籍的特权被正式取消。南徐州正式列入刘宋朝廷的土断和清查户籍的范围之列，这不仅增加了国家编户，也沉重打击了京口一带的功勋高门和豪强大族的特权。

自宋文帝元嘉中后期以来，豪强士族大肆兼并、占山护林，不许普通百姓进入的问题又频繁出现，当时所谓"富强者兼岭而占，贫弱者薪苏（柴薪）无托"。大明七年，朝廷改革山泽产权管理制度。颁布"占山格"的律文，规定官僚贵族及百姓可按品秩高低占有山泽，并要求把所占山泽数目登入赀产簿，以此按资产的多少分等征赀税，即"皆依定格，条上赀簿"。"占山格"的施行，自然需要借地图分割山地来推行。

大明八年（464 年），宋孝武帝去世，刘子业即位，改元永光。刘子业凶残暴虐，滥杀大臣。特别是和姑姑、姐姐乱伦，狂悖无道至极。两年后就被叔叔湘东王刘彧等人弑杀，时年 17 岁。

此后，刘宋的好光景渐渐衰败，地图也就被这些无道昏君冷落下来。

湘东王刘彧弑杀刘子业掌控京师内外的兵权后，登基为帝，改元泰始，是为宋明帝。

宋明帝并没有得到广泛的认同。江州长史邓琬在寻阳城立宋孝武帝刘骏第三子刘子勋为皇帝，年号"义嘉"，此举得到孝武诸王和各地州郡长官的支持，遂东伐建康，史称"义嘉之难"。

同年秋，义嘉政权十万大军被宋明帝刘彧数万人击败，刘子勋为刘彧大将沈攸之诛杀，时年 11 岁。

泰豫元年（472 年）四月，刘彧死后，其子刘昱即皇帝位。刘昱为人凶狠残暴，搞得朝政混乱。元徽五年（477 年）被部下杀死，时年 15 岁。

随即，刘彧第三子刘準在中领军、掌握禁军的萧道成拥立下即位，是为宋顺帝。萧道成功高，顺帝便封萧道成为相国、齐王。虽然刘準名义上是皇帝，但是权力都被萧道成掌握。

升明三年（479年），萧道成要求刘凖禅位，并且派部将王敬则率军进宫。刘凖说了一句"愿生生世世，再不生帝王家"的悲愤之语后，禅位于萧道成。至此，刘宋政权灭亡，萧道成在建康南郊登基，国号齐，是为齐高帝，改元建元，史称南齐。

齐高帝和他儿子齐武帝，和地图的缘分主要是"却籍"，但由此引发纷争，甚至导致兵祸。

为了扩大赋税面，增加政府财政收入，萧道成开展了大规模的户籍检查运动，史称"检籍"。朝廷置版籍官，限定每人每日必须查处数例户籍不实者，凡是虚报、伪报或篡改自家户籍的家庭，一律从户籍登记上剔除，此即为"却籍"。而查出的"却籍"者，全家充军流放边地。这项制度固然很大程度上核准了政府所管理百姓的户籍状况，但是在检籍过程中也有大量的冤假错案，最终酿成了唐寓之的反检籍起义。

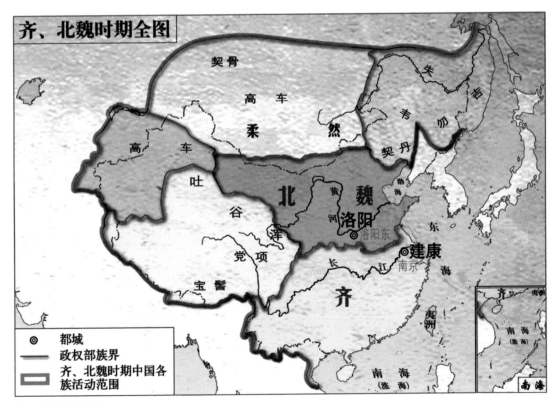

齐、北魏时期全图

永明三年（485年），以堪舆为业，也可以称之为民间地理地图和风水占卜工作者的唐寓之，以"抗检籍，反萧齐"为号召，聚众400余人，在新城（今浙江杭州市富阳区）揭竿起兵，夺取官军武器，开仓库，济贫民。接着在钱唐建立政权，自封为吴王，改元兴平，立太子，置百官。但这样的政权弱不禁风，很快被南齐彻底消灭。

不过，南齐是南朝各个朝代中存在时间最短的王朝，仅存23年。

永明十一年（493年），齐武帝萧赜病死后，皇太孙萧昭业继承帝位。即位之后，萧昭业原形毕露，浪费奢靡，又与庶母霍氏通奸，大失人心。次年，就遭西昌侯、尚书令萧鸾杀害，终年21岁。

此后的南齐，也和地图失去了缘分，包括皇位更迭等诸事和地图风马牛不相及。

隆昌元年（494年），萧鸾安排齐武帝另一孙子萧昭文即位称帝，年号延兴，是为齐恭帝。

萧昭文虽然身居帝位，但朝政大权掌握在萧鸾的手中，就连起居饮食等事项，统统要征询萧鸾准许后才可以进行。延兴元年（494年），萧鸾废黜其皇帝之位，自己即皇帝位，是为齐明帝，改元建武。

齐明帝继位后，下诏赐给萧昭文各种精美器物，供奉所需物品，每样都要从优丰厚。但又诈称萧昭文有疾病，多次派遣御医前去看视，最终将其杀害，萧昭文死时年仅15岁。

萧鸾登基，将萧道成与萧赜的子孙屠戮殆尽，后人称其为"国之奸贼"。

永泰元年（498年），萧鸾去世，太子萧宝卷继位，成为南朝齐第六位皇帝，是为东昏侯，改元永元。

萧宝卷对宰辅大臣稍不如意立即加以诛杀，逼得文官告退，武将造反，京城几度岌岌可危。

萧宝卷残暴，同母弟萧宝融在权臣萧衍拥戴下，即位为帝，是为齐和帝，并发兵讨伐萧宝卷。萧宝卷众叛亲离，为宦官所杀，时年19岁。

平定此乱后，萧衍被任命为大司马、录尚书事、骠骑大将军、扬州刺史，齐和帝还封他为建安郡公，比照晋武陵王司马遵的先例，承制总揽政务，文武百官向其致敬。后来又诏令萧衍进位相国，总摄朝廷一切政务，并兼任扬州牧，封十郡为梁公，配备九锡之礼，加远游冠，位在诸王上，加相国绿綟绶，此举更大大增加了萧衍的势力。

朝廷被萧衍一手遮天，中兴二年（502 年）三月，萧宝融被迫禅位，萧衍在建康登基称帝，改国号为梁，即梁武帝。旋即反身杀萧宝融于姑孰，谥其曰和帝。至此，南朝齐灭亡。

梁武帝在南朝各帝中，算得上一个励精图治的皇帝，对宋、齐以来的种种弊端有所纠正。

至于和地图的关联，倒也谈不上没关系。或者说，至少在他的梁王朝存续期间，地图的身影倒也没有深藏不露。

晋代和南朝用黄纸书写的户籍总册称之为黄籍。户籍制度的改革，从晋到南朝，改革持久，弊病难除。梁武帝想从整理士籍入手，依据东晋贾弼之所作《士族谱》、宋刘湛所作《百家谱》，设立谱局，改变户籍乱象。《百家谱》解决的问题是士族与朝廷争夺民户。此时，长江流域人口实际是增加了，在户籍数字上却看不出人口的增加。

在此期间，以《山海经》等地理著作为基础编纂而成《地理书》149 卷，作者是南朝齐的官员、藏书家陆澄。梁武帝时期，围绕这部书，也发生了堪称地图发展史上的一个重要事件。

萧衍任命的黄门侍郎任昉，是当时的文学家、方志学家、藏书家。任昉在陆澄《地理书》的基础上增补 84 部志书汇编而成《地记》，共计 252 卷，保存了从汉代至南朝萧齐时期的方志。任昉编纂《地记》时，收书极广，大凡记载地表人文、自然地理现象的书籍，统统收录。

任昉的《地记》是继陆澄《地理书》之后，中国历史上最重要的方志学图书。该书不仅收录《山海经》等全国性总志，还收录大量地方州郡县志、山川图记、都邑志、异物志、外域传奇等，从中可以全面了解汉代至南朝萧齐时期中国及外域诸国的地理、历史、政治、经济、文化、物产、民俗、外交等情况。更为重要的是，这些方志中含有大量的地图，为地图的保护传承起到了积极作用。可惜，这些著作如今都失传了。

任昉还是梁代三大藏书家之一，藏书有上万卷，其中善本异本书很多。任昉去世后，朝廷派人校勘他的书目，官家没有的书，就拿任昉家的书补充，其中少不了某些地图或图记的存在。

不过，梁武帝对地图也看不出来了解多少。

天监十三年（514年），梁武帝听信北魏降人王足的建议，想筑堰以淮水灌北魏的寿阳城。朝廷里负责地图事务和勘测地形的水利工程家都说，淮水附近都是沙土，不坚实，不可筑堰。梁武帝却听不进去，在徐、扬两州召集民工及将士20万人日夜施工，历时二年，最终也是"豆腐渣工程"。

北魏分裂为东魏、西魏后，双方连年交战，梁武帝总想寻找时机，对北朝进行攻击。东魏大将侯景为高欢之子高澄所逼，求降于梁。梁武帝欣然接纳，并以为北伐的时机来到了。

不料，这是引狼入室之举，侯景之乱毁掉了梁王朝的基业。

其实，梁武帝接纳侯景的目的是扩大梁的疆域版图。梁武帝命侄子萧正德防守长江，萧正德却暗中接济侯景渡江。梁武帝命太子萧纲筹划防务，萧纲竟然把防守宣阳门的任务交给萧正德。萧正德率众迎接侯景入宣阳门后自称帝，以侯景为丞相。随即，侯景军攻占了宫城，派兵重重包围。太清三年（549年），侯景将梁武帝禁闭在文德殿。梁武帝忧愤交加，膳食断绝，被活活饿死。

侯景的到来，让地图再次蒙受了劫难。

侯景在攻入建康城后，告诉诸将，要杀个干净，好让天下人知道他的威名。于是，建康城内的金银宝饰财物被抢劫一空，宫阙图书文物多被烧毁，其中祸及好不容易在战乱和历朝更迭中保留下的地图典籍。

多年繁荣鼎盛的建康，经过这次战乱，几乎荡然无存了。太清三年（549年），侯景与萧正德发生矛盾。萧正德密召鄱阳王萧范，要他带兵讨侯景。侯景获得消息，杀萧正德，立太子萧纲为帝，是为梁简文帝。大宝二年（551年），侯景又废杀简文帝，立豫章王萧栋为帝。不到三个月，又废萧栋，将他锁在密室里面。后来觉得废立皇帝没意思，侯景索性自己当起皇帝来，称汉皇帝。

侯景军攻破建康以后，分兵三路，一路向三吴地区进军。三吴是建康经济的主要来源，侯景军据有三吴，烧杀掳掠，无恶不作，致使当地经济凋敝。侯景另一路军攻破广陵，广陵几乎成了一座空城。侯景军还有一路沿长江西进，破江州、郢州，逼近江陵。

梁武帝萧衍第七子萧绎是荆州刺史、都督中外诸军事，危急之下向西魏求援，以割汉中给西魏为代价，助梁军击溃侯景军，夺回江州和郢州。

侯景之乱，西魏趁乱夺取了萧梁的巴蜀及荆襄等地，使得梁朝的国土在短短几年之内就只有沿长江下游一带而已。

萧绎则受益西魏相助，在江陵称帝，即梁元帝。

南朝梁承圣三年（554年），西魏领兵五万进犯江陵。次年江陵陷落，梁元帝焚烧包括地图在内的朝廷典籍，旋即被杀，时年47岁。西魏军将朝臣与百姓中强壮者都掠走，江陵几乎成了一堆废墟。地图也随之和梁王朝作别，不再为其带来任何希望。

江陵陷落后，大将军王僧辩和交州司马陈霸先意图迎接梁元帝第九子、仅13岁的晋安王萧方智为帝，并先立其为梁王。

不料，萧方智到建康不久，北齐乘虚而入。原来，北齐文宣帝高洋不甘心西魏势力南扩，也想趁梁国破败前来瓜分土地，打算把俘虏来的贞阳侯萧渊明推上梁国帝位。

屈从于北齐压力，萧渊明入建康即皇帝位，改元天成，梁王萧方智则为太子。

陈霸先内心不愿意立萧渊明为帝。他没把账算在北齐头上，而是归罪于王僧辩单方做主擅自废立。为此，陈霸先率兵突袭石头城。王僧辩猝不及防，很快就被俘，马上又被绞杀。萧渊明只得退位，让萧方智即皇帝位，改元绍泰，是为梁敬帝。

萧方智在位期间"征伐有所自出，政刑不由于己"，大小事情都由陈霸先控制。

随着基本控制了长江下游地区，陈霸先觉得时机已经成熟，便在太平二年（557年）废掉梁敬帝萧方智，自己在建康称帝，建立陈朝，是为陈武帝。自此，梁朝灭亡。南陈是南北朝时期南朝的最后一个朝代，传五帝，共历32年。

其时，萧氏后代又在取代北齐的北周控制下建立西梁，延续着萧氏国统，实际上不过是附属于北周的一个傀儡政权，最终在开皇七年（587年）被隋朝废除，共传西梁宣帝萧詧、明帝萧岿、后主萧琮三世，存在33年。

陈朝疆域在南朝诸国中为最小，仅能控制江陵以东、长江以南、交趾以北的地区，人口仅有"户六十万"。

陈霸先立国之初，号令不出建康千里之外。虽崇尚节俭，奈何兵祸连连，百废待兴。在位三年，能做的也无非是让江南局势略微稳定罢了。

永定三年（559年），陈武帝陈霸先去世，太子陈昌还被扣在北周做人质，皇后章要儿便与朝臣蔡景历等人商议，急速征召身为临川王的陈蒨入宫继位，是为陈文帝。

陈文帝在位时期，注重农桑，兴修水利，使江南经济得到了一定的恢复，是南朝历代皇帝中难得一见的贤明之君。

天康元年（566 年），陈文帝去世，皇太子陈伯宗即位。叔父安成王陈顼和仆射到仲举、舍人刘师知等人都接受遗诏辅佐朝政。

陈顼专政，在太建元年（569 年）正月，陈顼自立为帝，是为陈宣帝，陈伯宗不明不白地死去，年仅 19 岁，史称陈废帝。

陈宣帝在位期间，听闻北周灭北齐，即乘机争夺淮北地区，不料出师未捷。从大格局战略来看，北齐衰乱已极，倘若陈军能够乘势前进，可能消灭北齐。可是陈宣帝进图淮南，其目的还在于划淮而守，苟安江南，因此停兵淮南，坐失灭齐的良机。此后北周就把兵锋指向了淮南，到翌年冬，江北、淮南尽被北周夺走，陈氏的江东政权摇摇欲坠了。

陈朝最后的君主陈叔宝是宣帝长子，太建十四年（582 年）即皇帝位，是为陈后主。

其时，北朝已成为隋文帝杨坚的地盘。正值大隋开国之初，文帝有削平四海之志，隋军东接沧海，西距巴蜀，旌旗舟楫，横亘数千里，岂容南朝陈垂死挣扎。

可江南这边，陈叔宝荒废朝政，耽于酒色，醉心诗文和音乐。和地图有点关系的事情，也是寻欢作乐，奢靡所欲，譬如他下令建大皇寺，内造有地图绘画元素在内的七级浮图，工程尚未竣工，为火所焚。

祯明三年（隋开皇九年，589 年）正月，隋兵自广陵渡过了长江。

面对隋朝兵马来袭，众军也一哄而散，城内文武百官皆遁，朝堂为之一空，后主吓得魂不附体，只能投降。南陈亡。

在攻破南陈的宫城后，隋军一面扫荡残敌，一面给予宫城中仅有的地图和典籍极高的礼遇。包括地图在内所有的图书典籍都被一一整理核对，仔仔细细清查后，押运回长安。

至此，南北朝结束，隋朝一统中国，结束了数百年四分五裂的乱世局面。而地图也做好准备再次迎来生机，在新的统一王朝中再现荣光。

魂断隋宫

隋（581—618年）

581年，杨坚夺取北周政权，建立隋朝，定都长安（今陕西西安）。589年，隋灭陈，统一全国，结束了西晋末年以来长期分裂割据的局面。隋朝疆域，东到东海，南到南海，西到今新疆东部，西南至云南、广西和越南北部，北到内蒙古北部，东北至辽河。隋时期，周边地区分布着突厥、铁勒、室韦、契丹、靺鞨、附国等部族和政权。

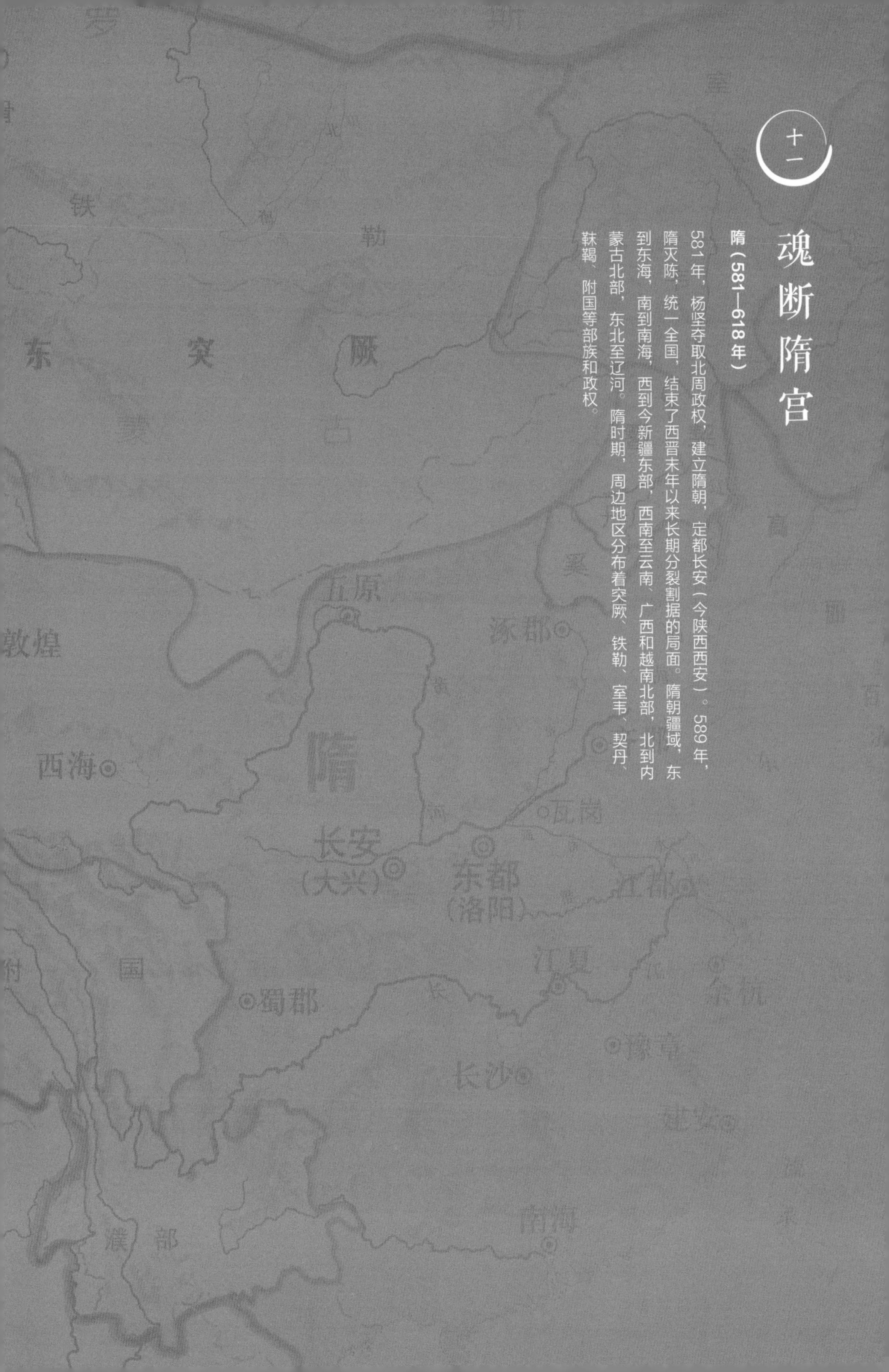

铁勒

东　突　厥

勒

蒙　古

高

五原

涿郡

奚

敦煌

西海◎

隋

瓦岗

长安
（大兴）◎

东都
（洛阳）◎

郡

江夏

杭

蜀郡◎

豫章

长沙

南海

建安

国

罗

斯

附

濮部

任何一个王朝的崛起，户籍版图必受重用。任何一次政权的更迭，宫廷地图总要遭受无妄之灾。

地图之生之死，看似风轻云淡，实则蕴含着王权的交替与天命的轮回。

正所谓以图治邦，兴也；遗图而奢，亡也。

《隋书·地理志》开宗明义地阐述了地图的极端重要性："自古圣王之受命也，莫不体国经野，以为人极。上应躔次，下裂山河，分疆画界，建都锡社。是以放勋御历，修职贡者九州。"

隋王朝的建立，既是机缘巧合，也是大势所趋。

从两晋分裂，历经五胡乱华，天下混战，再到南北朝对峙，轮番登场的各路政权缔造者，或大或小，或南或北，或汉或胡，都曾梦想一统南北，拥有全部疆域版图，成为天下共主。可惜，上天并没有给他们机会。饶是前秦、北魏曾有的铁甲雄主，在兼并诸国意在一统时，也不过是有机缘而无天命，最终来去如烟，水中捞月，镜中看花，空欢喜一场。

天下大势分久必合。隋王朝的兴起，正赶在了这样的节骨眼上。王朝缔造者杨坚的勃勃雄心，天下百姓强烈渴盼太平盛世的到来，都给天下统一带来难得的良机。而地图，也在这样的历史大背景下，得遇杨氏慧眼，备受天子推崇，自然就为天命王权予隋起到了推波助澜和相辅相成的作用。

隋朝享国38年，国祚并不绵长。但从另一个角度来看，它是中国历史上承南北朝、下启李唐的大一统朝代，奠定了盛唐的基础，结束了华夏大地持久的分裂。

说起来，隋文帝杨坚夺得天下，殊为不易。

在一盘散沙上建立中央王朝，需要的不只是勇气和智慧，以及天数与命运，还有捍卫王权的独特工具。

地图，便是这样的工具。

大定元年（581年）二月，北周静帝宇文阐禅让帝位于杨坚，杨坚改国号为隋，是为大隋开国皇帝隋文帝，定都大兴，改元开皇，宣布大赦天下。

尽管隋军很快俘获陈后主攻灭南陈，同时解决了西梁小朝廷，将天下南北疆域尽数归隋，但杨坚手里的版图，其实是满目疮痍的烂摊子。之前无论南北朝的任何政权，诸位末代君主无不是昏庸无能、残暴跋扈之辈。天下四分五裂，百姓苦不堪言，百业凋敝待兴。

要想王朝被天命所赐，非强国富民不可。然而，单是抚平乱象，整顿混乱的朝政，就不是一件容易的事情。

隋文帝此人，意志极为坚强，忍耐力极高。前北周宣帝的皇后杨丽华是杨坚的长女。这对翁婿本来还算和睦，可随着杨坚在朝廷的地位和威望日益强大，周宣帝便十分忌惮不忿。周宣帝有四位宠幸的姬妾，与杨丽华一起均为皇后。诸宫争宠，相互诋毁对方。周宣帝发怒之时，对杨丽华恐吓说："一定要将你家灭族！"甚至还真的召杨坚入宫，对左右侍卫说："杨坚的脸色稍有变化，就杀了他。"不料杨坚到了宫内，神情和脸色自若，周宣帝没能找到诛杀岳父的借口，却给了杨坚图谋政权，自立为帝的机缘。

天命所归，成为天子的杨坚很是看重地图在王朝霸业中的特殊作用。诸多制度的建立，以及利益分配、政治经济改革、王朝宫城兴建，地图都充当着重要角色。

因此，大隋开朝，地图也从乱世中苏醒过来，开启了朝气蓬勃的新历程。

显然，王朝的存在与兴盛，首要前提便是土地人口的有效管理和税赋的征收。隋文帝时期的"开皇之治"，第一件事情就是一场全国性的土地测绘，是为均田制。

均田本是北魏孝文帝改革的一项开创性措施。当时北方经过了长期的战乱，人口凋敝，土地荒芜，富豪兼并土地的现象十分严重，中央政府掌握的人口数很少，影响了赋税的征收。北魏太和九年（485年），北魏孝文帝依照汉人李安世之议，颁布均田令，宣布按人口数来分配田地。从此均田制开始实行。但到了北魏分裂以后，这项制度就逐渐废弛了。

掌握全国户籍人口，对土地进行丈量，进行土地再分配，历来是地图最为政权建立者看重的功能。隋文帝的均田制，与北魏有诸多不同。隋制18岁为"丁"，21岁为"成丁"。成丁便可授田并课役，60岁则还田。而贵族官吏有受田之优待。开皇二年（582年），隋文帝敕令，官宦永业田与其品级相适应，自诸王以下至都督，多至百顷，少至40亩。同时，内外官按其品级高低授给职分田（职田），多至五顷，少至一顷。内外官署还授给公廨田，以供公用。

均田制的实施，必然要以地图测绘为先导，以此肯定土地的所有权和占有权，减少田产纠纷。如此一来，有利于无主荒田的开垦，有利于穷苦百姓的基础利益，因而对农业生产的恢复和发展起了积极作用。

与均田制相匹配的户籍和税赋改革，隋文帝施行的是"大索貌阅"和"输籍之法"。

大索貌阅是严密清查户口的一项措施。开皇五年（585年），隋文帝下令在全国各州县大索貌阅，核点户口。所谓"大索"就是清点户口，并登记姓名、出生年月和相貌，目的在于搜括隐匿人口；所谓"貌阅"，则是将百姓与户籍上描述的外貌一一核对，目的在于责令官员亲自当面检查年貌形状，以便查出那些已达成丁之岁，而用诈老、诈小的办法逃避承担赋役的人。

南北朝以来，户口隐匿日趋严重，国家所能直接掌握的劳动力减少，而地方豪强地主占有的人口增多，严重削弱了中央政府的力量。如在北方，由于规定未婚只缴半租，有的地方户籍上都不见有妻子的登录。有的豪强大族，一户之内有数十家，人数多达数万，国家赋税收入因此锐减。

隋文帝的这项改革，通过挨家挨户地检查户口，不遗漏一人，堵塞了漏洞。同步则实行"输籍之法"，即由朝廷提前定好赋税徭役数目（低于地主所收的税役）颁布天下，使豪强地主的附属户看到作为国家的编民负担更小，就愿意自动脱离豪强地主，成为国家的纳税户。此项改革，计进443000丁，新附1641500口，大大增加了政府控制的人口和赋税收入。

户籍田土问题厘清，王朝的财富积攒起来，社会趋向稳定，但行政体制和地方管理尚存诸多问题。隋文帝对这些领域的改革，也通过在版图上重新划分行政区域来实现。

本着存要去闲、并大去小的主旨，隋文帝对地方行政进行了大规模的整合。

早至北周大象二年（580年），北方已有221个州、508个郡、1124个县；萧梁大同五年（539年）时，南方也有州107个、郡586个。不少地区出现有州而无可辖的郡，郡无可辖的县；有的两州同在一地或一地有两个郡名，使地方政治制度陷于极度混乱境地。

开皇三年（583年），隋文帝尽罢诸郡，即由过去的州、郡、县三级制，改为州、县二级制，简化了地方行政层级，地方官吏概由中央任免，官吏的任用权一概由吏部掌握，禁止地方官就地录用僚佐，由此巩固了中央集权，改变了"民少官多、十羊九牧"的局面。

据统计，隋初撤销境内500多郡，全国并为311个州。中央政府开支减省三分之二，地方政府之开支减省四分之三，全国用于行政之经费，仅及南北朝时期开支三分之一而已。

析州置县，全国的疆域势必要进行舆图的绘制和编录。可随着南北朝混乱，大量图典被毁，隋王朝急需要通过民间典籍的搜集整理，以备参考。当然，王朝兴发后，社会文教事业同样需要大量书籍文献做支撑。

开皇三年（583年），隋文帝专门下诏求天下之书，而且重奖献书者，献书一卷就赏绢一匹。为此，隋文帝设立专门的监管机构秘书省，负责藏书的整理校勘工作。秘书省置监、丞各一人，郎四人，掌国之典籍图书；著作郎一人，佐郎八人，掌国史，集注起居。

通过对图书进行纂集、编目，所有的图书收藏形成一定的体系，地图类别的图记、绘图也由此得到有效的整理和保护。

隋文帝开启的收集图书举措，让隋时的藏书量蔚为壮观，计有37万卷，77000多类，其中包含了大量的地理地图类典籍。按照《隋书·经籍志》的目录来看，地图典籍蔚为可观，涵盖土地、宫城、天文、地理、军事、矿产等各个领域，如《周室王城明堂宗庙图》《月令图》《坟典》《杂兵图》《阵图》《周髀图》《浑天图记》《玄图》《天文横图》《天文集占图》《天文五行图》《天文十二次图》《天宫宿野图》《星图海中占》《地动图》《张掖郡玄石图》《晋玄石图》等。

大量珍贵的舆图重新问世，加上隋文帝诏令绘制的各类王朝新舆图，地图也便随着隋王朝"开皇之治"而再度生机盎然。

隋文帝给予地图生机，地图则馈赠给隋文帝一个盛世的雏形。单从人口计算，根据学者考证，隋朝通过接手北周、南陈的大量人口，以及清查他们留下的隐瞒户口，开皇元年（581 年），全国户口 462 万户，开皇九年（589 年），全国户口 700 多万，开皇年间最多时达到了 870 万户。

随着人口的增多，耕种面积的扩大，税赋也得到增收。自然，隋王朝就有实力进行水利、都城的建设。

营建都城和水利工程，地图依然是离不开的帮手。

长安早春，久经战乱的城内却残破不堪，满目萧条，毫无新朝气象。

而汉朝早年间所留的宫殿不仅形制狭小，而且多数非常破败，甚至"水皆咸卤""宫内多妖异"，不甚宜人，与新统一的大隋王朝格格不入。

于是，隋文帝命令在长安城东南筑新城，名为大兴城。

这项工程建设的负责人是前北周大司徒宇文贵之子宇文恺，是当时著名的城市规划和建筑工程的专家，也是一位优秀的地图学者。

早在杨坚侍周为相时，就发现了宇文恺的建筑天才，便任命其为上开府、匠师中大夫。匠师中大夫，在北周官僚体系中的职能是掌城郭、宫室之制及诸器物度量，也就是说宇文恺早就在建筑科学和工程管理方面崭露锋芒。

等隋文帝登位，立马命宇文恺负责宗庙的建设。宇文恺完工后文帝甚为满意，加封其为甑山县公，邑千户。

但建设新都城这样的大工程，需要精心测绘，编撰图册后再请旨定夺。所以，宇文恺领受任务之后，并没有急于施工，而是先参详各类典籍和古代都城舆图，随之绘制成规划设计图。

宇文恺的工程图虽然佚失，但在上奏皇帝的奏章中，尚能了解到宇文恺的建筑理念和对地图器重的痕迹。

从秦汉一直到南北朝，都城之中的城市格局没有章法，没有布局，皇宫、官署、民居交错相处，十分杂乱。

正是宇文恺在规划大兴城时吸取了曹魏邺城、北魏洛阳城的经验，在方整对称的原则下，沿着南北中轴线，将宫城和皇城置于全城的主要地位，郭城则围绕在宫城和皇城的东、西、南三面。分区整齐明确，象征着皇权的威严，充分体现了中国古代京都规划和布局的独特风格。

从开皇二年（582 年）正月开工到翌年三月竣工，大兴城建成后，都城的均衡对称格局开始形成，街道整齐划一，南北交错，东西对称，大街小巷，井井有条。

作为宫城的一部分，隋王朝的明堂更是朝廷的脸面。

所谓明堂，原本是周代朝廷的前殿，传说其形制是周公所立，并"朝诸侯于明堂，制礼作乐，颁度量，而天下大服"。后世追崇周制，把明堂制度神圣化，成为王朝举行大典和宣明政教的大殿，凡朝会及祭祀、庆典、选士、教学等大典，都在其中举行。

宇文恺在设计时，除引经据典，考证制度，附有建筑设计图之外，还有立体木制建筑模型。对于地图的绘制过程，其在《明堂议表》中表述得很清楚。宇文恺认为晋代裴秀绘制的舆图，以二寸为千里，而他的设计地图，则用"一分为一尺"，而且这样做，是因为"皆出证据，以相发明"。

宇文恺所营造的明堂远寻经传，傍求子史，研究众说，总撰今图，把格局、考据、形态用地图绘制得十分清楚详细。从他所绘制的建筑图和据此制作的木制立体模型，完全可以推断出已经使用了比例尺。这种利用比例关系绘制建筑图和制作立体建筑模型的方法，无疑推动了中国地图绘制学的进步。

大兴城城址位于渭水南岸，西傍沣河，东依灞水、浐水，南对终南山。宇文恺还根据其地理环境和河道情况，开凿了三条水渠引水入城。城南为永安渠和清明渠，城东为龙首渠，龙首渠又分出两条支渠。三条水渠都分别流经宫苑再注入渭水，不但可以解决给排水问题，而且可以进行生活物资的运输。当时，这简直把现代的生态文明建设彰显得淋漓尽致。

自然，没有参考古今舆图，查勘实际地理环境，如此精妙的设计和施工是万万做不出来的。

正是宇文恺主持的隋王朝大工程用图讲究，设计合理，所以颇受皇帝的赏识。

宇文恺除宫城的水渠开凿之外，在开皇年间还主持了王朝的大型水利工程建设。隋开皇四年（584 年），隋文帝以渭水大小无常，流浅沙深，常阻塞漕运，故命宇文恺率领水工另开漕渠。因渠经渭口广通仓下，故名"广通渠"。此渠自大兴城西北引渭水，略循汉代漕渠故道而东，至潼关入黄河，长 300 余里。又因渠下人民颇受其惠，亦称富民渠。仁寿四年（604 年），又改名永通渠。

"开皇之治"，大量工程推动了地图的测绘制作，地图的绘制亦加快了王朝崛起的步伐。

等到隋文帝晏驾归天，隋炀帝杨广继位后，宇文恺更加被重用。

隋炀帝和乃父比起来，更加豪情万丈，对奢华的要求，对地图的重视，堪称历代帝王之最。

大兴城的落成，主要是隋文帝的功绩。隋炀帝则还想营建东都洛阳，建一座比大兴城更加恢宏的王城。

建城的重任自然还落在宇文恺身上。

宇文恺负责规划、设计的洛阳城穷极壮丽，其规模之大和动员人力、物力、财力之巨，都是空前的。在原洛阳城西建有城池宫室，参加修建的壮丁达数十万人。

洛水由西向东穿城而过，将东都分为南北二区。由于地形的关系，东都不似大兴城那样强调南北中轴线和完全对称的布局方式，平面呈南宽北窄的不规则长方形。东都由宫城、皇城、郭城构成，其宫城、皇城建于西北部。整个东都规划力求方正、整齐。

尤为可贵的是，宇文恺建造完东都洛阳后，特意将他绘制的所有地图编绘为一本 20 卷的《东都图记》，以备宫藏和后人参考，可惜佚失无存。

大业三年（607 年）六至八月，宇文恺跟随隋炀帝北巡。隋炀帝觉得要江山永固，必须加大军事防御设施的建设，于是命令宇文恺修筑长城。

长城施工，宇文恺再度绘制草图，仅用三月有余，就修筑完成榆林至紫河一段长城。此次修城的过程中，宇文恺还创制了三项活动性的建筑物。

其一是大帐。隋炀帝北巡，宇文恺所营造的大帐竟然可以坐下数千人。其二是观风行殿，上面为宫殿式木构建筑，可以拆卸和拼装；下面设置轮轴机械，可以推移，也可以容纳侍卫数百人。其三是行城，周长两千步，绘制精美的装饰，一众西域诸国以为是神仙所造。

从这些大型的活动性建筑可以看出，宇文恺在设计和机械制造方面有着很高的造诣。如若没有完备详细的绘图，工匠们很难完成这样精妙的工程。

比起隋文帝的"抠门"，隋炀帝就大方得太过了。治国大方，在地图绘制使用的投入上也空前大方。

针对全国性舆图的缺失，隋炀帝诏天下诸郡纂修图经，由尚书左丞郎蔚之负责整体编撰，合成一本全国性总志，共计 100 卷，名为《诸州图经集》。郎蔚之以干练有文采著称，这本《诸州图经集》深得隋炀帝欢心，得赐锦 300 段。《诸州图经集》不是简单的地图集，除了地图之外，载述隋郡县山河的地理位置、名称及其由来、古今沿革与变化，还有各地名胜古迹、民风民俗和各种传说。这本图记，配合隋炀帝再度进行的州郡改革，让全国各州各郡的地理位置、人口户籍、资源特色一目了然。

《诸州图经集》之外，为更加清楚天下诸郡的风俗人情、地方物产，隋炀帝大业五年（609 年）下诏起居舍人崔赜主撰《区宇图志》。《区宇图志》是地方志发展史中图经阶段的重要著作，崔赜成书 250 卷。隋炀帝很不满意，其中最重要的一点就是地图绘制不足。隋炀帝要求"叙山川则卷首有山川图，叙郡国则卷首有郭邑图"，也就是任何一个篇章的开篇都要用地图来标示。后来，下诏命朝臣虞世基、许善心增补，最终成书 600 卷，后重修为 1200 卷，可见增补内容之多，尤其地图的增补量非常多，不仅出现了山川、郡国都有地图相附，连同城隍庙这样的建筑都有地图绘制，而且还用文字一一详细介绍和标注。

《区宇图志》是一部包括隋王朝州郡沿革、山川河流、风俗物产、郡国地形等详细的综合性大型图志，是地图史上一件极为重要的大事。特别是长期的分裂，导致全国性舆图的缺失，因为隋炀帝的贡献，让一统天下的隋王朝得以绘制全国性的舆图，大大推动了地图的发展。

江山美人，隋炀帝都喜欢。

为了江山，隋炀帝最想开疆拓土，希望地图助他成就大业。何况，隋炀帝的年号便是大业，代表着他希望成就比其父更远大的志向。

西域诸国，风情各异。自打隋炀帝继位后，西域诸国纷纷前往张掖，同中原往来通商。当隋炀帝发出若能将西域并入大隋版图的感慨时，负责西域通商事务的吏部侍郎裴矩深知朝廷对西域诸国了解不足，贸然出兵肯定得不偿失。于是主动走访了解西域地理物产，绘制相关地图，撰述相关情报，为完成隋炀帝经略西域提供最重要的参考资料。

裴矩从大业二年（606 年）正月开始撰写《西域图记》，为了使各项数据准确，他对西域来的商人都进行访问，搜集到四十四国山川、姓氏、风土、服章、物产等资料，并借助不同的商人进行核实对照，最终完成的《西域图记》共有三卷，并绘有相关的地图。

当裴矩完成《西域图记》回朝奏明朝廷后，隋炀帝大喜，每日都向他询问西域情况。裴矩盛赞西域珍宝，并提议吞并吐谷浑。不久，裴矩升任黄门侍郎、参预朝政，并前往张掖，经略西域。引导西域蕃邦入京朝贡。

裴矩既是一个对地图绘制有心得的学者型人才，也是一个八面玲珑的外交天才和深藏不露的情报高手。

大业四年（608 年），裴矩游说铁勒，让他们出兵攻打吐谷浑。吐谷浑大败，可汗伏允向隋朝遣使请降，并求取救兵。隋炀帝命杨雄、宇文述率军迎接。伏允畏惧隋军，不敢投降，率部西迁。宇文述攻入吐谷浑境内，夺取曼头、赤水二城，掠夺大量人口。吐谷浑大举南迁，其原有领土东西四千里、南北二千里皆被隋朝占领，隋王朝的版图得到大大的扩充。

大业五年（609 年），裴矩遣使游说高昌王麹伯雅与伊吾吐屯设等人，许以

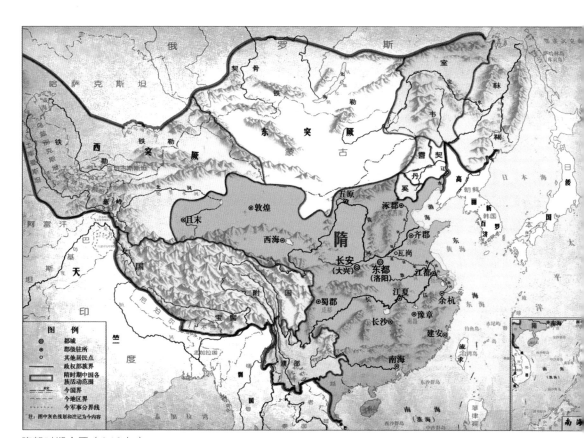

隋朝时期全图（612 年）

厚利，让他们派使者入朝。三月，炀帝西巡，到达燕支山。高昌王、伊吾吐屯设等人与西域二十七国国主亲自相迎，焚香奏乐，歌舞喧哗，还让武威、张掖等郡百姓穿着盛装跟随观看，车马堵塞，绵延十余里，以显示中原的强盛。隋炀帝非常高兴，进封裴矩为银青光禄大夫。

大业五年隋炀帝西巡时，召西突厥的泥撅处罗可汗（简称处罗可汗）会于大斗拔谷，处罗可汗托故不至，炀帝大怒。裴矩献上反间计，诱使西突厥西面的射匮可汗（达头可汗孙）发兵袭击处罗可汗。处罗大败，逃至高昌境内。炀帝遣使前往说服其子入朝，裴矩通过制造地方政权内部混乱，暂时消除了威胁隋王朝的隐患。

大业十年（614年），裴矩随隋炀帝前往怀远镇，并总领北蕃军事。他欲分化东突厥始毕可汗的势力，便建议将宗室女嫁给始毕之弟叱吉设，并封其为南面可汗。叱吉设未敢接受，而始毕可汗也心生怨念。裴矩又进言："突厥人本来很单纯，容易离间，但有很多狡猾的西域胡人为他们出谋划策。其中史蜀胡悉最为诡计多端，备受始毕信任，必须除掉此人。"在得到炀帝的同意后，命人将史蜀胡悉诱骗到马邑互市，加以杀害，并遣使回报始毕可汗，称史蜀胡悉背叛可汗。但裴矩这次栽了跟头，始毕可汗知道事实真相后，从此不再向隋朝朝贡。

而为了美人，隋炀帝营造各种楼台花园，乃至千里运河，只为博得嫔妃一笑，当然也要通过绘制地图出力。

尽管有隋文帝开皇之治的财力支持，但隋王朝因为用兵、宫城营造已经引发了财政危机和百姓不满，隋炀帝却不愿及时调整策略，反而沉溺酒色，在各地大修宫殿苑囿、离宫别馆，其中著名的有显仁宫、江都宫、临江宫、晋阳宫、西苑等。

这些宫苑的营建都离不开地图的绘制设计，虽然在地图制图事业方面有积极的一面，对国计民生却是贻害无穷。

大业元年（605年），杨广下令修建显仁宫，将大江以南、五岭以北的奇材异石运到洛阳，又用海内的嘉木异草、珍禽奇兽充实园苑。

这还远远不够，隋炀帝所营造的西苑，方圆二百里，苑内有海，周长十余里。海内建造蓬莱、方丈、瀛洲诸座神山，山高出水面百余尺，台观殿阁星罗棋布地分布在山上，无论从哪方面看都如若仙境。苑北面有龙鳞渠，曲折蜿蜒地流入海内。沿着龙鳞渠建造了十六院，院门临渠，每院以四品夫人主持，院内的堂殿楼观，极端华丽。宫内树木秋冬季枝叶凋落后，就剪彩绸为花和叶缀在枝条上，颜色旧了就换上新的，使景色常如阳春。池内也剪彩绸做成荷、芰、菱、芡。炀帝来游玩，就去掉池冰布置上彩绸做成阳春美景。十六院竞相用珍馐一比高低，以求得到天子的恩宠。隋炀帝则喜欢在月夜带领数千名宫女骑马在西苑游玩。

如此奢靡无度，造成百姓苦役，天下遂乱。

尽管隋炀帝围绕王朝的百年基业，也有过一些大型工程的业绩。如大业元年（605 年），隋炀帝即位第一年就修阳渠故道、汴渠故道为通济渠，同年修东汉陈登所开的邗沟直道；大业四年（608 年），又征发河北民工百万疏浚汉代屯氏河、大河故渎与曹操所开白沟为永济渠；大业六年（610 年），疏浚春秋吴运河、秦丹徒水道、南朝运河为江南河。至此，开凿大运河的工程基本完成，为后来的航运和漕运起到积极作用。这些工程自然需要地图的辅助，也会推动水利地图的进步，但从全局来看，隋炀帝操之过急，民众苦不堪言。

可隋炀帝似乎对此满不在乎，年年出巡，曾三游扬州，两巡塞北，一游河右，三至涿郡，还在长安、洛阳间频繁往还。每次出游都大造离宫。仁寿四年

隋唐大运河示意图

（604年）十一月，他为了开掘长堑，调发今山西、河南几十万农民；次年营建东都洛阳，每月役使丁男多达两百万人；自大业元年（605年）至大业六年（610年），开发各段运河，先后调发河南、淮北、淮南、河北、江南诸郡的农民和士兵300多万人；大业三年（607年）和大业四年（608年）在榆林（今内蒙古托克托县西南）以东修长城，两次调发丁男120万，役死者过半。总计十余年间被征发扰动的农民不下千万人次，造成"天下死于役"的惨象。

到了大业七年（611年），王薄率领民众起义，隋末农民起义终于爆发。

大业九年（613年），农民起义不仅遍及山东、河北等地，而且发展到全国范围。在大业九年上半年，平原、灵武、济北、济阴、北海等地均爆发农民起义。

如前文所叙，隋王朝通过绘制天下图经，掌握了全国各地的种种详细情况。隋炀帝为遏止起义力量发展，下诏书要求各地郡县、驿亭、村坞筑城堡，将民众迁往城堡中居住，于近处种田，想控制农民反对他的暴政。

但事与愿违，大业十二年（616年），杨广从洛阳去江都。次年四月，李密率领的瓦岗军逼围东都，并向各郡县发布檄文，历数杨广十大罪状。

本该噩梦惊醒的隋炀帝还是不愿意接受现实，在江都却越发荒淫昏乱，竟然命选江淮民间美女充实后宫，每日酒色取乐。更为荒唐，或者自暴自弃的是，隋炀帝居然引镜自照，预感末日将到，对后宫和臣下说："好头颈，谁当斫之！"

大业十三年（617年）五月，李渊在晋阳起兵，同年十一月攻入长安，拥立杨侑为皇帝，遥尊杨广为太上皇。

隋炀帝这位给地图事业带来不容忘却的功勋的天子，仿佛天命已尽，不再抱有还都洛阳，再振雄风的期望，而是命令修治丹阳宫（今南京），准备迁居那里。从驾的都是关中卫士，他们怀念家乡，纷纷逃归。这时，虎贲郎将元礼等，与直阁裴虔通共谋，利用卫士思念家乡的怨恨情绪，推宇文述的儿子宇文化及为首，发动兵变。杨广闻变，仓皇换装，逃入西阁，被叛军裴虔通、元礼、马文举等逮获。杨广欲饮毒酒自尽，叛军不许，遂命令狐行达将其缢弑，时年50岁。

这位一生霸气十足、帝王中少有的雄主，不顾实际，劳民伤财，最终死后由皇后和宫人拆床板做了一个小棺材，偷偷地葬在江都宫的流珠堂下，结束了其争议极大的天子生涯。

关于隋炀帝的种种是非，暂且不予置评。但仅论其对地图的重视及推动地图的发展而言，隋炀帝的的确确具有诸多开拓性的贡献，特别是全国性的测绘制图，给随后的李唐提供了直接的治国参考。而大运河等工程，也为盛唐奠定了良好的基础，相关制图，也对后来的水利建设大有裨益。至于军事外交，虽然有胜有败，但从疆域版图来讲，隋王朝尤其隋炀帝任内，还是增加了不少。

隋王朝虽然短暂，但地图人才还是不少。除之前提到的裴矩、郎蔚之等人，还有不知作者为何人的《诸郡物产土俗记》131卷，编撰了地方的物产地图。还有杰出的天文大地测量学家刘焯，对《九章算术》《周髀算经》《七曜历书》等十几部涉及日月运行、山川地理的著作悉心研究，著出了《稽极》《历书》和《五经述议》，这些都成为当时的天文名著。刘焯在历法中首次考虑太阳视差运动的不均匀性，创立用三次差内插法来计算日月视差运动速度，推算出五星位置和日食、月食的起运时刻，对天文图的绘制乃至历法的进步都有卓越的贡献。

恢宏壮观的大隋宫殿，天子终究还是匆匆过客。隋炀帝魂断，隋王朝覆灭，是隋朝的气数已尽，还是地图的气势太过凌厉，让隋王朝用力过猛，天命王权不再停留，欲改朝换代寻找新主人了？

十二 大唐芳华

唐（618—907年）

618年，李渊建立唐朝，定都长安（今陕西西安）。唐前期，降服东、西突厥，先后设立安西都护府和北庭都护府，加强对西域的管辖。同时，实行较为开明的民族政策，赢得了各族人民的尊重。回纥等部族相继臣服于唐朝。唐朝前期的疆域广大，东到东海，西达咸海，南及越南中部，北至西伯利亚，大大超过了西汉鼎盛时期。周边其他部族，如东北地区的室韦、靺鞨诸部，西南地区的吐蕃等，与唐友好往来。

结骨

骨利干

回纥

安北都护府⊙

山

庭州

河

内突

敦煌

阴山

单于都护

道

唐

河东道

鄯州

吐

长安⊙

谷

军

蕃

益州⊙

山南道

襄州

扬州⊙

杭州

景德镇

剑南道

西

江

南

泉州⊙

些

道

望部

扫码读第12、13章参考文献

"端冕中天，垂衣南面，山河一统皇唐。层霄雨露回春，深宫草木齐芳。升平早奏，韶华好，行乐何妨。"

"韶华入禁闱，宫树发春晖。天意时相合，人和事不违。九歌扬政要，六舞散朝衣。别赏阳台乐，前旬暮雨飞。"

这一支曲牌《东风第一枝》，乃是清人洪昇所作传奇《长生殿》以玄宗口吻所描述的盛唐气象。

中华几千年血脉，王朝更迭众多。历代王权，或悲或喜，或聚或散，或长或短，不一而论。唯独李唐王朝，芳华绝代。文人墨客笔下只要提及唐王朝，也多是繁花似锦般绚烂，烈火烹油般兴盛。

地图在大唐王朝，自然也是继往开来，乘风破浪，引领风潮，留下诸多的精彩演绎。当然，王权极盛则衰，地图随之也败。故而，地图在大唐，虽多芳华绝代的风采，亦有繁华落寞后无尽的感慨。

所谓盛唐，且从版图来讲，唐朝疆域在极盛时期东起朝鲜半岛，南抵越南顺化一带，西达中亚咸海及呼罗珊地区，北包贝加尔湖至叶尼塞河下游一带。开元末年，全国共有州、府328座，县1573座。唐高宗龙朔年间疆域面积极盛时达1237万平方公里。由于大唐国境内的少数民族很多，为有效管理突厥、回鹘、铁勒、室韦、契丹、靺鞨等各民族，唐王朝还分别设立了安西、安北、安东、安南、单于、北庭六大都护府，以及大量隶属于六大都护府的都督府和羁縻州。真可谓大唐气象，四海升平。

地处汾河沿岸的晋阳，既是李唐龙腾四海的潜邸，也是大唐开国皇帝李渊起兵反隋的谋划地。

大业十三年（617年）五月，唐国公李渊于晋阳率军三万誓师，以"废昏立明，拥立代王，匡复隋室"的名义正式起兵直趋关中，一路势如破竹，同年十一月占领长安，遥尊隋炀帝为太上皇，拥立其孙代王杨侑为帝，即隋恭帝，改元义宁。

隋恭帝则封李渊为唐王、大丞相、尚书令，以李建成为唐王世子，李世民为京兆尹，改封秦国公，封李元吉为齐国公。这样，李氏父子完全控制了关中局势。

义宁二年（618年）三月，隋炀帝在江都被隋禁军将领兵变杀死。五月，隋恭帝被迫禅位于李渊，李渊即皇帝位，国号唐，建元武德，定都长安，是为唐高祖。高祖册长子李建成为太子，次子李世民为秦王，四子李元吉为齐王。

隋王朝一梦而醒，大唐李氏王朝则顺势崛起。

似乎轮回一般，新王朝建立后，用到地图的第一件事情总是丈量土地，区划田亩，重新确立赋税。

李唐王朝自然也不例外。

唐高祖武德二年（619年），朝廷宣布实行租庸调制。所谓"租庸调制"，即规定每丁每年要向国家交纳粟二石，称作租；交纳绢二丈、绵三两或布二丈五尺、麻三斤，称作调；服徭役20天，闰年加二日，是为正役，国家若不需要其服役，则每丁可按每天交纳绢三尺或布三尺七寸五分的标准，交足20天的数额以代役，这称作庸。国家若需要其服役，每丁服役20天外，若加役15天，免其调，加役30天，则租调全免。通常正役不得超过50日。若出现水旱等严重自然灾害，农作物损失十分之四以上免租，损失十分之六以上免调，损失十分之七以上，赋役全免。

均田制则作为这项制度的基础部分继续施行，丁男20岁以上，授田百亩，其中20亩为永业田，80亩为口分田，死后还田。政府依据授田纪录向人民征收租庸调。

租庸调在唐初配合均田制的情况下，利民利国，收益颇多。但租庸调是依照完整户籍来征收赋役的，到开元时代，承平日久，官员疏于整理，丁口死亡、田亩转让等未记入户籍，国家于是失去征税根据，德宗时，情况更坏至不可挽救的地步，造成有田者不纳税，无田者仍要负担之情况，此举造成人民逃亡，而赋税却由逃亡户的邻保代交，称为摊逃，结果更引发了恶性循环的逃亡潮，迫使朝廷不得不放弃租庸调。

作为大唐开国皇帝，唐高祖李渊的帝位更多是在抢夺天下、稳定政权的讨伐中度过。如果受惠于地图，也多是排兵布阵，军事用图，具体到民政、经济、社会等事务虽有一些，但说不上革故鼎新。

唐朝建立之初，疆土只限于关中和河东一带，尚未完全统治全国。因此，李渊经常派遣儿子李世民、李建成、李元吉出征，逐步消灭各地割据势力。直到武德七年（624年），隋朝末年河北农民起义军领袖高开道为其部下张金树所杀，张金树降唐，唐军又消灭了江南的农民起义军领袖辅公祏势力，才终于一统天下。

从一统天下到传位次子李世民，李渊真正的和平执政时间不过两年而已。

在这看似风平浪静的两年时间内，王朝隐患从内而外，从宗室到朝臣，一直暗波涌动。

从晋阳起兵到征伐诸强，战功赫赫的秦王李世民曾被李渊许诺立他为太子。但李渊登基后，立长不立次，李建成成为太子，遂引发李世民不满。

实质上，随着李世民在外屡立战功，威望日高，李渊先后封他为司徒（三公之一）、尚书令（相当于宰相）、中书令（亦相当于宰相），乃至无可再封时，便创造了史无前例的"天策上将"之职授予他，位在诸王之上，在朝中的地位仅次于高祖本人和太子建成。

但李世民要的是天子尊位，在他看来，尽管李渊称帝名正言顺，但自己也是天命王权的真命天子。他在朝中不仅有大量的支持者，就连王府之内也是人才济济，已经形成了实力极大的秦王党。

武德九年六月四日（626年7月2日），李世民在帝都长安城宫城玄武门附近射杀皇太子李建成、齐王李元吉，史称"玄武门之变"。

此时，湖光潋滟的宫内海池龙船上，兴致勃勃的高祖皇帝正在和嫔妃荡舟嬉戏。接到政变的消息后，高祖一愣，旋即明白木已成舟，无可奈何，只能苦笑着说："好，很好！"

事后，李世民杀李建成、李元吉诸子，并将他们从宗籍中除名。

高祖皇帝李渊眼看大权旁落，就立李世民为太子，下诏说："自今以后军国事务，无论大小悉数委任太子处决，然后奏闻皇帝。"

武德九年八月初八（626 年 9 月 3 日），高祖颁布制书，将皇帝位传给太子李世民，自为太上皇。

武德九年八月初九（626 年 9 月 4 日），太子李世民在东宫显德殿即皇帝位，是为唐太宗，并大赦天下，改元贞观。

唐太宗李世民的血腥登场，却带来史称"贞观之治"的鼎盛王朝。

并未在夺嫡过程中建立寸功的地图，却因为王朝的鼎盛、天子的善待，也迎来自己璀璨夺目的历史新高峰。

或许是马上皇帝的缘故，唐太宗对于王朝版图的渴望从未停止。唐太宗在位期间武功全盛，将唐帝国发展为当时东亚地区国力最强、文化最盛的国家。

贞观四年（630 年），李世民令唐军出师塞北，挑战东突厥在东亚的霸主地位。在大将李靖的调遣下，灭东突厥，太宗皇帝被西域诸国尊为"天可汗"。

贞观十三年（639 年），太宗以高昌王麴文泰西域朝贡，遂命侯君集、薛万彻等率兵伐高昌。次年，麴文泰病死，其子麴智盛继位，投降唐朝。太宗于是在高昌首府交河城置安西都护府，西域各国皆到长安朝贡。

唐太宗还御驾亲征高句丽，攻占玄菟、横山、盖牟、磨米、辽东、白岩、卑沙、麦谷、银山、后黄十座城，徙辽、盖、岩三州户口七万人内附。

贞观十九年（645 年），薛延陀首领多弥可汗拔灼开始和唐朝大军作战。次年，唐军反击并打败拔灼后，薛延陀部附庸回纥出兵，将他杀死。拔灼堂兄伊特勿失可汗咄摩支向唐军投降，薛延陀灭亡。

贞观二十年（646 年），唐朝在漠北设立安北都护府，在漠南设立单于都护府，建立了南至罗伏州（今越南河静）、北括玄阙州（后改名余吾州，今安加拉河地区）、西及安息州（今乌兹别克斯坦布哈拉）、东临哥勿州（今吉林通化）的辽阔疆域。

综上所叙，由于唐太宗大力推行府兵制，屡次对外用兵，经略四方，攻灭突厥汗国、吐谷浑汗国、高昌、焉耆、龟兹等西域诸国及薛延陀汗国，并且将漠南、漠北、西域、青海纳入唐朝的统治之下，还打败高句丽、吐蕃，吐蕃称臣于唐朝，是当时名副其实的东方盟主。

在军事上势如破竹，王朝疆域不断扩充的太宗皇帝，当然离不开地图的相佐。

贞观三年（629 年），高句丽遣使献《封域图》，无意中此图为攻伐高句丽提供了借鉴参照。贞观二十年（646年），太宗皇帝接受伽没路国的朝贡，地图也被列为贡品。

除此之外，大唐王朝外派的使者、僧侣，也都肩负着收集他国地理信息和地图绘制的使命。

众所周知的唐代高僧玄奘，立志"远绍如来，近光遗法"，只身到印度求取真经。他从长安出发，开始了西行求经之旅。一路上，玄奘历经千辛万苦，多次陷入绝境，最终到达了印度佛教中心那烂陀寺，在那里留学五年，之后又周游印度。

贞观十七年（643年）春，玄奘谢绝了印度众僧的挽留，携带657部佛经回国。到长安后，玄奘受到盛大欢迎，唐太宗召见了他，对他的才学十分赏识，命令宰相房玄龄选取高僧，协助玄奘翻译佛经。唐太宗还敦促他将在西域的所见所闻撰写成书，于是由玄奘口述、弟子辩机执笔的《大唐西域记》一书在贞观二十年（646年）问世。《大唐西域记》综述各国的地理形势、气候、物产、政治、经济、文化、风俗、宗教等概况。其记载的100多个城邦、地区和国家中，有一部分在中国新疆境内，有些则更远至西亚和南亚地区。

从地图价值而言，除了对各国的国情详尽介绍之外，它还勾画了一幅从中国新疆起，西抵伊朗和地中海东岸，南达印度半岛、斯里兰卡，北到中亚细亚和阿富汗东北部，东到今中南半岛的中外交通地图，堪称研究印度、尼泊尔、巴基斯坦、孟加拉、斯里兰卡等地古代历史地理的重要文献。

另外，更多散落在民间或者私人手中的地图典籍也被大唐天子所重视。

贞观初年，太宗就诏令在全国范围内收集图籍，在弘文殿聚四部群书20余万卷，在弘文殿旁建弘文馆以储图籍。以魏徵、虞世南、颜师古等著名学者、硕学之士相继为秘书监，主管国家的图书馆和藏书事业，选五品以上工书者为书手，又在弘文馆设立检校馆藏的官员，将缮写、整理、校勘图书，藏于内库，以宫人掌管。官府藏书机构除弘文馆外，另有史馆、司经局、秘书省和崇文馆等，其藏书质量和数量远远超过前代，史称"群书大备"。

这其中，不少古籍地图得到发掘和整理，自然也会使用在实践中。

如针对地方行政区域的混乱，太宗分全国为关内、河南、河东、河北、山南、淮南、江南、陇右、剑南、岭南等十道，并要求绘制《十道图》。

贞观年间，综合国力的提升促进了地图的发展，地图的重用也给贞观盛唐提供了诸多帮助。自太宗开始，唐天子对于地图在治国理政中的作用，都予以较高重视。

贞观二十三年（649年）五月二十六日，唐太宗驾崩于终南山的翠微宫。太宗第九子李治继位为帝，是为唐高宗。高宗延用唐太宗政治经济政策，勤于政事，百姓阜安，有贞观之治的遗风，史称"永徽之治"。

这一期间，高宗对外积极扩张，657年灭亡西突厥、660年灭亡百济、668年灭亡高句丽后，推动大唐王朝版图实现最大化，东起朝鲜半岛，西扩咸海，北包贝加尔湖，南至越南横山，疆土宏大，百物丰盛，维持32年之久不变。

此时，在太史局学习和研究天文、历法、算学及天象仪器的李淳风，成为太宗、高宗时期成就斐然的学者。

唐高宗麟德二年（665年），李淳风根据近40年的观测、推算，认为当时使用的《戊寅元历》漏洞百出，要求废除，另造新历，得到唐高宗的支持。他根据隋代天文学家刘焯的《皇极历》，借鉴其先进的计算方法完成新历，并很快应用，称作《麟德历》。又经过长期观察树木被风吹动的状态，在其所著的《乙巳占》中，将风划分为八级，是世界上最早给风划等级的人。

《乙巳占》10卷是李淳风一部重要的星占学著作。《乙巳占》中除去星占方法和应验情况外，还保留了许多科学史料，如天象的记录，天象的描述，当时分至点的位置，浑仪的部件及结构，岁差的计算值等。在《天数第二》一节中给出了关于天球度数、黄道、赤道位置、地理纬度（北极出地年）及其相应的计算公式。无疑，《乙巳占》对天文图的发展起到了极大的促进作用。

地图的测距、测望高远，离不开数学计算。李淳风在天文历法之外，数学上也给测绘数学提供了专著，有利于地图绘制的精准性。显庆元年（656年），于国子监内设算学馆，同时着手选编算学教科书。李淳风负责编定和注释《五曹算经》《孙子算经》等著名的十部算经。十部算经成为唐以后各朝代的数学教科书，对唐朝以后数学的发展产生了巨大的影响，特别是为宋元时期数学的高度发展创造了条件。在十部算经以后，唐朝的《韩延算术》、宋朝贾宪的《黄帝九章算法细草》、杨辉的《九章算术纂类》、秦九韶的《数书九章》等，都引用了十部算经中的问题，并在十部算经的基础上发展了新的数学理论和方法，这些都对后来的地图测绘、计算起到了积极的作用。

高宗对历史遗迹很感兴趣，一次在长安城驻跸周游时问侍臣："秦、汉以来，有几个君王建都于此？"众人面面相觑，唯独监修国史的侍中许敬宗回答说："秦朝建都于咸阳，汉惠帝才在此建城，其后有苻坚、姚苌、宇文氏的北周以此为都。"高宗又问汉武帝开掘昆明池到底在哪一年，许敬宗回答说，元狩三年（前120年），准备征伐昆明，便开挖此池以习水战。高宗看他对答如流，便命他与弘文学士考察古代宫室旧址，条列上奏。而在显庆三年（658年），许敬宗出使西域后，专门编绘《西域图记》60卷，由志文与地图两部分组成，详细介绍了中亚各地的风土人情、历史变革。高宗览奏后甚为欣悦。

显庆五年（660年）以后，高宗风疾发作，影响政务处理。皇后武则天参预国事，并称"二圣"。皇后参政，为后来武氏夺权埋下伏笔。

不过，地图依然生机勃勃，时有喜事。

高宗驾崩之后，唐中宗李显前后两次当政，共在位五年半，景龙四年（710年）六月壬午被毒死，终年55岁。

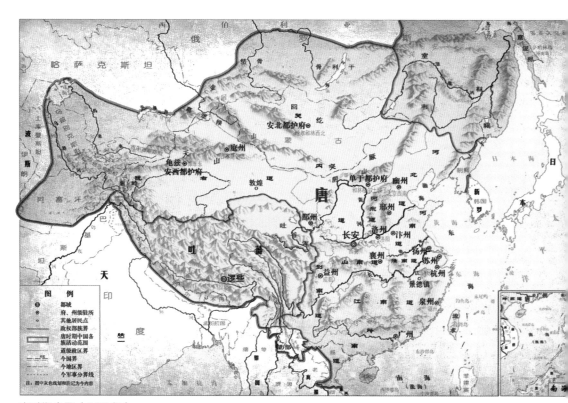

唐时期全图（669年）

中宗期间，左史江融绘制完成《九州设险图》。该图作为全国性军事地图，备载古今用兵成败之事。

作为高宗李治的第七子、武则天第三子，中宗皇帝首次继位时，庸弱无能，尊武则天为皇太后，政事皆取决于武则天。李显曾重用韦后亲戚，试图组成自己的集团。不料，武则天对中宗的举动大为恼火，继皇帝位才55天的李显被武则天废为庐陵王，贬出长安，后被软禁于均州、房州14年。李显被囚禁后不久，继位的李旦也上表逊位。

天授元年（690年），武则天称帝，改国号为周，定都洛阳，称"神都"，建立武周。武则天是中国历史上唯一的女皇帝，而且即位时年龄最大（67岁）。

女皇篡位并非临时起意，而是早就蓄谋。地图，也无意间成为女皇登基的助推器。

垂拱三年（687年）春，秉承高宗遗训，武则天决定修建明堂。实际上，明堂作为皇权天命的象征，早该修建，但当年唐高祖刚登皇位，天下尚未太平，明堂根本没时间修筑。到唐太宗时，天下倒是太平了，明堂之事也被提上了议事日程。可太宗皇帝喜欢追古制礼，此事也搁置下来。及至唐高宗时期，朝廷终于重议明堂方案，还没来得及建造，高宗便一病不起，建造明堂的事宜实际上落在武则天的身上。她认为明堂的建筑是皇权得天命的标志和王朝国运的象征，因此对造明堂之事极为重视。可来自文武百官的纷纷议论，对明堂施工绘制之图、礼制遵循之法一直争议不断。

当时还身为太后的武则天极度反感喋喋不休的争论，于是力排众议，下令拆除紫微城的正殿乾元殿（即隋王朝乾阳殿），就地创建明堂。

所谓明堂，为周公营建洛邑所创，以明诸侯之尊卑，立天子之威严，以通神灵、感天地、正四时、出教化、崇有德、重有道、显有能、褒有行者为其象征。这样庄严的修筑，当然要精心绘制施工图。明堂虽古已有之，但各朝营建时的形制与规模不尽相同，没有一个完全统一的式样。可武则天要求这座建筑传递出"铁凤入云，金龙隐雾"的建筑理念，以此绘制成图，然后施工。

凤入云为升，龙潜雾为隐，武则天图谋为帝的野心昭然若揭。

垂拱四年（688年）十二月，明堂成，号"万象神宫"。唐明堂高294尺（88米），最高层由九龙捧举顶部的一只金凤，便是"铁凤入云，金龙隐雾"。武则天还大造舆论，公开放任百姓入紫微城参观万象神宫，让天下人都看到凤在上、龙在下的奇异景观。

垂拱五年（689年）正月，朝廷大祭万象神宫。作为太后的武则天居然身穿衮服，头戴冕旒，手持大圭，以初献的身份祭祀明堂。反倒是贵为皇帝的李旦，只是亚献，太子李宪为终献。借明堂之祭，如此明目张胆地僭越，当然是为了向天下证明她不只是"圣后"，更将是天命王权所归的皇帝。

武则天如愿以偿称帝，修筑好的明堂却在证圣元年（695年）遭遇浩劫。武则天的面首薛怀义失宠后放火烧了明堂旁边的天堂，延及明堂，二堂俱毁。

帝位来之不纯的女皇当然大为不悦，明堂是王朝命运和皇权的象征，明堂被毁这件事对武则天打击很大。695年三月，女皇又下诏造明堂、天堂。

此次重建，地图不但应用于设计、勘查，女皇甚至仿效大禹开辟家天下时的规格，铸造九州鼎及十二神，皆高一丈，安置在各自的方位。

九鼎本是大禹建立夏王朝，为天命王权的图腾。九鼎之上，镌刻九州地图物产，是为天下的象征。女皇此举意在女性为帝之起端，所以用心良苦。

天册万岁二年（696年）三月，新明堂落成。由于这次新修的明堂供奉的是武氏族人，故为武周明堂，又号曰"通天宫"。通天宫落成次年，九鼎也铸造完成。

女皇所铸造的九鼎中，豫州鼎高一丈八尺，能容纳1800石，其余各州鼎各高一丈四尺，能容纳1200石。九鼎之上，分别铸有山川物产的地图，共用铜560700余斤。

为迎接九鼎入驻明堂，女皇命令宰相、诸王率领南北衙禁卫军十余万人及仪仗队中的大牛、白象一同牵拽九鼎，自玄武门而入，按照方位安放通天宫。

女皇还亲笔撰写了一首四言铭文《曳鼎歌》："羲农首出，轩昊膺期。唐虞继踵，汤禹乘时。天下光宅，海内雍熙。上玄降鉴，方建隆基。"

从这首《曳鼎歌》可以看出，女皇从河图写起，一连四句，历数三皇五帝，气度非凡，以"上玄降鉴，方建隆基"表达了君权神授，天命王权，上天降下符瑞，让她建立大周基业。

女皇如此认可地图能够代表江山社稷的归属和天命的所赐，也使得地图在武周时期有了特殊含义。

版图自古一体，户籍、宗族和地图之间密不可分。有效梳理宗族、汇总户籍是为了统治的体系更加完善。

唐初，宗族门阀中，主要有四个地域集团：山东士族，江左士族，关中士族，代北士族。江左和代北士族，至唐朝已经没落。以崔、卢、郑、李、王为首的山东士族，就连大臣房玄龄、魏徵都争相与其联姻。在宗族衍变中，士族阶层作为世代为官的名门望族，造成朝廷国家重要的官职往往被少数士族垄断。因此，士族势力的强大，对皇权非常不利，唐太宗尤其不能容忍士族凌驾于皇族之上。为此，他命高士廉等刊正姓氏，修撰《氏族志》。到新修订的《氏族志》"凡二百九十三姓，千六百五十一家"，基本贯彻了唐太宗的指示，以皇族为首，外戚次之，山东士族被降为第三等。这些变化首次触动了以往的门第等级，达到了加强皇权、巩固统治的目的。

武则天其父武士彟曾做过木材商，无资格跻身于《氏族志》士族之列，武氏宗族的社会声望并不高。武则天要提高自己及武氏集团成员的社会地位，势必对此进行调整。

显庆以后，武则天陆续杀戮、贬黜了一大批李唐皇族和不肯附己的关陇集团大臣，同时大力拔擢出身较低层或投靠武氏集团的人任要职。在心腹的建议下，新修成《姓氏录》，旧士族未在当朝任五品以上官的均被摒弃于外。武氏自然列为一等，而原存于各地官府中的《氏族志》全部收回并焚毁。

地域政治、士族门阀的重新洗牌，虽无地图之实，实质上打破了固有的某些士族"政治版图"，形成以皇帝意志为中心、以皇权稳定为指向、以朝廷管辖户籍为目的的全新政治版图。

如果说别的天子以地图为工具，注重于它的实用功能，女皇则以地图为政治寓意，强化了皇权，分化了门阀，进而实现了皇帝集权和内外统一的政治目的。

神龙元年（705年），82岁的女皇病重。宰相张柬之、右羽林大将军李多祚、左威卫将军薛思行等人发动政变，突率羽林军500余人，冲入玄武门，在迎仙宫杀张易之、张昌宗。这一天，相王李旦也率南衙禁兵加强警备，配合行动。武则天无奈，先令太子监国，次日传位。隔了一天，李显复位称帝，大赦天下。

不过，李显没有吸取后宫干政灾祸的教训，让韦后参预朝政，结果被韦皇后和安乐公主合谋下毒暴毙身亡。

韦后临朝称制，欲重演武则天君临天下的把戏。可相王李旦的第三子临淄王李隆基联合姑妈太平公主发动政变，诛杀韦后、安乐公主，奉其父李旦登基，是为唐睿宗。

李旦也是两次称帝。嗣圣元年（684 年），武则天废李显为庐陵王，改立李旦为皇帝。而后，李旦便被软禁在皇宫中，不得预闻政事，开始了傀儡皇帝的生活。

景龙四年（710 年），李旦在太平公主和儿子李隆基的扶持下再度登上宝座，改元景云。可太子李隆基与太平公主对抗，睿宗同样无法左右，依然形同傀儡。

景云三年（712 年），睿宗禅让帝位给李隆基，是为唐玄宗。

玄宗继位后，立即发兵诛灭太平公主，结束了朝局多年混乱的局面。而地图，也随着玄宗开创"开元盛世"极盛大唐的风采，绽放出绚烂夺目的花朵。

唐玄宗深知用人乃治国根本。姚崇、卢怀慎、宋璟、苏颋、张嘉贞、源乾曜是开元前期玄宗精心选拔的六位宰相，均是通晓治国方略，尽心操劳国事的名臣。

王朝的稳定，财富的扩增，国力的强盛，自然催生了地图的兴达。

土地和人口依然是王朝的命脉。为了增加国家的收入，打击强占土地、隐瞒不报的豪强，唐玄宗发动了一场检田括户运动。这场运动，需要根据王朝的土地重新绘制地图，测量田亩。当时的豪强霸占了农民的土地之后，称为"籍外之田"，他们还将逃亡的农户变成"私属"，在土地和人口两方面逃避国家税收。玄宗任命宇文融为全国的覆田劝农使，下设十道劝农使和劝农判官，分派到各地去检查隐瞒的土地和包庇的农户。然后把检查出来的土地一律没收，同时把这些土地分配给农民耕种。对于隐瞒的农户也进行户籍登记。这样下来，王朝的经济又步入正轨，农民负担相应减轻，国家财政收入得到增加，极大地促进了经济的繁荣。

开元时期还兴修大型水利工程。据统计，开元时期共修水利 38 处，天宝时又修 8 处，合为 46 处。这些大型水利工程无不需要精确的测绘和制图。玄宗还在全国各地大兴屯田，农业生产的发展使各地官府仓库的粮食堆积如山。随着大运河把黄河流域与长江流域更密切地联系在一起，大大促进了全国经济的增长。

城市地图在此期间也有了极大的发展。开元时期，纵观全世界的大都市，主要集中在中国。长安、洛阳、扬州、成都等城市不仅规模大，而且极度繁荣。尤其在规划城市中，都分为坊和市，坊是居民宅区，市为商业区。显然，地图在城市建设中大显身手。

当时许多古代地图典籍要不深锁宫廷仓储，要不散落民间。内府太宗、高宗时代遗留旧书，常令宫人管理，有所残缺，未加补辑，篇卷错乱，难于检阅，玄宗遂令褚无量、马怀素率学者 20 余人在秘阁编校数年，成《群书四部录》200卷。后专门设立书院等藏书机构，开元十年（722 年），在东宫丽则殿设立丽正书院，次年又创集贤书院，专供藏书、校书。开元时代藏书为唐一代最盛之时，总数达 3060 部，51852 卷；包括道经、佛经 2500 余部。长安、洛阳藏书各分为经、史、子、集四库，史称"开元文集最备"，所藏达 7 万卷，命集贤院学士张说等 47 人分司典籍。今天我们所常说的四部（四库）图书分类，就是这时正式被国家官方图书馆所采纳。这其中，有关地图的典籍占了很大比例。不妨从当时朝廷藏书的书单中，一窥地图地理类部分典籍研究整理的成果。

据统计，地理类别的典籍有 93 部，凡 1782 卷。这些书目中，图经、图记、图志、险要图、地记、郡国志、异物志应有尽有。

当然，新绘制的地图和撰写的各类图记，在开元盛世也不胜枚举。

由于隋朝开始大规模官修志书，开元、天宝年间方志编撰和舆图绘制更趋繁荣。仅地方而言，就有多达 50 个州官修图经。全国性的地志、图志的发展也分

名称	数目	作者 / 成书时间
《风土记》	十卷	周处撰
《吴地记》	一卷	张勃撰
《南雍州记》	三卷	郭仲彦撰
《南徐州记》	二卷	山谦之撰
《东阳记》	一卷	郑缉之撰
《京口记》	二卷	刘损之撰
《湘州图记》	一卷	刘芳撰
《徐地录》	一卷	
《齐州记》	四卷	李叔布撰
《中岳颍川志》	五卷	樊文深撰
《润州图经》	二十卷	孙处玄撰
《地记》	五卷	太康三年撰
《州郡县名》	五卷	太康三年撰
《十三州志》	十四卷	阚骃撰
《魏诸州记》	二十卷	陆澄撰
《地理书》	一百五十卷	
《地记》	二百五十二卷	任昉撰

地图生死劫：天命王权

名称	数目	作者/成书时间
《杂志记》	十二卷	
《杂地记》	五卷	周明帝撰
《国郡城记》	九卷	
《舆地志》	三十卷	顾野王撰
《周地图》	九十卷	郎蔚之撰
《隋图经集记》	一百卷	
《区宇图》	一百二十八卷	虞茂撰
《括地志序略》	五卷	魏王泰撰
《交州异物志》	一卷	杨孚撰
《畅异物志》	一卷	陈祈撰
《南州异物志》	一卷	万震撰
《扶南异物志》	一卷	朱应撰
《临海水土异物志》	一卷	沈莹撰
《江记》	五卷	庾仲雍撰
《汉水记》	五卷	庾仲雍撰
《寻江源记》	五卷	庾仲雍撰
《四海百川水记》	一卷	释道安撰
《西征记》	一卷	戴祚撰
《述征记》	二卷	郭缘生撰
《隋王入沔记》	十卷	沈怀文撰
《舆驾东幸记》	一卷	薛泰撰
《述行记》	二卷	姚最撰
《魏聘使行记》	五卷	诸葛颖撰
《巡总扬州记》	七卷	
《诸郡土俗物产记》	十九卷	
《京兆郡方物志》	三十卷	东方朔撰
《十洲记》	一卷	
《外国传》	一卷	释智猛撰
《历国传》	二卷	释法盛撰
《南越志》	五卷	沈怀远撰
《日南传》	一卷	梁元帝撰
《职贡图》	一卷	
《林邑国记》	一卷	宋云撰
《真腊国事》	一卷	
《魏国以西十一国事》	一卷	
《交州以南外国传》	一卷	
《奉使高丽记》	一卷	常骏等撰
《西域道里记》	三卷	
《赤土国记》	二卷	

名称	数目	作者/成书时间
《高丽风俗》	一卷	裴矩撰
《中天竺国行记》	十卷	王玄策撰
《职方记》	十六卷	
《长安四年十道图》	十三卷	
《开元三年十道图》	十卷	
《剑南地图》	二卷	

外夺目。尤为可贵的是，这些图经、图志一改以往图少文多的定式，逐步向文图并重、文图相等的趋势发展。

按照全国十道测绘而成的《十道图》也成为唐王朝定期报送的制度。《十道图》实现了从区域性地图到全国性舆图的制度性安排，无疑是地图领域的进步性标志。

玄宗时期值得大书特书的事件当属子午线的测定。精历象、阴阳、五行之学的僧人一行是中国历史上著名的天文学家。开元九年（721年），因为李淳风的《麟德历》几次预报日食不准，玄宗命一行主持修编新历。一行编制完成《大衍历》后，经过检验，《大衍历》比唐代已有的其他历法都更精密。随即，他又主持完成了一次史无前例的天文大地测量。

开元十二年（724年），一行使用自己设计的"覆矩图"，利用勾股图计算，得出南北两地相距351里80步（约合今129.22公里），北极高度相差一度的结论。一行等人实地测量了子午线的长度，不仅在中国天文史上是一次创举，在世界上也属首次。

这次测量过程中，太史监南宫说及太史官大相元太等人分赴各地，"测候日影，回日奏闻"。从测量范围来看，北到北纬51度左右的铁勒回纥部（今蒙古乌兰巴托西南），南到约北纬18度的林邑（今越南的中部）等13处，超出了现在中国南北的陆地疆界，这样的规模在世界科学史上都是空前的。而一行不仅负责组织领导这次测量工作，而且亲自承担了测量数据的分析计算。

这次天文测量，是中国乃至世界天文史上的标志性事件，也是中国地图，特别是天文星图发展史上值得铭记的重要节点。

玄宗后期，承平日久，国家无事，志得意满的天子开始放纵享乐。随着朝政日益败坏，边境将领经常挑起对异族的战事，以邀战功。当时兵制由府兵制改为募兵制，从而使得节度使与军镇上的士兵结合在一起，导致边将专军的局面，其中以掌握重兵的胡人安禄山最为著名。

天宝十四载（755年），安禄山和史思明发动叛乱攻入洛阳，唐玄宗逃至成都，史称"安史之乱"。太子李亨在灵武称帝，是为唐肃宗，唐玄宗被遥尊为太上皇。

安史之乱让大唐盛极而衰，但地图依然绽放着独特的芳华光彩。

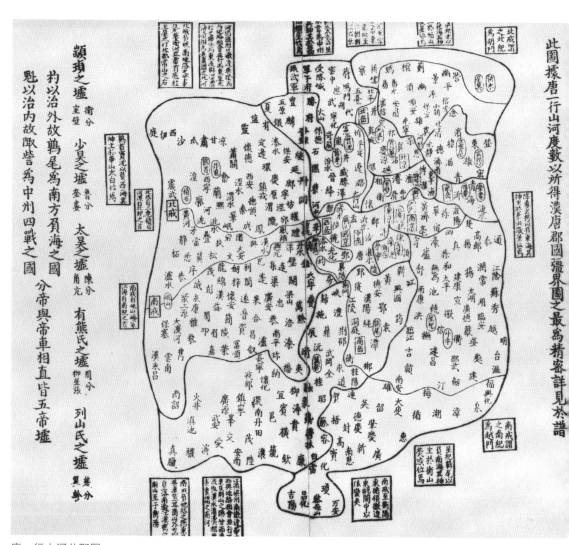

唐一行山河分野图

《唐一行山河分野图》为道家天文历法图。此图为后人绘制，选自《历代地理指掌图》。

肃宗是一位在位七年的天子，经历了大唐跌宕起伏的巨变。他的政治生涯历经沧桑，精力大多投入平叛安史之乱，地图的发展在此期间有所停滞。他在病死后，长子李豫即位，是为唐代宗。

代宗和其父肃宗一样，面对安史之乱的残局和吐蕃入侵的危机，能够有益于地图进步的事项并不多。不过，代宗在水利工程用图上倒有一番作为。

唐代的漕运是通过水路将江淮的粮食运至长安，当时漕运废弛阻塞，造成关中粮食困难。广德二年（764年），代宗任命宰相刘晏接办漕运。刘晏提出疏浚河道，南粮北调的计划。这项计划的实施需要大量的工程测绘用图和规划用图。刘晏组织人力逐段疏浚由江淮到京师的河道，训练军士运粮。他在河道的使用上，将全程分成四个运输段，建转运站。使江船不入汴水，汴船不入黄河，河船不入渭水，提高了运粮效率，杜绝了翻船事故。同时又在扬州、汴口、河阴、渭口等河道的交界处设仓贮粮，以备转运。如此一来，提高了效率，减少了损耗，降低了运费，江淮的粮食因此源源不断地输送到长安。无论是疏导河道，还是粮仓建设，如果不能科学规划，绘制精确地图，效益也就会大打折扣。

大历十四年（779年）五月，代宗病逝于长安宫中。曾在安史之乱平叛中被代宗委任为天下兵马元帅的皇长子李适即皇帝位，是为唐德宗。

这一年，山南东道节度使梁崇义起兵谋反。本是负责接待外国使节和出使归臣工作的贾耽，转任检校左散骑常侍兼梁州刺史，受命攻取均州荣立军功，被加封银青光禄大夫。

德宗时期的大唐，已过鼎盛。但地图因贾耽出类拔萃的才华，给中唐帝国的社稷江山留下一抹绚丽的光彩。

德宗受命于代宗，江山虽已凌乱，但他的天子地位亦是天命所归。故而德宗即位后，立即严禁宦官干政，废除租庸调制，改行"两税法"，让天下颇有一番中兴气象。

至于贾耽，则出身于仕宦世家，从小喜欢读地理书籍，博闻强记，还喜爱骑马射猎。天宝十载（751年），22岁的贾耽以通晓两经登第，从此走上仕途。贾耽是唐代最为重要的地理和地图制图学家，在中国地图史特别是制图史上，是裴秀之后影响深远的标志性人物。

在德宗时期，贾耽备受重用。贞元九年（793年），贾耽以64岁高龄奉旨入觌。同年五月二十七日，任尚书右仆射、同中书门下平章事，成为德宗朝的宰相。

贞元十二年（796 年），贾耽因健康原因，首次上表提出辞呈，德宗没有批准。贞元十三年（797 年），贾耽又以健康原因提出辞呈，德宗仍然没有批准。

实际上，此时的贾耽视力模糊，力不从心，健康状况极差。德宗之所以婉拒贾耽辞呈，很大原因就是他对于王朝的地理地图贡献，甚至超过宰相的重要性。

自古以来，各类典籍地图中的地理记述和绘制，都是王朝对外宣示领土和海权的重要依据。贾耽早年间就利用掌管接待外国使节的工作便利，向外国使节打听各国的山川形势、地理沿革和风土人情，然后再分门别类加以整理。此外，从事贸易活动的商人、少数民族的遗老，甚至民间流传的小说谣谚，他都会留意记录，然后汲取精华，去伪存真。

德宗没有批准贾耽的退休申请，面对皇帝的夺情，贾耽感激之余，就想着用毕生的才华给天子的江山留下一笔丰厚的遗产。

贞元十四年（798 年），贾耽用裴秀的制图六法，绘制出"关中陇右及山南九州图"一轴，将陇右兼及关中等毗邻边州一些地方的山川关隘、道路桥梁、军镇设置等内容全部绘制成图。而且，他还用文字注记详加说明，然后汇编成册，名为《关中陇右山南九州别录》。

贞元十七年（801 年），贾耽把自己 30 多年来积累的地理数据和资料作为参照，绘成了《海内华夷图》，撰写了《古今郡国县道四夷述》40 卷，献给德宗。

《海内华夷图》是一幅 110 平方米的大型舆图，不仅全面复原大唐疆域的面貌而且还记有四邻一些国家，是一幅小范围的亚洲地图，比例尺为一寸折百里，相当于 1∶180 万。

这幅堪称中国地图史上最早、最大型的洲际地图，包括唐朝疆域沿革、行政区划、古今郡县、山川名称、方位、交通道路等。图中的地名古今并注，古地名用黑色，今地名用红色，开中国以两种颜色标注地名的先河。这种墨朱殊文制图法为后世历史沿革地图所遵循。

贞元二十年（804 年），贾耽去世前一年，又撰成《皇华四达记》，记载了唐对外交通发展的情况，描述了贯穿南海、印度洋、波斯湾和东非海岸的 90 多个国家的海外交通线，是当时世界上最长的远洋航线和唐朝最重要的海外交通线。

德宗御览贾耽的舆图时，还兴致勃勃指着图询问外邦的使臣，得到的答案是地图非常精准。龙心大悦的德宗为此诏令犒赏贾耽金银珠宝和马车。

德宗年间，疆域版图虽有所缩小，但皇帝还是有过一番作为。大历十四年（779 年）十月，吐蕃、南诏组成了号称 20 万的联军进犯蜀地，德宗即位后相继派兵征伐。贞元十七年（801 年）八月至贞元十八年（802 年）正月，唐军经维州之战、渡泸之役，大破吐蕃军十万，生擒吐蕃大相论莽热，并降服部分黑衣大食及康国军队，西陲疆域得到安宁，王朝版图得到捍卫。

尽管中唐由盛转衰，但德宗的一番作为和贾耽这样杰出的地理及制图人才的出现，让德宗朝有西陲舆图参照，加之用兵得法，成功扭转对吐蕃的战略劣势，为"元和中兴"创造了较为有利的外部环境。

贞元二十一年（805 年），德宗去世，长子李诵即位，是为唐顺宗。而贾耽则似乎和德宗君臣情深，也在这一年十月病逝，享年 76 岁。

顺宗李诵在做太子的 25 年中亲身经历了藩镇叛乱的混乱和烽火，耳闻目睹朝廷大臣的倾轧与攻讦，在政治上逐渐走上了成熟。

地图和顺宗的结缘，首要的便是反对藩镇割据，加强中央集权。顺宗开启的这一改革史称"永贞革新"，目的就是改变安史之乱后，中央对地方失控，逐渐形成藩镇割据的局面。

可惜，"永贞革新"持续时间 100 多天，是一次失败的政治改革。这次改革触动了宦官集团利益，还使得革新派内部分裂。宦官大臣刘贞亮等制造"二王八司马事件"，一手操办将顺宗长子广陵王李淳立为太子，更名为李纯。随即又拥立李纯即皇帝位，即唐宪宗。顺宗则被逼退位称太上皇，改贞元二十一年为永贞元年，革新遭致失败。

元和元年（806 年）正月十九日，唐顺宗去世。他死的前一天，宪宗对外宣布顺宗病重，一天后顺宗就驾崩了。顺宗只做了 186 天皇帝，都没有以皇帝身份过个新年。顺宗在如此短暂的帝王生涯中，还做了太上皇，这不仅是唐朝皇帝中，恐怕也是历代帝王里由皇帝进入太上皇速度最快的了。退位后顺宗做了五个月太上皇就去世了，似乎和地图的缘分也过于浅薄了。

被宦官拥立的宪宗，并非傀儡。他把"太宗之创业""玄宗之致理"都当作效法的榜样。宪宗常常翻阅天下舆图，寻求治国良策。他通过提高宰相的权威，平定藩镇的叛乱，致使"中外咸理，纪律再张"，出现了"唐室中兴"。

地图，也必然给予宪宗天子王命所授的助力。而李吉甫编撰的《元和郡县图志》更是直接以地图的名义，给了宪宗最大的政治慰藉。

元和元年（806 年），宪宗刚刚即位，西川节度使刘辟就进行叛乱。宪宗派左神策行营节度使高崇文、神策京西行营兵马使李元奕等率军前往讨伐。刘辟屡战屡败，最后彻底溃败被俘，被送到长安斩首。

这次事件对朝廷上下震动很大。藩镇问题的严重性，逼迫宪宗必须审视地图，悉知地理，以此加固皇权。

元和九年（814 年）九月，彰义（淮西）节度使吴少阳死，其子吴元济匿丧不报，自掌兵权。宪宗认为此地地处中原，战略地位重要，必须用兵征讨。淮西叛乱历时三年，宪宗从地理格局上认知到这一事件的影响，果断做出判断，不惜代价取得胜利，导致了其余藩镇不敢妄动。随着平定了西川节使度刘辟、镇海节度使李琦，招降了河北三镇，消灭了淮西节度使吴元济、淄青节度使李师道，藩镇相继降服，归顺朝廷，达到了削弱藩镇势力，加强中央集权的目的。

宪宗取得了一些成就以后，就自以为立下了不朽之功，渐渐骄侈，这也给蠢蠢欲动的宦官再度把握权柄提供了机会，甚至在太子的问题上，宦官集团又分为两派，吐突承璀一派策划立李恽为太子，梁守谦、王守澄一派拥护李恒为太子。

但宪宗皇帝一朝，大唐之所以复苏中兴，地图还是值得大书一番。

元和年间两次拜相的李吉甫，则是贾耽之后的另一位地图奇才。他用自己熟悉地理、善于绘图的才能，先后策划平定西川和镇海二个藩镇，削弱藩镇割据，裁汰冗官，巩固边防，为宪宗开创"元和中兴"立下不朽功勋。

自德宗以来，对藩镇一直采取姑息的态度，很多节度使都是终身任职，拥兵自重，形成尾大不掉的态势。李吉甫针对这一弊病，加以改革。他在拜相后一年多时间内，调换了 36 个藩镇的节帅，使得节度使难以长期有效地控制藩镇。

宪宗皇帝之所以能制驭各方藩镇，李吉甫除却个人的智慧之外，更有其编著的一本《元和郡县图志》，用地图来悉知版图变化，了解各地情况，便于因地制宜，对不利于朝廷统治的地方进行研判和处置。

编写《元和郡县图志》，李吉甫开宗明义，就是为皇帝便于周览全国形势，以达到"扼天下之吭，制群生之命"的目的。

《元和郡县图志》编撰于唐宪宗元和年间（806—820年），其内容非常丰富。作为一部讲述全国范围的地理总志，首先对政区沿革地理方面有比较系统的叙述。在每一州县下往往上溯到三代或《禹贡》所记载，下迄唐朝的沿革。其中特别是关于南北朝政区变迁的记载尤其可贵。记述南北朝时期的正史，除《宋书》《南齐书》《魏书》外，其他各史皆无地理志；《隋书·地理志》虽称梁、陈、北齐、北周、隋五代史志，但隋以前的四个朝代较为简略；《水经注》虽是北魏时期的地理名著，但它毕竟是以记述水道为主，因而《元和郡县图志》有关这一时期的叙述至关重要。《元和郡县图志》中在每一县下都简叙沿革及县治迁徙、著名古迹等，还做了一些必要的考证。

按唐代政区来说，起初基本上实行的是州、县二级制。贞观年间分全国为10道，到开元年间，又析关内道置京畿道，析河南道置都畿道，分山南道为山南东、西二道，分江南道为江南东、西二道和黔中道，这样就成了15道。但道只是监察区，并不构成一级政区。安史之乱后，一些藩镇"大者连州十余，小者犹兼三四"，实际上形成州县以上的一级政区。李吉甫在《元和郡县图志》中以贞观十道为基础，又按当时情况，分为47个节镇，将所属各府州的户口、沿革、山川、古迹及贡赋等依次做了叙述。每镇篇首有图，故称为《元和郡县图志》。

全书记载的水道有550余条，湖泽陂池130多处。不仅记载了人所共知的大川大泽，也记载了一些小的河流和陂泽。

《元和郡县图志》继承和发展了汉魏以来地理志、图记、图经的优良体例传统，对各项地理内容做了翔实的记载，又在府州下增加府境、州境、八到、贡赋等项内容，兼记不同时代的户口数。这是以往地理志、地理总志所没有的，是李吉甫的独创，对宋代乐史的《太平寰宇记》，元、明、清各代的《一统志》都有很大影响。

宪宗对李吉甫对于地图贡献的认可，可从一件李吉甫的身后事上窥视一斑。

元和九年（814年），李吉甫暴病去世，时年57岁。宪宗闻讯伤悼，派宦官前去吊唁，在按惯例馈赠之外，又从内库拿出绢帛五百匹以抚恤其家属，并追赠他为司空。太常博士为李吉甫拟谥号为敬宪，度支郎中张仲方却表示反对，认为谥号过于美化。宪宗大怒，贬斥张仲方，赐李吉甫谥号为忠懿。显然，李吉甫和他的《元和郡县图志》，给宪宗皇帝所带来的丰厚回报，绝非一般朝臣可比拟，甚至妄议也不可。

元和十五年（820年）正月二十七日，唐宪宗暴死，太子李恒即位，这就是唐穆宗。

穆宗和地图相关的第一件事情颇为荒唐。在他成功登基后，觉得天下诸多地名和地图上标绘"恒"字很多，犯了忌讳，于是把犯有自己名讳的地名等统统改掉。像恒岳（恒山）改为镇岳，恒州改为镇州，定州的恒阳县改为曲阳县。

如此一来，地名要改，地图上的标绘要改，穆宗的任性无视历史事实，过于执拗。从地图的意义上来讲，他对地图非但没有重视和敬畏，而且似乎是一种轻蔑的冒犯。

穆宗即位时已26岁，如若励精图治，把地图功效用在治国理政上，当大有作为。偏偏这位天子，自以为天命王权，只想饱食终日、游乐享受。

尚在朝廷上为宪宗治丧期间，穆宗就毫不掩饰自己对游乐的喜好。当元和十五年（820年）五月宪宗葬于景陵以后，他越发显得没有节制。

对于地图，穆宗也喜欢用在自己的享受上。他要求工匠绘制地图，在宫里大兴土木，修建了永安殿、宝庆殿等宫苑。

当别的皇帝把地图用在水利工程建设、发展王朝经济时，穆宗居然征发神策军二千人将宪宗时期早已淤积的宫廷水面加以疏浚，在鱼藻宫大举宴会，观看宫人乘船竞渡。

皇帝不理朝政，本是国家重器的地图被大量用于享乐游玩，穆宗的王朝也便危机四伏了。

穆宗甚至觉得，经常宴饮欢会是件值得高兴的事。皇帝贪欢，自然上行下效。他在宫中麟德殿与大臣举行歌舞酒宴，就很兴奋地对给事中丁公著说："听说百官公卿在外面也经常欢宴，说明国家富强，天下太平、五谷丰登，我感觉很安慰。"

穆宗这种近乎疯狂的游乐，导致了朝政松弛，边境吃紧，形势多变。曾一度表面归服中央的河北三镇节度使，到穆宗朝又恢复故态，自己署置将吏官员，各握强兵数万，租赋不上供，形成地方割据势力。朝廷无力过问，只能采取姑息政策。

长庆四年（824年）正月二十二日，穆宗驾崩于他的寝殿，时年29岁。此时，王朝危机已然爆发，河北三镇复叛，天下又开始了动荡不安。

穆宗死后，皇太子李湛即位枢前，时年16岁，是为唐敬宗。

唐敬宗李湛登基后，根本不把国家大政放在心上，他的游乐无度较之其父穆宗有过之而无不及，就连皇帝例行的早朝也不放在心上。大臣们为了参加朝会天不亮就要起床，皇帝迟迟不到，时间长了，一些年老者就昏倒在殿内。敬宗在大臣的催促下，依旧姗姗来迟，后来甚至发展为一个月也难得上朝两三次。

天子不早朝，天下一团糟。至于地图为何物，恐怕少年天子一概不知。

敬宗实在是太喜欢玩了。他突然有一天想去骊山游幸，大臣们极力劝阻，他就是不听。臣子们说从周幽王以来游幸骊山的帝王都没有好的结局，秦始皇葬在那里国家二世而亡，玄宗在骊山修行宫而安禄山乱，先帝（穆宗）去了一趟骊山，享年不长，回来就驾崩了。敬宗居然听了这话更来劲，反驳臣子说骊山有这么凶恶吗？越是这样，我越是应当去一趟来验证你的话。结果，不顾大臣的反对固执前往，即日回到宫中，他还对身边的人说："那些向朕叩头的人说的话，也不一定都可信啊！"丝毫不把臣下的意见当回事。

这样的皇帝，任性到底，也就给自己挖下大坑。

宝历二年（826年）十二月初八，敬宗出去"打夜狐"，也就是夜晚狩猎。回宫之后与宦官刘克明、田务澄、许文端，以及击球军将苏佐明、王嘉宪、石定宽等28人饮酒。唐敬宗酒酣耳热，入室更衣。此时，大殿灯烛忽然熄灭，刘克明、苏佐明等同谋害死唐敬宗，年仅17岁。

敬宗死后，大唐的败象也就日复一日显露出来。宦官刘克明等杀死唐敬宗，伪造遗旨，欲迎唐宪宗之子绛王李悟入宫为帝。两天后，宦官王守澄、梁守谦又指挥神策军入宫杀死刘克明和绛王李悟，拥立李昂为帝，是为唐文宗，改年号为"大（太）和"。

文宗在位期间，朝臣分为牛、李两派，各有朋党，互相攻击，众多清廉有志之士都成了党派之争的牺牲品。官员调动频繁，政事以至于皇帝的生死废立全操纵在宦官手中。

大（太）和九年（835年）发生"甘露之变"，宰相李训等本想以观看甘露为名，将宦官诱至金吾仗院一举歼灭。不料计划失败，宦官挟持皇帝，逢人即杀，死者六七百人。接着关闭宫城各门搜捕，又杀千余人，更多的人被牵连而死。

事变以后，文宗被宦官软禁。国家政事由宦官专权，朝中宰相只是行文书之职而已。

开成五年正月初四（840 年 2 月 10 日），李昂带着无限的惆怅，病死于长安宫中的太和殿，享年 31 岁。

尽管与之前的帝王相比，文宗为人恭俭儒雅，听政之暇，博通群籍。曾下令停废许多劳民伤财之事，致力于复兴王朝。但文宗本人没有治国理政的才干，一切都浮于表面，对待地图的兴衰成败更乏善可陈，没有什么功绩。

唐武宗李炎作为文宗的异母弟，继承了皇位，改元"会昌"。

热衷于道教的武宗，起初也颇有一番作为，倚重宰相李德裕，澄清吏治，发展经济，改革积弊，削弱宦官、藩镇和僧侣地主的势力，似乎要给败落的大唐新的生机。

在这期间，地图也承载着武宗的一些残梦。

大唐版图经历安史之乱后逐渐分离，尤其西域被南迁的回鹘掌控。等到武宗时期回鹘汗国覆亡，黠戛斯民族占据了安西和北庭都护府。黠戛斯有意将安西和北庭交还唐朝，而雄心勃勃的唐武宗也想借机光复西域，任命赵蕃出使黠戛斯，要求把安西、北庭归还唐朝。可惜宰相李德裕竟然认为朝廷收复失地后，需要派遣兵力镇守，耗费钱财太多，要一个收复失地的好名声实在划不来。武宗居然也就暂且搁置了。

尊崇道教的武宗在地图编绘上的确没有什么作为，但他掀起的灭佛运动却让王朝的户籍人口得到增加，税收相应增收。

根据武宗的旨意，要裁并天下佛寺，天下各地州留寺一所，若是寺院破落不堪，便一律废毁。天下一共拆除寺庙 4600 余所，拆招提、兰若 4 万余所，僧尼 26 万余人还俗成为国家的两税户，没收寺院所拥有的膏腴上田数千万顷，没收奴婢为两税户 15 万人。如此一来，沉重打击了寺院经济，增加了政府的纳税人口，扩大了国家的经济来源。

会昌六年（846 年），武宗病危，宦官马元贽等认为皇叔李怡较易控制，就把他立为皇太叔，并更名李忱，成为新的皇位继承人，是为唐宣宗。

长安日暮，晚唐回光返照。

上苍似乎对唐王朝依依不舍，在宣宗朝给予了些微的眷顾。地图，也便在这样的眷顾下，为气数将尽的王朝增添了淡淡的光晕。

宣宗一朝，最为称道的功绩便是本为大唐版图的河湟失地回归。

唐朝的河西、陇右地区，相当于今天的甘肃大部、青海东部、新疆东部地区。安史之乱时，吐蕃趁乱侵占了唐朝的河西、陇右地区。从此，唐朝丧失了河西走廊这一重要的贸易通道。

宣宗时期，距安史之乱有将近 100 年的时间了。趁着吐蕃内乱，大中三年（849 年），宣宗趁机收复秦州、安乐州、原州三州及原州所属的 7 个关隘。接着，还是在大中三年，维州、扶州也相继收复。

此时，沙州人张议潮起兵接管州城，并绕道漠北降唐。这样，沙州率先收复。起事成功后，张议潮又一鼓作气，修缮甲兵，边耕边战，接连收复了瓜、河、岷、伊、肃、西、廓、鄯、甘、兰十个州。

大中五年（851 年）八月，秋高气爽，一派祥和。

宣宗听说张议潮派其兄张议谭等 29 人入朝告捷，不仅起了个大早，而且兴奋不已。

朝堂上，告捷的使者进献了一个锦盒，宣宗命内侍打开一看，是瓜洲、沙洲、兰州等 11 州的地图。每一幅地图，意味着一个州的回归。王朝疆域再展往昔风采，宣宗觉得自己做了宪宗想做都没有做到的事情，一雪百年之耻，功德彪炳千秋。

861 年，张议潮的侄子张淮深又收复了凉州，并表奏朝廷。自此，河湟地区全部被唐朝收复。凉州收复两年后，朝廷在凉州复设凉州节度使，领凉州、河州、西州、鄯州、洮州等六州。由张议潮兼领凉州节度使。河西走廊再次畅通无阻，西部边患得到缓减，唐王朝暮色中的这一缕晚霞也就分外夺目。

就连宣宗临死的遗诏中，也絮叨着自己拓疆三千里外，雪耻二百年，足可以告慰先祖。

饶是如此，晚唐的疆域版图问题成堆，危机四伏。地图也许给宣宗带来一点运气，却无法挽回王朝势不可当的颓势。

大中十三年（859 年）八月，唐宣宗病逝，左神策护军中尉王宗实、副使丌元实矫诏立宣宗长子李温为皇太子。次年二月，李温安葬了宣宗后正式即位，十一月改元为咸通，是为唐懿宗。

懿宗没有宣宗再振朝纲的雄心，倒是继承了祖辈沉溺游乐的习性。

懿宗是一个极端爱慕虚荣、好大喜功的皇帝。什么疆域版图，地图又是什么，懿宗全然不知，没有一点兴趣。他在宫中每日一小宴，三日一大宴，每个月总要大摆宴席十几次，奇珍异宝，花样繁多。除了饮酒，就是观看乐工优伶演出，他一天也不能不听音乐，就是外出到四周游幸，也会带上这些人。懿宗宫中供养的乐工有 500 人之多，只要他高兴时，就会对这些人大加赏赐，动不动就是上千贯钱。他在宫中腻烦了，就随时到长安郊外的行宫别馆。每次出行，宫廷内外的扈从多达十余万人，费用开支之大难以计算。

瑶池宴罢归来醉，笑说君王在月宫。在这样的世态下，整个官场都弥漫着穷奢极欲、醉生梦死的氛围。大唐王朝的大厦终于岌岌可危，摇摇欲坠了。

随着晚唐的惨淡，地图也似乎无心参与，渐渐隐匿起来，虽无劫难，也少生机，更未被君王重用。自然，王朝崩塌也就不可避免了。

咸通十四年（873 年），懿宗亡，12 岁的李儇在灵柩前即位，是为唐僖宗。

僖宗相比其父，更是大唐王朝的掘墓人。与其父骄奢相比，僖宗更上一层楼。面对混乱不堪的政局，疆域矛盾空前的危机，僖宗政事处置全部听由宦官之口，一心只在赌鹅、骑射、剑槊、法算、音乐、围棋、赌博、游玩上。

"待到秋来九月八，我花开后百花杀。冲天香阵透长安，满城尽带黄金甲。"

僖宗或许并没有料想到李唐的天下已经到了苟延残喘的地步。且不说暴吏横行，暴政害民，就连朝廷专卖的食盐，也因为豪绅官员的盘剥奇贵无比，百姓基本的生存空间都被压迫到极限。

盐贩子出身的山东人黄巢率众造反，被官吏强迫缴租税、服差役的百姓纷纷依附，起义军声势浩大，敲响了唐王朝的丧钟。

可是，地方州县欺瞒上级，朝廷不知实情。黄巢率部南下进攻浙东，突入福建，攻克广州，而后又回师北上，克潭州，下江陵，直进中原。接着攻克洛阳，拿下潼关，逼近长安。

曾经威震四海的大唐王朝就这样被一个盐贩子逼迫到生死存亡之际，如若朝廷上下此时有人提议拿出锁在深宫的天下地图，根据敌我态势调集兵马，救援京城，也许算得上一道策略。尤其西川地区，位于长安南部，是首都的大后方，万一长安城失守，皇帝还可以南下躲避。届时，谁是西川节度使，谁就能将皇帝掌握在手中。偏偏好赌成性的僖宗居然在生死关头，用打马球赌输赢的办法决定节度使人选。

如此昏庸之君，自然只能弃都潜逃。等僖宗逃到四川，稍有喘息，这才顾得上利用川中的富庶和各地的进献，组织对黄巢的反扑。

不知道出宫的唐僖宗是否随身携带一些舆图以观天下大势，拥兵自重的各个节度使虽然愿意平叛，但直到出身沙陀族的河东太原将军李克用率兵入援，局势才得到反转。

在唐军的反扑下，黄巢起义军被迫退出长安，最后力尽兵败，黄巢在山东泰安的狼虎谷中自杀而亡。

经过黄巢起义军的打击，大唐数百年的基业已不复旧貌，除河西、山南、剑南、岭南西道数十州尚能被朝廷掌控外，其余各州府均已成为各地节度使的独立地盘，大唐帝国的版图四分五裂，已经不可避免地走向衰亡。地图，或许又要在血雨腥风中见证各路枭雄的成败得失了。

尽管僖宗返回了京师，但很快暴病而亡，年仅 27 岁。

唐懿宗第七子、唐僖宗之弟李晔在江山残败的境地下，被拥立即位，是为唐昭宗。

气数已尽的大唐王朝，和地图曾经亲密的缘分也渐行渐远。昭宗还希冀讨伐藩镇，改变皇室微弱之态，也不过心有余而力不足。

昭宗即位后不久，招兵买马，扩充禁军，得十万之众，欲以武功胜天下。

忠于朝廷的李克用曾经帮助朝廷消灭了黄巢起义军，为兴复唐室立下了汗马功劳。可因为出身沙陀，昭宗对他一直没有好感。李克用兵多将广，势力庞大，是当时屈指可数的几个强藩之一。昭宗要削弱强藩，首先便将李克用列入打击的对象。

昭宗任命宰相张浚为行营都招讨，又任命几个节度使为招讨使，组成了一个松散的讨伐联盟，择日向李克用部进发。不料，李克用的军队略施小技，就活捉了张浚的前锋官，轻松地击溃了张浚的军队。

讨伐李克用的失败使藩镇对朝廷更加藐视，唐昭宗的威望损失殆尽，逐渐沦落为藩镇们随意侮辱的对象，陇西郡王李茂贞更是把昭宗幽禁了将近三年。

此时的唐王朝，宦官们垂死挣扎，将回到京都的昭宗关在了少阳院，每日的饭食则从墙根挖的小洞里送进去。藩镇则兴风作浪，朱温在乾宁五年（898 年），占据了东都洛阳，派人将实行政变的宦官们一个个都暗杀了，于光化四年（901

年）拥立昭宗复位，昭宗改元天复，加封朱温为梁王。

至此，昭宗也完全落入朱温的掌控之下，苟延残喘地度过了他生命中的最后时光。

天祐元年（904 年）八月十一日壬寅夜，朱温的手下蒋玄晖和史太带领 100 多人来到宫殿，言军前有急事相奏，欲面见皇帝。蒋玄晖入宫后见到昭仪李渐荣，问她："皇帝在哪儿？"李渐荣大声说："宁可杀了我们也不能伤害皇帝！"昭宗由于内心苦闷，喝了些酒，正在睡觉，听到有人入宫寻他，暗觉不妙，急忙起身，只穿着单衣绕柱躲藏，史太逼近，将昭宗杀害，时年 38 岁。

次日，蒋玄晖假传圣旨，立 13 岁的辉王李祚为皇太子，改名李柷，于昭宗枢前即皇帝位，是为唐哀帝。

作为梁王朱温操控的儿皇帝，哀帝毫无权力。朱温则是入朝不趋，剑履上殿，赞拜不名，兼备九锡之命，加授相国，总百揆，进封魏王，所担任的诸道兵马元帅、太尉、中书令，宣武、宣义、天平、护国等军节度观察处置使的职务照旧，距离九五之尊已经只有一步之遥了。

天祐四年（907 年）三月，哀帝在朱温及其亲信逼迫下把皇位"禅让"给了朱温，盛极一时的唐王朝就此灭亡。

晚唐的祸乱不断，地图也就未能如盛唐那般恣意傲放，光彩夺目。这无意中印证了图盛国安的法则。

当天命王权不再留恋李唐之时，地图命运也就陷入了低谷，等待新的雄主诞生。可唐王朝覆灭，并没有迎来真正的天下共主，历史又进入了分裂割据时代，进入五代十国时期。

大唐盛世，地图芳华。王朝的生死劫难，总无意间与地图的生死殊途同归。皇权天命，得天命者，往往识得地图之执掌乾坤妙用；而无缘地图所至伟之功，多是败落之君、亡国之帝。就算显赫一时的唐王朝，也难逃此定数。

五代斜阳

五代（907—960年）

907年，后梁灭唐，占据中国北方大部分地区。此后，又相继出现后唐、后晋、后汉、后周，合称「五代」。同一时期，中国南方各地和北方的山西地区，先后出现吴、南唐、吴越、楚、闽、南汉、前蜀、后蜀、南平、北汉等国，合为「十国」。五代十国时期，各地政权割据，周边地区的部族和政权，东北有室韦、靺鞨、辽，西有党项、吐蕃，西南有大理等。

百里洛阳城，白骨蔽地，荆棘弥望。

斜阳渐低，昏鸦阵阵。

被任命为河南尹的张全义一路风餐露宿来到这座曾是几代京都的古城，入眼却是一片荒凉。

此时大唐已亡，曾是李氏王朝节度使的各路藩镇掌控者，个个拥兵自立，无不妄想身披黄袍，成为新的帝王。

曾被唐僖宗宠幸，并赐名朱全忠的朱温似乎拔得头筹。

天祐四年（907年），他通过"禅让"逼迫唐哀帝退位，代唐称帝，建国号梁，是为梁太祖，改年号为开平，史称"后梁"。

不过，所谓的后梁王朝，并不被各路节度使待见。和大唐王朝相比，所掌控的疆域版图，也无非以河南为中心，辖地包括今河南、山东两省，陕西、湖北大部，河北、宁夏、山西、江苏、安徽等省的一部分而已。尚有军权霸居的剑南王建、淮南杨行密、晋北李克用、陇西李茂贞、辽东刘仁恭根本不奉后梁为正统。故而，梁王朝看似承袭大唐，却也不过割据一方罢了。其时，与河东的李克用，南方的杨吴、吴越、马楚、闽国、南汉，剑南的前蜀，凤翔的李茂贞，幽州的刘仁恭等割据势力并立，乱糟糟开启了五代十国的混乱序幕。

既然是名义上的正统王朝，如若不能开疆拓土，化解危机，解决梁王朝的困境，所谓的皇权也就非天命所授，不过是历史的匆匆过客罢了。

出身流氓无赖的朱温偏不信邪，要效仿李唐，成就霸业。

可纵览自己掌控的地域，历经战火，满目疮痍，急需要财力来振兴和支撑王朝的兴起。

于是，曾经富庶的洛阳成为朱氏看中的地方。出身田农之家，善抚军民，对水运事务、宫廷营建都很熟悉的张全义就被朱温任命为节度使，进封魏王，作为自己的后勤大总管，依旧巡牧洛阳。

洛阳曾留下召公、周公以卜献图，辅佐周成王的美谈。朱温也期待张全义能够以当年辅弼周天子的召公为榜样努力为后梁效劳。

面对耕田荒弃，民不满百户，仅存断壁残垣，破败不堪的洛阳城，张全义带领百余人，开始了洛阳的重建。

张全义懂得户籍地图在恢复经济、惠及民生中的重要用处，于是从部下中选出 18 人为屯将，每人发给一面旗一张榜，到周围 18 县的残存墟落树旗张榜，招抚流散逃亡的民众，劝耕农桑，恢复生产。

张全义吸引流民聚集恢复生产最主要的政策就是施行仁政。他为政宽简，除杀人者要偿命处死以外，其余都从轻处罚。由于无严刑暴政，租税轻薄，听闻而来的百姓络绎不绝。张全义从中选取壮实劳力则编入军队，抵御强盗贼寇。一时之间，洛阳生机勃勃，田园丰收在望，成为乱世中难得的一片乐土。

洛阳周围 30 里内，有蚕麦丰收的农家，他一定亲自到访，召来全家老幼，赏给酒食衣料，表示慰劳。而踏勘走访田亩也成为张全义最重要的政务，对于有田荒芜的，他就召集民众查问原因，有因为缺牛耕地的，便要求有牛的邻里负责助耕。

几年过去了，张全义统计户籍发现，洛阳人口大增。田园丰收让这里恢复富庶，即使面临灾荒之年，百姓也有余粮。自然，能够提供给梁王朝的粮米物资也就源源不断。

稳定下来的洛阳城，有了财力做保证，张全义就安排能工巧匠绘制地图，修复城邑。同时也进行田亩的测绘丈量，以统计税收，为朱温的王朝竭尽全力进行后勤供应。

身在汴梁的朱温，对自己曾强迫唐昭宗迁都的洛阳，发生如此巨变，给新王朝带来新气象理当欣慰和感激张全义才对。特别是自从后梁与晋王李克用在河北交战，梁兵多次败亡，张全义还收集兵士、铠甲、战马，每月贡献以补缺，堪称朱温最得力的臣僚。

可是流氓出身的梁太祖朱温，竟然在来洛阳养病避暑期间，十几天内把张全义的妻女全部奸淫。就连太祖的儿子都看不下父亲禽兽之举，恨不能杀其泄愤。

愚忠的张全义压制了内心的奇耻大辱，梁太祖似乎不以为然。更荒唐的是，太祖诸子常年在外统兵，皇帝常常召儿媳们入宫，与之私通。让人吃惊的是，朱温的儿子们对父亲的乱伦行为不但不愤恨，反而不知廉耻地利用妻子在父亲床前争宠，千方百计地讨好朱温，博取欢心，以求将来能继承皇位。

如此旷古奇闻的发生，也就昭示了后梁王朝的短命和混乱是必然的结局。太祖朱温的帝位原本既非天命所授的王权，又无伦理可言，哪里有天子应有的德行和君临天下的气度。

对本该是社稷重器、治国法典、开疆拓土的地图，太祖朱温更是不屑一顾。后梁初期虽有看重农桑土地的某些政令，也不过是其王朝得以存在的根基。至于重新测量疆域，编绘地图，这个小王朝似乎并不理会。因而守着极小版图，妄想夺取全天下的心愿，从太祖伊始就成了幻梦，甚至是噩梦。

正因伦理道德全无，梁太祖儿子虽多，也多是毫无廉耻之辈，堪大用者难寻一二。特别是长子郴王朱友裕早死，朱温始终未立太子。当朱温身体有恙，自知难以为继，思来想去，便打算传位给养子博王朱友文。至于朱友文能够获得朱温青睐，倒不是因他才华横溢，而是他的媳妇貌美灵巧，陪朱温侍寝时深得宠爱。

不过，这样绝密的事情偏偏让郢王朱友珪的妻子张氏探知了。淫乱儿媳的朱温估计做梦也没想到，被他公然宣淫的这些娇滴滴的儿媳，竟然都是他的催命鬼。

太祖乱伦无度，其淫乱就更不分对象，因此所生儿子的出身也就乱七八糟。朱友珪虽是朱温的亲儿子，他的母亲却是一个军中妓女。太祖也觉得妓女所生的儿子继承帝位有些过于荒唐，所以打算将势力较大的朱友珪贬为莱州刺史，为朱友文的顺利即位扫除障碍。

闻讯惊恐万分的朱友珪顿时觉得父亲不仁就休怪儿子不孝，于是就秘密与统军韩勍商议，连夜带领牙兵 500 人进入宫中。面对朱友珪的到来，寝宫中的侍卫吓得四散而逃，太祖也茫然失措只顾斥骂儿子弑父大逆不道。朱友珪当然听不进这般絮叨，让亲随以剑刺杀朱温，梁太祖随即毙命。弑父后的朱友珪用蚊帐被褥包裹起太祖尸身放在寝宫里，秘不发丧达四天之久。随之拿出府库钱财，大赏群臣和各军，又传诏书到东都，杀害了朱友文。朱友珪还以朱温的名义假传诏书说："朕艰难创业三十多年，为帝六年，大家努力，希望能达到小康。没料到朱友文阴谋异图，将行大逆。昨二日夜甲士入宫，多亏朱友珪忠孝，领兵剿贼，保全朕体。然而病体受到震惊，危在旦夕。朱友珪清除凶逆，功劳无比，应委他主持军国大事。"

乾化二年六月十六日（912年7月27日），朱友珪在朱温灵柩前即皇帝位，是为梁废帝。

朱友珪即位后，没有思虑如何知人善用，寻求治国良策，而是依旧大量赏赐将领兵卒以图收买人心。至于有关地图的一切事宜，既来不及被废帝所知晓，也无法在如此乱局中觅得一丝生机。

与其父相类似，朱友珪本人也是荒淫无度。自然，民怨四起，声言讨贼的地方起义也就难以阻止了。

凤历元年（913年），太祖朱温的外孙袁象先、女婿驸马都尉赵岩、第四子均王朱友贞与将领杨师厚等人密谋政变。同年二月，袁象先首先发难，率领禁军数千人杀入宫中，朱友珪与妻子张皇后跑到北墙楼下，准备爬城墙逃走未成，于是命冯廷谔将他自己及张皇后杀死，随后冯廷谔也自杀而死。朱友贞即位，是为后梁末帝。

朱友贞即位后，恢复朱友文的官职和爵位，追废朱友珪为庶人。

原本就非天命昭示的后梁小王朝，所迎来的末帝朱友贞也没有君王的气度。朱友贞任用贪官污吏搜刮民财，致使社会矛盾骤然激化。

此时，晋王李存勖割据河东，兼并幽州镇，并与成德镇、义武镇结成联盟，以复兴大唐的名义共同对抗后梁。而魏博节度使杨师厚矜功自傲，控制所管六州财赋，还挑选数千军中悍卒组建银枪效节军，作为私人护卫部队。后梁外有强敌窥伺，内有强藩跋扈，形势非常严峻。

贞明元年（915年），魏博节度使杨师厚病死。梁末帝朱友贞见有利可图，趁机将魏博六州分割为魏博、昭德两镇，以削弱藩镇势力，结果引发魏博兵变，叛附晋王。李存勖乘势进占魏州，兼并魏博镇，随后又攻取德州、澶州。后梁版图非但没有增扩，反而继续缩小。

乘胜追击的李存勖继续率军东进，攻陷魏州通向郓州的重要渡口杨刘城。正在洛阳准备祭天大典的梁废帝听到流言说晋王军队已攻进东京，连忙放弃祭天，仓皇返回。

梁末帝与晋王对峙，虽谈不上什么雄心壮志，但还是想保持版图不再缩小，进而再图拓展。

贞明四年（918年），李存勖调发河东、魏博、幽州等镇军队，准备一举灭梁。后梁军与李存勖军交战，先胜后败，伤亡近三万。东京震动，进入戒严状态。但晋王因此战元气大伤，无力进攻东京，只得撤归河北。

龙德二年（922年），梁将戴思远趁晋王主力北征，在黄河前线发起反扑，收复成安。是年八月，戴思远又收复淇门、共城、新乡三县，别的将领则将澶州以西、相州以南的失陷州县全部夺回，后梁终得喘息之机。

但后梁晋王对峙，最终的结果还是存亡之争。

龙德三年（923年），李存勖在魏州称帝，建立后唐，年号同光，史称后唐庄宗。

与此同时，梁军主力远在潞州、泽州一带。郓州因守军多随戴思远屯驻黄河前线，城中防守空虚。李存勖趁机出兵，连夜冒雨渡河，一举袭破郓州。

郓州失陷，后梁腹心暴露无遗，东京城已无天险屏障可守。唐军则愈战愈勇，更有梁将康延孝投降后唐，将后梁军情尽数告知李存勖，建议唐军乘虚袭取东京。此时，天命王权的天平开始向后唐倾斜。

与梁末帝相比，后唐庄宗在军事布局上，对地图倒是颇多善用。梁唐对峙以来，唐军总是能反败为胜，虽无军中舆图制作和使用的记载，但从行军路线和战术使用来看，对地图还是颇多了解和善于使用的。也许，冥冥之中的注定也好，善用地图的因果也罢，后唐取代后梁也就成为必然。

随着后唐军队长驱直入，梁末帝想把别处的军队调回勤王救驾，因黄河决堤，河水泛滥，军队无法回京而作罢。梁末帝和他之前的后梁君主恐怕的确和地图无缘。远古大禹王夺天下，就因为善于把地图使用在水利工程中，赢得民心，稳固政权，发展了经济。可后梁地处黄河流域，却忙于弑父宫变，谋权夺利，根本顾不上兴修水利，此刻洪水的到来或许正是上天的惩罚。

有大臣建议朱友贞西奔洛阳，集中各地军队再与后唐对抗。朱友贞却拒绝西逃，认为自己一旦离开东京，就再不能保证有人会继续忠心于他。当时宫中大乱，朱友贞藏在寝宫的传国玉玺都被人趁乱偷走。自知亡国在即的后梁末帝朱友贞，将控鹤都将皇甫麟召到身边说："梁晋乃是世仇，你快杀了我，不要让我落在仇人手里受辱。"皇甫麟连称不敢。末帝又说："你不肯杀我，是要将我出卖给晋人吗？"皇甫麟欲自杀以明心迹，被朱友贞拦住。君臣二人相对恸哭。皇甫麟遂杀死末帝朱友贞，随即自刎而死。

次日，唐军进抵东京，后梁开城投降，后梁灭亡，所辖版图就此归后唐，纷乱的五代也就进入后唐时代。

后梁早期，革除了一些唐朝积弊，奖励农耕，减轻租赋，基本上统一黄河中下游地区。从版图来看，是五代各国最小的王朝。如果不是后梁太祖朱温残暴成性，滥行杀戮，连年兴兵；如果不是后梁三代君主不是荒淫就是无能；但求百姓能够得到休养生息，王朝再加以兴修水利，发展经济，或许王朝的覆灭不会这么快。而所有的"如果"，似乎都离不开地图的辅佐。

后唐则以恢复唐朝正统为号召，庄宗时兵事渐少，商业略盛。地图也成了后唐得以取代后梁一时平稳的关键。

在版图的扩充上，后唐辖有魏博、成德、义武、横海、幽州、大同、振武、雁门、河东、河中、晋绛、安国、昭义等 13 个节镇、50 个州。后唐庄宗李存勖在位期间灭亡后梁。后梁将帅纷纷来降，所属节镇州府尽归后唐所有。此后，后唐庄宗并岐国，灭前蜀，得凤翔、汉中及两川之地，前蜀所辖 10 个节镇、64 州、249 县尽入后唐版图。灭前蜀之战，唐军自出师南征，仅用 70 日而已，一时震动南方割据诸国。

后唐建立时，李存勖因曾兼任河东、魏博、成德三镇节度使，遂实行三都制，以三镇治所为都城。后梁灭亡后，李存勖将后梁的西都洛阳改称东都，定为后唐国都，同时以雍州京兆府为西京。原西京太原改称北都，东京兴唐府改称邺都，北都真定府则废除都号，复称成德军镇州。

后唐庄宗的一生，几乎都是在军事征讨中度过。虽然他努力为后唐的版图开疆拓土，治国理政上却纵容皇后干政。面对国内饥荒，洛阳府库空竭，禁军军士竟然都不发军粮，其亲族家眷只能以野菜充饥，以致冻饿而死者无数，很多军士甚至被迫典卖妻儿。同时，李存勖在位期间，对功臣宿将多有猜忌之心，许多功臣宿将被无罪诛戮。而本已衰微的宦官势力在同光年间也死灰复燃。这些宦官有的担任诸司使，有的充作藩镇监军，都被李存勖视为心腹。他们恃宠争权，肆意干预军政，凌慢将帅，使得各藩镇皆愤怒不已。后来，宦官奉命到全国各地挑选美女充实后宫，竟然一次性掠走青年妇女 3000 人，连军营兵士的家属也难以幸免。

凡此种种，以至于兵变接连不断，朝局难以稳定。在军事上曾为李存勖所用的地图，在经济社会中却被完全忽视，后唐看似打着"唐"的旗号视已为正统，实则也非天命所授的王权。

同光四年（926 年）二月，魏博戍卒在贝州哗变，推裨将赵在礼为首领，攻入魏州。邢州、沧州也相继发生兵变，河北大乱。元行钦带兵进讨，但连连失利。李存勖本欲亲征，被宰臣劝阻，只得起用李嗣源，让其率侍卫亲军北上平叛。李嗣源在魏州城下遇到亲军哗变，被劫持入城，与叛军合势。他本无反意，但迫于内外形势，又无以自明，只得率叛兵南下。

后唐朝廷也在内部接连哗变下摇摇欲坠了。就连李存勖亲自率军东征，欲坐镇汴州指挥平叛，也改变不了大批唐军将领拥戴李嗣源而反对他了。李存勖知道局势已不可挽回，仓皇返回洛阳，并再三抚慰士卒，许以厚赏，但已为时太晚。士卒均不感皇帝恩德，沿途逃散过半。

同光四年（926 年）四月，李存勖决定进剿李嗣源。

兵变四起，李存勖心乱如麻，想着吃口饭后琢磨对李嗣源的对策。当他命扈从军兵候于宫门外，自己在内殿进食时，没想到从马直指挥使郭从谦突然发动叛乱，率部攻入兴教门。李存勖亲率宿卫出战，杀死数百乱军，最终被流矢射中，死于绛霄殿，时年 43 岁。伶人善友将乐器覆盖在李存勖身上，纵火焚尸。大军则归附李嗣源。

等李嗣源进入洛阳，就在李存勖灵前称帝，史称后唐明宗。

当时，李嗣源年已六十，将朝政托付给枢密使安重海、宰相任圜。任圜还兼任三司使，主掌国家财政。他选拔贤俊，杜绝私门，忧国如家，执政一年便"府库充实，军民皆足，朝纲粗立"。

和后唐庄宗豢养大量嫔妃、伶人、宦官，耗费巨额资财相比，后唐明宗李嗣源大量裁减为皇帝生活服务的各类勤杂人员，节省财政开支。

地图也似乎在这一时期有了淡淡的存在感。

由于后梁先后两次决黄河以阻挡晋王军队，致使黄河中下游地区洪水泛滥。长兴元年（930年），河水连年溢堤。明宗便注意到兴修水利的重要性，敕令滑州节度使自酸枣县界至濮州进行实地测绘制图，修筑堤防一丈五尺，东西二百里，得以保护了百姓的安居。到了长兴三年（932年）五月，明宗特意要求地方绘制上呈新开东南河路图，疏通水路。工程结束后，自王马口至淤口长165里，阔65步，深一丈二尺，可胜漕船千石（也就是可以通航60吨左右的船只，这在当时是内河航运中较大的船只），此处也成为河北北部地区重要漕运河道。

似乎看重地图重要性的明宗为解决军需，恢复"营田"。利用闲田兴置的军屯，不仅利用兵士，而且还用无地民户耕种，恢复农业生产，在解决军队粮食供应方面起到了一定作用。这些举措，土地丈量和绘图自是情理之中。

尽管明宗是五代时期一个少有的开明皇帝，但他疑心过重，随便杀戮大臣，使得君臣离心，父子猜忌，国家元气大为凋伤，也就难以成为天命王权所归、成就盛世基业的雄主。而地图，本该复苏的迹象也就被生生压制。

长兴四年（933年）十一月，李嗣源病重。掌管京师政务，又握有兵权的次子李从荣入宫探视，见李嗣源已不能抬头，出宫时又听到宫中哭声不绝。他误以为李嗣源已经去世，次日便称病不复入朝，在府中与亲信谋议夺位。当李从荣率牙兵千人准备以武力入居兴圣宫时，枢密使冯赟、朱弘昭与宣徽使孟汉琼禀称李从荣谋反，关闭皇城端门。侍卫指挥使康义诚本是李从荣事先约定的内应，这时也被阻在宫中，难以接应李从荣。李从荣逃回府邸，被皇城使安从益追上斩杀。明宗李嗣源病情加剧，追废李从荣为庶人，驾崩于大内雍和殿，从邺都召回宋王李从厚继承帝位，是为后唐闵帝。

李从厚虽欲励精图治，却不懂治国之道，处事优柔寡断，且无识人之明。

应顺元年（934年）二月，李从厚通过枢密院对凤翔、河东、成德、天雄四镇节度使进行易地调动，并派使臣监送。李从珂被调离凤翔，改镇河东。李从厚本想借此削弱四镇实力，"被离凤翔，改镇河东"的潞王李从珂，在部将的鼓动下，趁机以"清君侧"的名义起兵叛乱。

李从珂攻破陕州后，传书慰抚京中百官。

李从厚见洛阳已经无法据守，决定放弃洛阳，逃奔魏州，再图谋复起。

谁知卫州刺史王弘贽待到李从厚路经自己辖地后，将皇帝软禁在州衙中。

应顺元年（934年）四月，李从珂进入洛阳，以曹太后的名义下诏，将李从厚废为鄂王，两日后在明宗枢前即位称帝。而后，命人前往卫州，弑杀李从厚。

但李从珂的皇帝梦很快就破灭了。

明宗李嗣源的女婿，沙陀人石敬瑭任河东节度使。李从珂继位以后，便将石敬瑭当成最大的威胁，想尽办法要将他调离河东这块兴王之地。石敬瑭认为我不兴乱，朝廷发之，安能束手，遂决意谋反。于是，石敬瑭上表指责后唐末帝是明宗养子，不应承祀，要求让位于许王李从益（明宗四子）。李从珂大怒，并以建雄节度使张敬达为太原四面招讨使，将兵三万筑长围以攻太原。

于是，历史上最荒诞的一幕发生了。石敬瑭决定求助于契丹，作为条件，他同意割让燕云十六州给契丹，并对辽太宗耶律德光自称"儿"。如此甘做"儿皇帝"，亘古未有。在契丹援助下，石敬瑭灭亡后唐，末帝李从珂自焚。

天福元年（936年）十一月，辽太宗耶律德光册石敬瑭为皇帝，改元天福，国号晋，史称后晋。靠认贼作父、卖国求荣的行径，"儿皇帝"石敬瑭当然不是王命所授的君主。当他将幽云十六州，即今天的河北和山西北部的大片领土割让给了契丹后，不仅使中原失去大片领土，而且使契丹轻易占领了长城一带的险要地区，便可以长驱直入到达黄河流域。其时，连同平州、宁州和营州也被契丹趁机夺取。

石敬瑭所谓和地图的渊源，也就是自甘无耻，割土偏安。况且，除自称"儿皇帝"，石敬瑭还得每年给契丹布帛30万匹，处处百依百顺。

尽管石敬瑭表示诚意来安抚各路藩镇，但他对契丹称臣的做法，更让一些要员不齿。大同节度使判官吴峦，闭城不受契丹命；应州指挥使郭崇威，挺身南归；天雄节度使范廷光反于魏州，继而渭州也发生兵变。所谓的后晋王朝崩盘在即。

天福二年（937年），契丹改国号"大辽"。

天福六年（941年），成德节度使安重荣上表指斥石敬瑭认契丹为父，困耗中原，愿与契丹决一死战。可石敬瑭非但不以此为耻，改弦易辙，反而发兵斩安重荣，并将头颅送与契丹。

显然，暴虐无耻的石敬瑭得不到朝臣的认可，更不敢得罪"父皇帝"，以致朝纲紊乱，民怨四起。天福七年（942年），石敬瑭忧郁成疾，于六月在屈辱中死去，时年 51 岁。因为卖地求荣，石敬瑭只能以"儿皇帝"这一可耻的称呼被永远钉在了历史耻辱柱上，地图亦为此蒙羞。

　　天福七年（942 年），石敬瑭去世，养子石重贵继位，沿用高祖天福年号。

　　石重贵在位前后不过五年，既是后晋的亡国之君，也是贪得无厌的无耻之辈，常常视国事为儿戏。石敬瑭尸骨未寒，梓宫在殡，石重贵就纳颇有美色的寡婶冯夫人为妃，并恬不知耻地问左右说"我现今作新婚何如"。连年的旱、蝗、涝、饥，饿殍遍野，民怨沸腾，石重贵还派出恶吏，分道刮民。

　　由于在主战的景延广等人影响下，石重贵对契丹颇不恭顺。耶律德光便在降将赵延寿等人协助下，与后晋接连交战。开运二年（945 年）三月，后晋与契丹在阳城决战前夕，石重贵仍出外游猎。他不做战守准备，反而大建宫室，装饰后庭，广置器玩。契丹军攻下开封，俘虏石重贵，将其北迁，后晋也就灭亡。

　　次年，耶律德光称帝于开封，国号辽。辽帝占领中原以后，不给骑兵粮草，

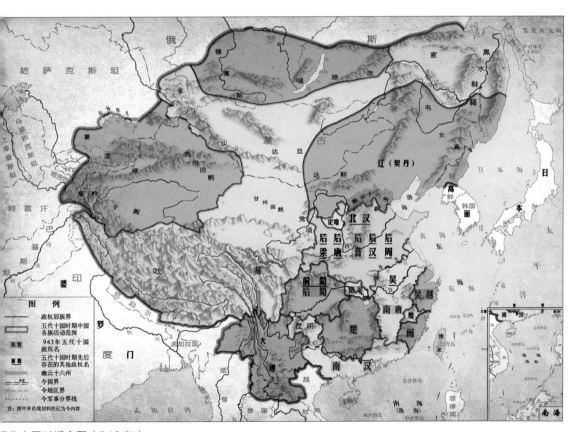

五代十国时期全图（943 年）

纵使他们四出掠取，称为"打草谷"，中原民众群起反抗。同年，辽帝被迫引众北还。

后晋的河东节度使刘知远趁后晋与契丹交战时，广募士卒，待辽帝将出帝石重贵迁往北方后，便于开运四年（947年）二月在太原称帝，仍用天福年号。随后，他统兵南下，定都开封，改国号为汉，是为后汉高祖，史称后汉。

接着，刘知远下诏禁止为契丹括取钱帛，慰劳保卫地方和武装抗辽的民众，在诸道的契丹人一律处死等。于是后晋朝臣纷纷归附。

刘知远帐下有个名叫郭威的亲信，对于地图天生善用。他往往能够从政治格局、地理地形上分析大局，进而给后汉高祖提供策略。当他提出由汾水南下取河南，进而图天下的战略后，被刘知远采用。于是，刘知远命史弘肇为先锋，举兵南下，一路势如破竹，所向无敌，很快拿下了洛阳和汴京，中原基本上平定。

但乾祐元年（948年）正月，刘知远在位仅一年后就驾崩，时年54岁。其子刘承祐继位，是为后汉隐帝。

隐帝年幼，朝政被勋旧大臣杨邠、史弘肇、王章、郭威所把持，武将掌权歧视文臣，招致内部矛盾不断。

汉隐帝忍无可忍，于是和亲信商议，趁杨邠、史弘肇、王章三人上朝之时，一举将他们杀死，尽灭其族，又派人刺杀镇守邺都的郭威。郭威闻讯遂举兵反抗，率领大军杀奔汴梁，击败了后汉禁军。汉隐帝落荒而逃，途中被杀。郭威则进入汴州后请太后临朝称制，并决定迎立刘知远之侄武宁节度使刘赟为帝。就在刘赟动身前往汴梁时，郭威指使人假报契丹入寇，自己率大军出京迎敌，行至中途，兵士哗变，将黄袍披在郭威身上，拥立郭威为帝，改年号广顺，国号周，是为后周太祖，史称后周。

刘赟生父、河东节度使刘崇闻知郭威夺位灭汉，便在晋阳称帝，国号汉，史称北汉，以与郭威对抗。郭威怕留着刘赟会成后患，于戊寅日命宋州节度使李洪义秘密毒死了刘赟。

后汉从建立到灭亡仅三年，历二帝，是五代十国里最短命的政权。短短三年之间，一梦而已，地图和后汉王朝也就无甚缘分。从版图而言，后汉疆域约为今山东、河南两省，山西、陕西的大部，河北、湖北、安徽、江苏的一部分。在辽灭后晋之际，原属后晋的阶、成、秦、凤四州被后蜀夺取，但后汉建立后又从辽手中夺得胜州。

作为五代时期最后一个中原王朝的后周，倒是被地图所垂青，如同斜阳下的余晖，留得一丝温存。

后周太祖郭威立国后，努力革除唐末以来的积弊，重用有才德的臣子，地图也被他列为重要的国器，加以利用。

后周版图大抵是华北地区与关中地区，后来还有淮南地区。曾经雄踞东方的大唐版图，进入五代十国以来，早已千疮百孔，四散崩离。后周疆域之外，外族大举占领中原的周围，建立了辽与党项政权。而河西地区，被归义军、甘州回鹘与吐蕃诸部所占领。燕云十六州则被后晋高祖石敬瑭割让给契丹（后改称辽），使汉、唐以来北方的边界线全部后退，黄河北岸几乎没有屏障。而安南地区被静海军的首领所割据，并在吴权于白藤江之战击败南汉军后，使越南北部地区也脱离中国。

颇有一番雄心壮志的后周王朝很清楚，要想版图疆域能够和唐王朝相提并论，必然需要财力兵力做保障。

后周太祖郭威振兴王朝的首要事务就是土地，土地的再分配必然又要涉及田亩测量。郭威称自己是个穷苦人，得幸为帝，岂敢厚自俸养以病百姓。所以为了减轻农民压力，直接将兵屯的营田赐给佃户，以提升税收。同时，废除后梁太祖朱温实行的"牛租"，使农民免除牛死租存的负担。当时，幽州来的数十万饥民孤苦无依，太祖便将无主荒地拨出来，任这些饥民耕垦为永业，提高生产的积极性。

在地图的使用上，水利建设也是太祖的重要政务之一。通过兴修水利，治理河患，灌溉良田，经济社会得到恢复，为后来的统一战争提供了积极的准备。

正是在太祖的精心治理下，后周在很短的时间里就显露出国富民强的迹象，也为后周世宗继续他的事业打下了坚实的基础。

显德元年（954 年）正月，郭威病重，统一大业难以完成。内侄、也是义子的柴荣被加授为开府仪同三司、检校太尉兼侍中，判内外兵马事。同月，郭威驾崩，柴荣按照遗诏，在枢前即皇帝位，是为后周世宗。

选择毫无血亲的柴荣为继承人，郭威堪称举贤而立，大有古尧舜之风。而柴荣的即位，使得后周成为五代十国最璀璨夺目的王朝。

柴荣之所以让后周迅速强盛，地图恰好是最关键的因素。

显德元年（954年）二月，北汉世祖刘崇趁后周国丧之际，自率三万兵力，并招引辽国骑兵万余人，南犯潞州。

周世宗柴荣闻讯，力排众议，决心亲征。在泽州高平之南的巴公原与北汉军遭遇后，后周军队大败北汉，斩杀其骁将张元徽。

高平大捷，周世宗雄心勃勃，决心遵照先帝的遗愿，干出一番大事业。他为后周定下三步走战略，当以十年开拓天下，十年养百姓，十年致太平。

三步走的第一步，就是开疆拓土。

对天文历法、地图编绘都较熟悉的世宗近臣王朴，献《平边策》，从天下态势、地形地貌分析，提出战略上进攻先近后远、先易后难，战术上进攻避实就虚，扰敌令其疲惫的方法而扩展后周版图。具体而言，则是先攻下江南（南唐）、岭南（南汉），再取巴蜀（后蜀），其后是辽国的燕云之地，最后是河东（北汉）。柴荣采纳王朴之言，并以此制定统一大计。

显德二年（955年），本就有扫灭诸国、澄清天下之志的周世宗柴荣，派向训、王景率军西征后蜀，欲收复秦、凤、成、阶四州。随着后周军队大破后蜀，秦、成、阶三州相继归附。随着攻克凤州，尽复四州之地。

威震后蜀后，周世宗三征南唐，不但使南唐俯首称臣，而且震慑了南方各割据势力，为之后的北伐扫除了后顾之忧。

紧接着，显德六年（959年）四月，周世宗亲率诸军北伐辽国，取道沧州北上，率步骑数万直入辽境。至宁州，辽宁州刺史王洪以城降。之后，领兵水陆俱下，至益津关，守将终廷晖举城投降。五月，瀛州刺史高彦晖以本城归顺。义武节度使孙行友攻克易州，擒获辽莫州刺史李在钦。同月，以瓦桥关设置雄州、益津关设置霸州。先锋都指挥使张藏英在瓦桥关北破辽骑兵数百人，攻下固安县。这次出师，仅42天，兵不血刃，连收三关三州，共17县。

后周版图逐渐扩充的同时，周世宗还着重于利用地图实行强国富民的国策。

显德五年（958年），世宗读唐人元稹所上的《均田表》后，大受启发，于是命人按表制成《均田图》赐给诸道节度使、刺史，随后又派遣左散骑常侍艾颖等均定河南六十州税赋。连历代受优待免纳租税的曲阜孔氏，也被取消特权，照平民例纳租赋。

《均田图》是五代重用地图难得的见证。而和《均田图》重视农业生产一样，世宗还将地图在水利、漕运、商业方面的利用价值发挥出来，以振兴王朝。

显德六年（959 年）二月，世宗征发徐、宿、宋、单等州丁夫数万浚汴河；发滑、亳二州丁夫浚五丈河，东流于定陶，入济，以连通青、郓的水运之路。又疏浚蔡河，以通陈、颍水运之路。使得导河流达于淮，于是江淮舟楫始通。

疏浚漕运水路，固然有军事意义，但对水利灌溉和经济发展也产生了重大影响。而这样大型的工程，如果不能精确绘图，科学测勘，当然是不可能的。

地图在后周王朝的生机，馈赠了后周难得的稳定与兴盛。从人口来看，显德六年（959 年）户口统计在籍共有 2554747 户。

人丁兴旺，提供了劳动力，也提供了源源不断的兵力，为后周的崛起和统一提供了种种可能。特别是地图，从唐末的沉寂到后周的复苏，接连在政治、军事、农业、经济、水利等领域发挥了极大的功效。

可惜的是，天妒英才，显德六年（959 年），世宗柴荣在北伐初战告捷，进而准备向幽州进军时，身染重病，只得班师回朝。这年夏天，周世宗病逝于汴梁，终年 39 岁。继位的周恭帝柴宗训年仅七岁，任殿前都点检（禁卫军的最高长官）、兼宋州归德军节度使的赵匡胤则逐渐成为后周的主宰者，后来也成了后周的终结者。

五代的延续匆匆忙忙，十国的故事也是凄凄惨惨。这一时期，地图委实算不得主角，没有太多的作为。

所谓十国，便是史学家认可的在中原创建政权，代表"正统"的五代之外其余十个相对较小的割据政权的统称。其中南方有九个，即杨吴、南唐、吴越、南楚、前蜀、后蜀、南汉、南平、闽国，北方一个为北汉。

史称杨吴太祖的杨行密原为庐州牙将，经过长期混战，其在江淮一带立足。天复二年（902 年），进封吴王。杨行密于江淮举起割据大旗，遏止后梁朱温南进步伐，成功地避免了全国更大范围的动乱。其奠基之吴国，实现由藩镇向王国的转型，南方割据势力与北方中原政权并存的局面得以实现。

杨吴存在期间，为五代前期南方最强大的政权，版图疆域囊括今江西全境、湖北东部、安徽与江苏两省淮河以南地区，此外还占有淮北一隅的海州，全据富庶之地。

不过，杨行密死后，其子杨渥喜好游玩作乐，亲信不断欺压元勋旧臣，将领们颇感不安。天祐四年（907年），张颢、徐温发动兵变，控制军政，杨渥大权尽失，徐温成为专权者。徐温去世，养子徐知诰继其权位。同年杨行密四子杨溥称帝，是为杨吴末代君主。

吴天祚三年（937年），吴帝杨溥让位于权臣徐知诰，杨吴灭亡，实际上吴一直都是徐家扶植的傀儡政权。徐知诰改国号为齐，第三年，徐知诰恢复李姓，改名为昪，自称是唐宪宗之子建王李恪的四世孙，又改国号为唐，史称南唐。

杨吴共历四主，存在时间36年。实质上，吴国政权名义上仍是唐朝的一个藩镇，所以依旧参照唐王朝的制度，对地图的使用，多数也是用于农业生产和户籍人口普查，或是长江流域的水患治理，整体谈不上任何发展和进步。

南唐政权开创者李昪称帝后，志在固守吴国旧地，无意开拓，被大臣冯延巳讥为"田舍翁"。

升元六年（942年），吴越国遭受自然灾害，南唐群臣都劝李昪趁机出兵攻灭吴越。李昪却坚决拒绝，认为国内百姓需要休养生息，不应开战，并派使者去慰问吴越，送去许多礼物。

南唐中主李璟曾想有一番作为，扩充版图，可叹功败垂成，天命难违。

升元七年（943年），李昪去世，李璟继位，改年号为保大。李璟在保大四年（946年）八月，派兵攻克建、汀、泉、漳四州，宣告闽国灭亡。又在保大八年（950年）灭亡南楚，势力渐渐强大起来。这自然引起后周王朝的警惕。

保大十三年（955年）十一月开始，后周军队持续用兵南征，南唐则一败涂地。扬、泰、滁、和、寿、濠、泗、楚、光、海等州接连失守，李璟又献出庐、舒、蕲、黄四州，和后周划长江为界，自己也觉得帝号名存实亡，下令去掉帝号，改称国主，史称南唐中主，使用后周年号。

吴越政权由钱镠在后梁开平元年（907年）所建，定都杭州。强盛时拥有13州疆域，约为今浙江省全境、江苏省东南部、上海市和福建省东北部一带。吴越国先后尊后梁、后唐、后晋、后汉、后周和北宋等中原王朝为正朔，并且接受其册封。

吴越算不上一个真正意义上的王朝，但它存续很久，较为安定。某种意义上，也可以说是地图对这个小政权的赠予。

吴越开国国君钱镠对自我的认知的确源于地图上的位置和天下的大局。因吴越国地域狭小，三面强敌环绕，只得始终依靠中原王朝，尊其为正朔，不断遣使进贡以求庇护。钱镠在位41年来，采取保境安民的政策，根据疆域实际，在太湖流域普造堰闸，以时蓄洪，不畏旱涝，并建立水网圩区的维修制度，由是田塘众多，土地膏腴。

正所谓靠山吃山，靠水吃水。吴越临水而立，无论是经济财源，还是疆域治理，都离不开水。而了解江海湖泊，需要大量绘制地图加以开发利用。钱镠在这一方面颇有建树。

开平四年（910年），钱镠动员大批劳力，修筑钱塘江沿岸捍海石塘，用木桩把装满石块的巨大石笼固定在江边，形成坚固的海堤，保护了江边农田不再受潮水侵蚀。并且由于石塘具有蓄水作用，使得江边农田得获灌溉之利。同时，他还设撩湖军，开浚钱塘湖，得其游览、灌溉两利，又引湖水为涌金池，与运河相通。钱镠还在太湖地区设"撩水军"四部、七八千人，专门负责浚湖、筑堤、疏浚河浦，使得苏州、嘉兴、长洲等地得享灌溉之利。

正因如此，虽非天命王权，但吴越在夹缝中存续良久，算得上五代十国时期一片小小的"桃花源"。

钱镠之后，第七子钱元瓘即位，在位十年，善事中原后唐、后晋政权，保土安民。钱元瓘去世后，其子钱弘佐继承王位。钱弘佐死后，其弟钱弘倧继位。后钱弘倧被废，立钱弘俶为王。

到了宋开宝八年（975年），自知难以为继的吴越政权审时度势，以天下苍生安危为念，决定纳土归宋，将所部13州、1军、86县、55680户、11516卒，悉数献给宋朝，成就了一段顾全大局、中华一统的历史佳话，保护了吴越的生产力免遭破坏，人民也免遭生灵涂炭。

所谓南楚，即历史上唯一以湖南为中心建立的政权，创建者是马殷，版图包括今湖南全境和广西大部、贵州东部和广东北部。

前蜀在盛时版图疆域大致在今四川大部、甘肃东南部、陕西南部、湖北西部。历二帝，共 18 年。由于国主王衍奢侈荒淫，营建宫殿，巡游诸郡，百姓负担过重，臣僚也贿赂成风，后唐庄宗李存勖于 925 年发兵攻打，前蜀投降覆灭。

后蜀的创立者孟知祥本是后唐西川节度使。后唐长兴四年（933 年），后唐明宗授孟知祥为剑南东西川节度使、成都尹，封蜀王。明宗病死后，934 年，孟知祥遂在成都称帝，国号仍为蜀，史称后蜀。后蜀盛时疆域约为今四川大部、甘肃东南部、陕西西南部、湖北西部。

孟知祥在位 114 天就病死了，其子孟昶继位。

后蜀广政二十八年（965 年），北宋大将王全斌率大军攻打后蜀，孟昶率众投降。宋军从出兵到灭亡后蜀，前后不过 66 天时间。

位于现今广东、广西、海南三省区的南汉政权，由晚唐封州刺史刘谦的次子刘陟建立，为北宋赵匡胤所灭，历四帝，国祚 54 年。

据有今湖北江陵、公安一带，建都江陵的南平政权，是十国中面积最小的王国，为后梁任命的荆南留守高季兴所创。建隆三年（962 年）十月，归降于宋。

统治区域与今福建省大致相当的闽国，在长兴四年（933 年）建立，之后闽国政变内乱不断。闽天德三年（945 年）正在打内战时，南唐出兵将其攻灭。

十国另一国，也是唯一在北方建立的小政权北汉，都城晋阳，领土为 12 州，位置大致在今天的山西省中部和北部。是后汉高祖刘知远的弟弟，河东节度使、太原尹刘崇，在乾祐四年（951 年），据河东 12 州称帝，仍用后汉的乾祐年号，史称北汉。

北汉政权大多数官吏贪污公款、勒索百姓，百姓只能被迫逃亡以避战乱和苛敛。河东 12 州在盛唐时有 279100 余户，到北汉灭亡时在籍仅 35200 余户，为盛唐时的八分之一。这样的政权自然必亡无疑。

北汉广运六年（979 年），宋太宗赵光义率军亲征北汉。宋军先击溃支援北汉的辽军，而后猛攻太原，北汉皇帝刘继元被迫投降，北汉灭亡。

五代十国，是唐宋之间的大分裂时期。从地图发展的角度看，虽有一些短暂的王朝和少数的国君对地图有所重视，也想利用地图开疆拓土和治国理政，但总体而言乏善可陈，倒是因为这一时期的绘画艺术水平，特别是山水画的进步，给地图绘制提供了一些借鉴。

如敦煌石窟现编 61 窟的洞窟，曾是五代时期专为供奉文殊菩萨而开凿的洞窟。洞窟的西壁上，一幅规模恢宏的《五台山图》再现了五代时期五台山佛国圣境的宗教氛围和世俗风情。此图既是引人入胜的山水风景，又是一幅全息的宗教地图，凭借高超的绘画技艺，采用鸟瞰式的透视法，描绘了巍峨敦厚、磅礴晋冀的五台山及其周围八百里以内的山川景色、寺庵兰若、城池房宇等建筑 199 处、

五台山图（局部）

桥梁 13 座、佛菩萨画像 20 身、僧俗人物 428 位、乘骑驼马 48 匹、运驼 13 峰，是世界上罕见的巨幅形象画法地图。此图将中国绘画技法的精髓和地图绘制的精准融会贯通，堪称五代时期地图的代表作。

毕竟五代十国时期的政权如同丛林一般高低错落，皆非天命王权的真正主宰者，因而天下版图疆域未能一统，各路帝王如过江之鲫，不过是匆匆过客罢了。地图在这样的乱世也难逢真正有缘雄主，难以有大的建树。饶是后周世宗柴荣这样凤毛麟角的有识之君高光一现，也不过是斜阳晚照，很快就复归沉暮了。

汴梁往事

十四

北宋（960—1127年）

916年，北方契丹族的首领耶律阿保机建立契丹国，947年改国号为「辽」。960年，后周大将赵匡胤发动兵变，建立宋朝，定都东京（今河南开封），史称「北宋」。北宋建立后，陆续消灭其他割据政权，结束分裂局面。1038年，党项族首领元昊建立大夏国，史称「西夏」。北宋、辽、西夏逐渐形成三足鼎立之势。这一时期，周边地区还有哈拉汗（黑汗）、西州回鹘、黄头回纥、吐蕃诸部和大理等。

扫码读第14、15、16章参考文献

兵荒马乱的年景，朝廷的驿站也是死气沉沉。

但陈桥驿的这个夜晚却是人潮涌动。那棵遒劲的老槐树下，战马嘶鸣，兵士喧呼。

后周显德七年（960年）正月初三日寅夜，月黑风高，距离京城不过40里地的陈桥驿却是火把通明，人声嘈杂。

五更鼓起，不知谁找来一件黄色的衣袍，披在归德军节度使、检校太尉赵匡胤的身上，一众将士跪拜行礼，要求赵匡胤先登基为帝，再出发北征。

就在两天前，一则契丹和北汉联兵南下的流言传遍后周京师汴梁城，宰相范质等人不辨真假，匆忙派遣赵匡胤统率诸军北上抵御。

前一年后周世宗柴荣驾崩，年仅七岁的柴宗训（后周恭帝）继位，军权就牢牢地掌握在赵匡胤手中。此次兵变，与其说是将士所为，倒不如说赵匡胤才是主谋。

当年郭威兵变，建立后周王朝，赵匡胤既是见证者，更是参与者。所以，对于"兴王易姓"这一出戏码，赵匡胤算得上是熟门熟路。

披上黄袍的赵匡胤甚至没有假惺惺推辞，就明令部下不得惊犯后周太后和主上，不得侵凌公卿，不得侵掠朝市府库。得到应诺后，赵匡胤随即转头率军回到开封。

守备都城的主要禁军将领石守信、王审琦等人都是赵匡胤过去的"结社兄弟"，得悉兵变成功后便打开城门接应。当时在开封的后周禁军将领中，只有侍卫亲军马步军副都指挥使韩通在仓促间想率兵抵抗,还没有召集军队,就被军校王彦升杀死。陈桥兵变的将士兵不血刃就控制了都城开封。

陈桥兵变,赵匡胤黄袍加身,以不流血的方式进行了政权更迭,并无生灵涂炭,倒也难得。

显德七年(960年)正月初四,赵匡胤在开封崇元殿正式登皇帝位,时年34岁。由于赵匡胤在后周任归德军节度使的藩镇所在地是宋州,遂以宋为国号,仍定都开封,改元建隆,是为宋太祖。

相比之前五代的政权,赵匡胤创建的大宋王朝志在一统天下,彻底扭转乾坤颓势,成就恢宏大业。

地图,不经意间以极为重要的角色登上了太祖统一天下的大舞台。

建隆二年(961年)冬天的一个大雪纷飞之夜,太祖彻夜不眠,索性披衣出门,约上弟弟赵光义,冒雪前往宰相赵普府邸,席地而坐,烹酒烤肉,边吃边聊,探求统一诸国的征伐策略。

这次史称"雪夜定策"的君臣对答,从宋王朝周边地理环境优劣、割据势力盘踞强弱等方面做出分析探讨,就敌我态势一一谋划征讨方略,堪称以图定策。或许,三人在此之前,都已经无数次参详过周边地图,方有对南征北伐的不同见解。

按照赵匡胤的想法,王朝如今所统治的地方只有黄河、淮河流域一带,疆域过于狭小。北有北汉和契丹,西有后蜀,南有南唐、吴越、荆南(南平)、湖南(武平)、南汉等。各国无不虎视眈眈,大宋难以高枕无忧,只有将这些小国消灭或征服,才能奠立大宋国基。可从地理位置来看,似乎宜先近后远,先攻打北汉,再图南下符合常理。赵普则开宗明义说,现在已经到了一统天下的极好时机,只是看进军方向怎么考虑了。北汉有契丹为后援,攻之有害无利,即使灭了北汉,又要独自承担契丹的强大压力,倒不如先保存北汉,以为阻隔契丹的屏障,等集中力量剿灭南方各国,再专力北征。

太祖对此很是赞赏,觉得立国之机,需出奇制胜,不能按常理出牌。于是转头招呼弟弟赵光义,说出自己的详细征伐策略,即:中国自五代以来,兵连祸结,帑藏空虚。大宋要想政局稳定,必先取巴蜀,次及南汉、南唐,这样富庶之地尽归我朝,就能够有足够的财力物力做支撑。

于是，先南后北、先易后难的战略方针就在这个大雪之夜确定下来。

如果说"雪夜定策"，是太祖把天下当作一张图，分而谋之的话，那么真正到了战争准备阶段，太祖夺取后蜀，分为四步走，地图之事就被列为第一步。

太祖任命张晖为凤州团练使，首要的任务就是负责刺探蜀国的虚实，获取蜀国的山川地形，绘制成地图。尔后才是加紧制造战船，训练水军，命诸州造轻车，以供山地输送之用，并设西南诸州转运使，做攻战的物资准备。

如此被太祖看重，地图自然投桃报李，给宋王朝的讨蜀策略提供了最为正确的判断。

乾德二年（964年）十一月，赵匡胤命分兵两路，北路由忠武军节度使王全斌为西川行营前军兵马都部署，侍卫步军都指挥使崔彦进为副都部署，率步骑三万出凤州沿嘉陵江南下。东路由侍卫马军都指挥使刘廷让为副都部署，率步骑两万出归州溯长江西进。两路宋军分进合击，约期攻讨成都。

后蜀皇帝孟昶闻讯，欲依托川陕险要地势，严兵拒守，同时遣使约北汉共同反宋。或许正是天命王权归宋，后蜀遣往北汉的使者赵彦韬不仅带着密函叛变，和盘托出后蜀的兵力部署，还甘愿作为"活地图"，带领宋军攻蜀。

如此一来，宋军以破竹之势，很快突破剑门险要，两路汇合，进而直逼成都，孟昶举城投降，后蜀灭亡。

平定后蜀，宋军竟然只用了66天。如此大捷，地图当记头功。若不是太祖雪夜定策战略得当，攻蜀前期刺探地形绘制地图，出征时借助地图的标注洞悉敌情，部署得当，使得战法灵活，居于主动，岂能如此轻而易举就灭蜀班师。

后蜀灭亡之后，赵匡胤命令士兵利用蜀国宫殿里的木材造了200多艘战船，然后用船装载宫中的金银财宝，前后花了十多年的时间，才把后蜀宫中的珍宝运完。据说就连皇帝孟昶用的夜壶都镶嵌满了宝石。

后蜀灭亡，宋王朝版图扩增。而蜀地素来与中原隔绝，战乱较少，那里物产丰富，还是天然粮仓，得蜀也就有足够的资本和底气图谋剩余诸国了。

可见，曾在五代十国时期似乎被遗忘的地图，给太祖和宋王朝的馈赠，足以证明王权是否天命，王朝能否强大，地图的功效实不容忽视。

随后，宋军的统一战场依旧放在南方。南唐、吴越表示臣服，南汉刘𬬭拒绝附宋。开宝四年（971年），宋军以火攻破南汉招讨使郭崇岳六万军，继而攻陷兴王府，刘铱投降，南汉灭亡。

宋灭南汉后，南唐后主李煜表面上臣服以求自保，暗中却备战以防宋军进攻。太祖统一江南的策略早已制定。经两年准备，于开宝七年（974 年）九月命宣徽南院使曹彬为升州西南面行营马步军战棹都部署，偕都监潘美，统领十万大军出荆南，调吴越军出杭州北上策应；遣王明牵制湖口南唐军，保障主力东进。水陆并进，与十万南唐军激战于秦淮河，大败南唐军，直逼江宁城。待攻破江宁，李煜投降，南唐宣告灭亡。此役，地图同样功不可没，如果不能悉知南唐山川地貌，在江南水陆不同的复杂地理环境下合理排兵布阵，讨伐南唐之战也就无法如此轻易获胜了。

兼并南唐以后，南方政权就只剩下了吴越，以及从南唐分裂出去的漳、泉二州，太祖觉得这两个小军阀不足为虑，就开始了统一的北向之战，讨伐北汉。

开宝元年（968 年）和开宝二年（969 年），赵匡胤曾两次出兵进攻北汉，都因辽出兵援助无功而返。开宝九年（976 年），赵匡胤第三次进攻北汉期间，十月十九日夜，赵匡胤召赵光义入宫饮酒，当晚共宿宫中。二十日清晨，赵匡胤忽然驾崩。二十一日，晋王赵光义即位，是为宋太宗。

这便是所谓的"烛影斧声"。至于太祖死因不明，倒没有影响宋王朝继续如后世学者所言，其物质文明与精神文明所达到的高度，在中国整个封建社会历史时期之内，可以说是空前绝后的。

直到太平兴国四年（979 年），赵光义亲自统兵，灭亡北汉。五代十国的分裂局面终于宣告结束，宋完成了对全国大部的统一。版图疆域东北以今海河、河北霸州、山西雁门关为界；西北以陕西横山、甘肃东部、青海湟水为界；西南以岷山、大渡河为界。

太平兴国四年（979 年），赵光义移师幽州，试图一举收复燕云地区，恢复天下完全统一版图，在高梁河和辽军展开激战。不过宋军大败，太宗中箭乘驴车逃走。至此，宋辽在此长期对峙，一直到景德元年（1004 年）宋真宗抵澶州北城，与辽在澶州定下停战和议，史称"澶渊之盟"，之后宋辽边境才长期处于相对稳定的状态。

但正是燕云地区战略要冲被契丹掌控，为宋王朝后来南迁偏安埋下了伏笔。

总之，边境稳定有利于王朝社会繁荣发展。地图曾经被太祖所看重，为大宋立国发挥了极大作用。自然，王朝上下对地图的重视也就史无前例予以极大热忱。因而，宋王朝的建立，给地图带来了勃勃生机，各类测绘活动层出不穷，各种图经、图志蔚为可观，各样与地图有关的人才如雨后春笋般涌现。从北宋开始，地图就继唐王朝之后进入又一个鼎盛期，成为中国地图史上一个极为辉煌的时代。

地图在太宗时期，也进入了发展的快车道。从朝廷的行政体制上来说，由于地图的重要性，特别是宋王朝面对北方的威胁最大，因而掌天下图籍的职能放在兵部。兵部职方郎中是王朝地图的掌管者，负责事项包括郡邑、镇砦道里之远近；凡土地所产，风俗所尚，具古今兴废之因；四夷归附，则分隶诸州，度田屋钱粮之数以给之。此外，每逢闰年就要求地方编绘新的地图奏报朝廷，每十年则要进行较大规模的测绘，以各州的名义编绘新版地图。

兵部之外，工部掌管农田、工程、水利的测绘绘图，秘书省掌管天文图和历法，另有转运使每十年进行一次地方性测绘，并负责把编绘完成的地图呈送朝廷。

朝廷建章立制，把地图测绘编制制度化，使得宋王朝的地图繁荣水到渠成。就连最基层单位的保，也要求每保绘制成图，田畴、山川、道路都要标注清楚，各保合为都，都合为乡，乡合为县。如此来看，宋王朝的地图已经辐射到村落了。难怪各类和地图相关的活动、著作、创新层出不穷，硕果累累。

王朝版图的扩充，自然需要全国性的测绘和制图。其实从太祖时期，就有心愿对统一后的全国进行一次全面测绘制图活动。虽然太祖驾崩，但到了雍熙二年（985年），太宗把地方州、府、军、监上报朝廷的400多幅地图集中起来，命令制作全国性舆图。淳化四年（993年），用绢一百匹，方绘成《淳化天下图》。

《淳化天下图》是一幅规模宏大的地图，详细标注了宋王朝的疆域分布。此图前所罕见，不仅说明了宋王朝对地图测绘的重视，更证明了北宋高超的地图绘制技术。

太宗在绘制《淳化天下图》的同时，为有效管理靠征伐兼并来的疆域，加强中央集权，对全国进行重新划分，称之为路，每路的转运使就任之后，首要之事便是丈量辖区，绘制地图，呈报朝廷。而且，每十年还要更新一次。

而国内的地图编绘一派兴旺，乐史编撰的《太平寰宇记》，就在太宗太平兴国年间成书。原著200卷，以当时所分的13道为纲，下分州县，分别记载沿革、户口、山川、城邑、关寨等项外，又增加风俗、姓氏、人物、土产等项，着重经济文化方面的记叙，为后来总志体例所沿据。

此外，边疆的地图勘测绘制更是王朝的重要事务。就在太宗去世的至道三年（997年），还不忘下诏绘制西部边疆山川图，以图稳定边疆，居安思危。

至道三年（997年）三月，太宗驾崩。第三子赵恒继位，是为宋真宗。次年改年号为咸平。

真宗同样对地图高度重视。自咸平二年（999年）开始，辽朝陆续派兵在边境挑衅、掠夺财物、屠杀百姓，给边境地区的居民带来了巨大灾难。虽然宋军在杨延朗、杨嗣等将领率领下，积极抵抗入侵，但辽朝骑兵进退速度极快，战术灵活，给宋朝边防带来的压力愈益增大。

景德元年（1004年），辽萧太后与辽圣宗耶律隆绪以收复瓦桥关为名，亲率大军深入宋境。双方交战互有胜负，在澶州签订合约，辽宋约为兄弟之国，宋每年送给辽岁币银10万两、绢20万匹，宋辽以白沟河为边界。尽管澶渊之盟保护了北宋的版图不被侵蚀，但燕云十六州的收复更加遥遥无期。

真宗在军事上懦弱不敢战，但对于地图编绘还是如先帝一样继续予以支持。由于西部边境经常遭受以李继迁为首的党项族地方武装的侵扰，朝廷委任郑文宝以工部员外郎兼随军转运使之职负责平乱。

郑文宝此人，也是一位地理学者，他在平叛的同时，认识到边境的长治久安必须有地图做参照。于是，利用自己熟悉当地山川险易的优势，编绘呈报朝廷《河西陇右图》，详细描述当地环境特点和边境态势，并请朝廷重视西部的稳定。

真宗信仰道教，在供奉道教的滋福殿的墙壁上，却是挂满了地图。至道元年（995年），李继迁攻击灵州，远在汴梁的真宗得报后，久久伫立在滋福殿内，望着墙壁上冯业绘制的《灵州图》说，冯业所画的这幅地图颇为周悉，山川形势一目了然，可是谁能给我守卫好呢？

面对天下格局，危机仍在，真宗也是忧心忡忡，御览各种各样的地图也就成为经常。对于地图的熟悉，让真宗某些地理知识和战略格局意识大大超越了文武百官。

他曾以陕西二十三州地图诏示群臣，指出各州山川险易、蕃部居处，特别指出秦州在陇山之外，与少数民族接壤，需派要员出守才能放心。而对于燕云十六州，真宗也是念念不忘。他指着甘、伊、凉等府地图和契丹图告诫群臣，契丹所据地，南北千五百里，东西九百里，疆域谈不上多大，可是燕云地区被其掌控，实在可惜。

军事用图之外，经济农业类别的地图，真宗也经常阅览并发表见解。工部侍郎张去华著《元元论》及《授田图》，真宗阅览后认为，经国之道，必以养民务稼为先。他还解释自己之所以不愿用兵征伐，就是为了使得百姓能够安居乐业，富庶起来。

景德四年（1007 年）二月，宋真宗览《西京图经》，命各地编纂图经上报，由孙仅等人校定而成《祥符州县图经》，大中祥符三年（1010 年）修成后，次年又抄录副本共 342 册，颁天下诸道。

这样一位对地图相当熟悉了解的皇帝，却在历史上留下畏战的名声，恐怕设身处地地想，的确有他的另外考量。尽管军事上没有开疆拓土的作为，但真宗在位时期，北宋户口增加 416 万户，财政增加 12861 万（钱粮布总数），至 1021 年户口达到 867 多万户，财政总额已达 15085 万（钱粮布总数）。人均财富增加 3 倍多，的确如真宗所言实现了富民强国的目标。

而地图，也是真宗治国理政的一个重要标签，助力真宗开创了大宋王朝繁盛的大业。

乾兴元年二月十九日（1022 年 3 月 23 日），真宗赵恒逝世。年仅 13 岁的第六子赵祯即皇帝位，是为仁宗。由皇太后刘氏（章献明肃皇后）代行处理军国事务，直至明道二年（1033 年）刘太后去世，仁宗才开始亲政。

仁宗时期，大宋王朝进入了鼎盛期，经济繁荣，科学技术和文化也得到了很大的发展，但危机同样在此时期凸显，社会矛盾日益尖锐，各种问题接踵而来。地图，在这个时期同样备受瞩目。在经济增长的同时，辽和西夏威胁着北方和西北边疆，社会危机日益严重。

宝元元年（1038 年），党项族人李元昊称帝，建国号大夏（史称西夏），定都兴庆，与宋朝的外交关系正式破裂。次年，为逼迫宋朝承认夏的地位，李元昊率兵进犯北宋边境。

从康定元年（1040 年）到庆历二年（1042 年）的三年中，宋、夏展开三次大战，宋军先胜后败，西夏虽在宋夏战争中接连取得胜利，但自身亦伤亡近半，国力难支。庆历四年（1044年），宋、夏订立和约，史称"庆历和议"，结束了军事对峙。

在国内，土地兼并问题日益严重，公卿大臣大都占地千顷以上，农民起义不时爆发。仁宗不安于守成的现状，针对农民起义和兵变在各地相继爆发，以及日益严重的土地兼并、"三冗"（冗官、冗兵、冗费）的现象，提出了"明黜陟、抑侥幸、精贡举、择官长、均公田、厚农桑、修武备、减徭役、覃恩信、重命令"的十项改革主张，史称"庆历新政"。

这次改革，地图扮演的角色分外重要。尤其在土地分配和军队改革上，重新规定官员按等级给一定数量的职田。没有发给职田的，按等级发给他们，使他们有足够的收入养活自己。这样一来，就要进行土地的丈量和田籍的重新编绘，地图测绘就成为职田分配的手段和工具。对于军队改革，地图更是应用在方方面面，如建立营田制，解决军需问题，使军队面貌一新。大规模进行军事工程建设，编绘防御工事地图，构筑城寨，修葺城池，建烽火墩，形成堡寨呼应的坚固战略体系。

总归是新政触犯了贵族的利益，因而遭到阻挠。庆历五年（1045年）初，范仲淹、韩琦、富弼、欧阳修等改革派相继被排斥出朝廷，各项改革也被废止，新政彻底失败。

嘉祐八年（1063年）农历三月，仁宗逝世。养子赵曙即位，是为宋英宗。

英宗在位仅四年，但从地图的保护和发展来看，英宗最为突出的贡献就是命司马光设局专修《资治通鉴》和重视图书的保护。

治平元年（1064年），司马光写成了一部《历年图》进呈给英宗，英宗对此大加赞赏。治平三年（1066年），英宗命司马光设局专修《资治通鉴》。《资治通鉴》主要以时间为纲，以事件为目，从周威烈王二十三年（前403年）写起，到五代后周世宗显德六年（959年）征淮南停笔，涵盖16朝1362年的历史。其中，大量历史上与地图相关的信息被记录和整理保存下来。

此外，治平二年（1065年），北宋最为知名的地理、地图学家沈括被英宗调入京师，编校昭文馆书籍，参与详订浑天仪，并研究天文历法之学。

英宗之后，太子赵顼于治平四年（1067年）正月继位，次年改元熙宁，是为宋神宗。

宋神宗上位，北宋的地图事业也出现了最兴盛的高光时刻。

由于庆历新政的失败，王朝的矛盾愈加突出，积贫积弱的局面仍在向前发展，朝廷内外危机四伏，因而要求改革的呼声在一度沉寂之后，很快又高涨起来。

神宗希望改变积贫积弱的局面，消除弊病，克服统治危机，遂起用王安石为江宁知府，旋即诏为翰林学士兼侍讲，开启了熙宁变法的准备。

熙宁二年（1069年）二月，宋神宗任命王安石为参知政事，王安石提出当务之急在于改变风俗、确立法度，提议变法。神宗赞同。随即，变法的新政相继推出。

诸多新政中，地图不可或缺地再次被推上中央舞台。

为解决以往各地田赋不均、税户相率隐田逃税的情况，方田均税法要求对各州县耕地进行清查丈量，核定各户占有土地的数量，然后按照地势、土质等条件分成五等，编制地籍及各项簿册，并绘制地图，以此确定各等地的每亩税额。也就是说，全国所有耕地进行全新测绘，根据测绘丈量结果划定土地等级，按照等级设定税赋。

农田水利法同样需要使用地图，通过鼓励垦荒，兴修水利，使耕地面积增加，农业生产发展，政府税收增加。

王安石变法的目的在于富国强兵，借以扭转北宋积贫积弱的局势，法令颁行不足一年，围绕变法，拥护与反对两派就展开了激烈的论辩及斗争，史称"新旧党争"。

熙宁七年（1074年）春，天下久旱，饥民流离。京城安上门监郑侠绘《流民图》以告急文件特进。这幅不是地图的图，却动摇了神宗变法的决心，也使得王安石被逼辞去相位，变法宣告停止。

地图的命运却比变法事务幸运得多。变法失利，天子不悦，变法就冰消瓦解。可在大宋王朝却是地图人才辈出，就算天子不满意，还有后来人。譬如熙宁四年，神宗诏令集贤校理赵彦若监制《天下州府军监县镇地图》。当熙宁六年完成制作后，赵彦若呈报十八路图一卷及图幅20卷。可神宗觉得赵彦若监制的地图很是差劲，就于熙宁九年复命沈括重编天下州县图。

沈括此人，是北宋地图发展最为重要的人物。他一生致志于科学研究，在众多学科领域都有很深的造诣和卓越的成就，被誉为"中国整部科学史中最卓越的人物"。

受领重编天下州县图任务之前，沈括编绘地图的才华就大受神宗称赞。

熙宁八年（1075年）三月，宋辽边界冲突，辽国提出以黄嵬山为分界线的无理要求。辽使萧禧竟然还指责宋王朝不答应这一条件，就代表着谈判没有诚意，留在汴京不肯离去。沈括作为谈判代表，没有理会辽使的吵闹，而是到枢密院查阅以前的档案文件，发现宋辽过去商定的协议是以古长城为界，而从地图上看，黄嵬山在古长城以南，相距有30里之遥，遂上表呈报朝廷。

神宗非常高兴，让他以回谢使的身份出使辽国。从汴京出发，沈括带上了边界地图和相关档案文件，先后进行六次谈判，让契丹宰相杨益戒无言以对。

杨益戒理屈词穷，就荒谬地威胁说，以数里之地，绝两国之好，不利于和平。沈括则以国之道义、民之根本为理由，寸土不让，据理力争。在沈括的坚持下，辽国最终有所退让，紧张的宋辽关系也得以暂时缓解。

靠地图和历史档案赢得王朝尊严的沈括在归国途中，根据沿途地理形势、风俗民情，编绘了名为《使契丹图抄》的图籍，呈现给神宗。

沈括的地图才华自然成为重编天下州县图最合适的人选。

元祐二年（1087年），历经12年不懈的努力，沈括完成了奉旨编绘的《天下州县图》，图幅之大，内容之详，前所罕见。全套地图共有20幅，包括全国总图和各地区分图，比例为九十万分之一。在制图方法上，沈括提出分率、准望、牙融、傍验、高下、方斜、迂直七个方法，并按方域划分出"二十四至"，从而大大提高了地图的科学性。

沈括对地图研究和绘制不止在外交和行政上，还惠及王朝的方方面面。如他按照古人记述，仿鸟飞直线所绘制的地图，排除地貌所引起的距离误差，是制图六体校正距离的实用方法和发展。

飞鸟绘图的实践，沈括曾运用于《天下州县图》，也叫《守令图》。按照沈括的说法，用二寸折算一百里作为分率，又建立了准望、牙融、傍验、高下、方斜、迂直共七个方法，来求得"鸟飞"的里数，图绘制成后，求得四方四隅远近的实际里程，才可以运用这一方法。将地图的四至、八到分为二十四至，用十二地支、甲乙丙丁庚辛壬癸八干和乾坤艮巽四个卦名来称呼它们。即使后世将图亡失了，只要得到这本书，按二十四至来分布州县，立刻可以绘成图，不会有丝毫的差错了。

沈括视察河北边防时，还曾把所考察的山川、道路和地形，在木板上制成立体地图模型，呈现给神宗，这是中国地图史上木质地形图的第一次明确记载。

让地图给王朝增添更多的活力，还体现在沈括的万事无处不用、无处不创新的可贵科学精神方面。

至和元年（1054 年），沈括任海州沭阳县主簿，主持治理沭水的工程，编绘工程地图，修筑渠堰；嘉祐六年（1061 年），沈括还参与修筑芜湖万春圩的工程，写出《圩田五说》《万春圩图书》等关于圩田方面的著作；熙宁五年（1072年），沈括主持汴河的疏浚工程。为了治理汴河，他亲自测量了汴河下游从开封到泗州淮河岸 840 多里河段的地势。用"分层筑堰测量法"测出了河南开封上善门至泗州淮口直线距离 420 公里之内，水平高差为 63.3 米。沈括是存世古文献中最早记录水平高程测量的方法、过程和结果的科学家。

无疑，沈括的这些探索和实践推动了地图更加科学的进步。

神宗年间，图经和地志空前繁茂。元丰七年（1084 年），枢密院编修朱长文致仕返乡之后编绘《吴郡图经续记》。全书分上、中、下三卷，含封域、城邑、户口、坊市、物产、风俗、门名、学校、州宅、南园、仓务、海道、亭馆、牧守、人物、桥梁、祠庙、宫观、寺院、山、水、治水、往迹、园第、冢墓、碑碣、事志、杂录，几乎涉及苏州地区各个方面的情况，并且以地理为重，内容统合古今，资料十分丰富。

熙宁八年（1075 年），都官员外郎刘师旦以州县名号多有改易，奏请重修《九域图》。神宗诏命曾肇、李德刍删定，而以王存总其事。至元丰三年（1080年）书成，因"旧名图而无绘事"，改称《九域志》。此书举纲撮要，极为简明，但内容丰实，独具一格。书中除记载当时疆域政区外，又备载各地户数、元丰三年土贡数额，以及城、镇、堡、寨、山岳、河泽的分布，据统计仅镇即达 1880余个，山岳、河泽亦各在 1000 处以上。

石刻地图也在神宗年间大量涌现。元丰三年，龙图阁待制知永兴军府事汲郡吕大防，命户曹刘景阳、邠州观察吕大临检定，以旧图及韦述《西京记》为本，参以诸书及遗迹，考定长安及太极、大明、兴庆三宫，用折地法，绘制成图，刻于石上。

《长安图》《兴庆宫图》《大明宫图》真实、完整地再现了唐代长安楼阁宫殿宏伟建筑之全貌，而且名称注记、比例尺和定位方向都很准确，代表了北宋地图绘制的极高水平。吕大临当时是太学博士、金石专家，由他最后检定，其图上内容与志书记载、实地勘测比较，基本上是一致的。

元丰八年（1085 年）三月戊戌，神宗驾崩，年仅十岁的神宗第六子赵煦即位，是为宋哲宗。高太后被尊为太皇太后，临朝听政。元祐八年（1093 年）九月，高太后崩逝，赵煦开始亲政。

哲宗即位，是北宋由强趋弱的重要转折，地图虽然在北宋王朝初期一路高光，但在哲宗年间有所停顿。

高太后垂帘听政后，立即起用以司马光为首的旧党，即王安石变法的反对者，史称"元祐更化"。在朝的大臣无论是保守派还是变法派，都不可避免地卷入激烈的党争。

就算到了哲宗亲政时期，王朝新旧党争始终未能解决。单从王朝版图上看，旧党回朝，摒弃了新党的开边政策。为巩固边防，重臣司马光主张尽数退回熙丰年间所占西夏城、寨、州、军，以向西夏示好，但得不到内部的一致认同。最后朝廷退还米脂、浮图、葭芦、安疆四座重要的军事要塞，以此求西夏的和好。结果西夏后族梁氏执意透过军事胜利来巩固权力。

早在熙宁五年（1072 年）十月，宋王朝设置了熙河路，并先后收复了河、洮、岷等诸州，对吐蕃各部及西夏也产生了一定的震慑作用。可为求西夏和好，哲宗时期放弃米脂等州，熙河一路则因朝臣极力反对放弃才勉强得以保存。

从元祐八年（1093 年）到绍圣二年（1095 年），哲宗重新建立战时政府和战区指挥体系，开启平夏城之战。

随着几次讨伐，西夏兵败平夏城，宋王朝全面占据横山和天都山。元符二年（1099 年）夏，哲宗动员超过十万大军，十天之内筑成八座堡寨。鄜延、河东和麟府三路连成一道新防线，沿横山绵延超过 300 里，将党项人驱赶到沙漠地带。此时，西夏只好遣使谢罪，其谢表用辞谦卑。同年底，双方重归和平，宋夏新疆界确立。

用兵西夏，王朝版图重新回归，哲宗算是扬眉吐气，取得了外交和军事上的胜利。

哲宗对于地图，倒也看重。元祐三年（1088 年），哲宗下诏修订诸道图经，全国十八路一府共修图经 1430 卷，还是相当可观。

另外，哲宗年间出现了一位著名的地图学家税安礼，遍游名山大川，博见广闻，著有《地理指掌图》一卷，共有图 44 幅，每幅图都有图名，图后均附说明。上自帝喾，下至北宋，各代地图至少一幅，多则五幅，成为现存最早的中国历史地图。

元符三年（1100 年）正月，年仅 25 岁的宋哲宗病死，因无子嗣，只好由弟弟赵佶继承为帝，是为宋徽宗。

徽宗即位，北宋的颓势日益增显。地图似乎也有所疲惫，渐渐负气一般，成了王朝沦落的看客。如宦官杨戬设"稻田务"，收索民户田契，将超出原始田契的土地称为公田，种植户即作为佃户，须交纳公田钱，继而推广至黄河中下游及

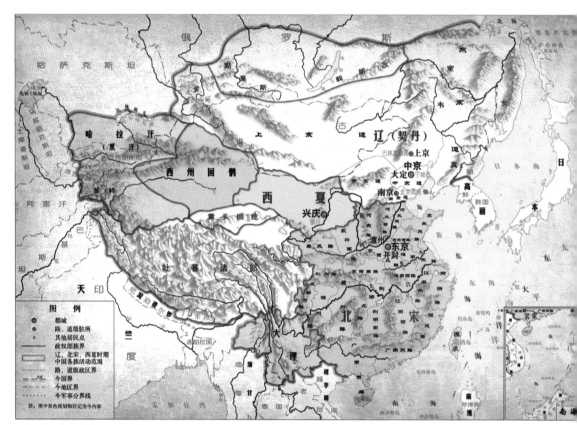

北宋时期全图（1111 年）

淮河流域。朝廷又设"营缮所",所有荒地废田都作为公田,强令百姓承佃,交纳公田钱。宣和三年(1121年),杨戬死后,宦官李彦更为凶狠残暴,凡民间好田,指使他人诬告为荒田,田主虽有地契也无用,即括为公田,导致民不聊生,小规模起义不断发生。

从地图来说,徽宗似乎也想延续先帝对地图的重视。大观元年(1107),创置九域图志局,主持全国区域志的编修,开创了国家设局修地志的先例。但此时的地志图主经辅转变为经主图辅,地图甚至到后来愈发稀少,完全靠文字记载来取代了。

宣和元年(1119年),宋江起义于河北路,被朝廷镇压。宣和二年(1120年),睦州青溪人方腊利用秘密宗教组织起义。方腊称圣公,建元永乐,分设官署。随后攻克睦、歙、杭、处、衢、婺等州县,众至数十万。宣和三年(1121年)初,宋廷任命童贯为江、淮、荆、浙等路宣抚使,领15万大军南下镇压。方腊起义也宣告失败。

政局如此不稳,民怨如此沸腾,徽宗非但不改弦易辙,反而加紧搜刮四方珍异之物,大肆营建宫殿、园林等巨大土木工程。

而辽国对宋的威胁依然如故,让王朝如坐针毡。当辽人马植向徽宗献上"联金灭辽"之策归宋后,徽宗大喜过望,赐姓赵氏,任命其为秘书丞,决心联金抗辽。

不知徽宗有没有仔细阅览宋王朝库存无数的地图以看清天下态势,有没有吸取当年后晋引狼入室献上燕云十六州的教训,有没有从上百年辽宋对峙中发现保持王朝独立稳定的法则,反正,徽宗肯定没想过马植远交近攻的策略,是要有强大的力量做后盾的。当他一厢情愿地觉得联金灭辽,可以收复失去200多年的燕地,却没料到这个想法很不切合实际,等于把自己推向了火坑。

在东北白山黑水生存的女真部落,这时突然崛起,建立了金王朝。女真族骁勇善战,不愿意被辽国奴役,于是趁辽国衰落,以摧枯拉朽之势向辽展开了进攻。而已经和辽修好一百余年的北宋王朝本来与辽唇齿相依,理应共同应对金的威胁,徽宗却稀里糊涂地觉得此时是灭辽夺得燕云十六州的大好时机,大宋的版图疆域有望在他手里千古留名。

宣和二年(1120年),徽宗遣赵良嗣、马政先后出使金国。金国亦数次遣使来宋，双方议定夹攻辽朝，辽燕京由宋军攻取，金军进攻辽中京大定府（今内蒙古宁城西）等地，辽亡后燕云地区归宋朝，宋将原纳给辽朝的岁币转给金朝，史称"海上之盟"。

宣和四年（1122年），金人约宋攻辽。其时，在金人追击下，辽天祚帝已逃入夹山，耶律淳被拥立为天锡皇帝，史称北辽，支撑着残局。童贯镇压了方腊，正踌躇满志，以为只要宋军北伐，耶律淳就会望风迎降，幽燕故地即可尽入王图。

当辽人大骂宋人背弃盟誓，是不义之师时，童贯大军面对辽人的进攻一时之间竟然不敢还击。宋军一再失利，十万大军畏缩不前，辽军则殊死血战。到后来宋军居然自焚大营，自弃辎重，仓皇南逃，士兵自相践踏百余里，粮草辎重尽弃于道路。

而另一边，金太祖完颜阿骨打已攻下辽中京与西京，又亲率大军攻克了燕京。他见宋军一再失利，对来使的态度十分倨傲和强硬。经过几次使节往来和讨价还价，金人下最后通牒只将燕京六州二十四县交割给宋朝，宋朝每年除了向金朝移交原来给辽朝的50万岁币，还须补交100万贯作为燕京的代税钱，倘半月内不予答复，金朝将采取强硬行动。

宣和五年（1123年）正月，徽宗答应金的全部要求，只是恳求归还西京。金朝乘机再向宋朝敲诈了20万两的犒军费，徽宗也一口应承，但金人最后照单收了银两，仍拒绝交出西京。

宣和五年（1123年）八月，金太祖病死，金太宗完颜晟即位，徽宗对尚未收回的新、妫、儒、武、云、寰、朔、应、蔚等九州仍希冀回归。金朝因太宗新立，辽天祚帝在逃，未暇顾及山后九州，十一月同意割武、朔二州归宋朝。至此，宋朝实际控制的仅山后四州，金帅完颜宗翰反对交出山后诸州，徽宗不敢再做交涉。

海上之盟，辽、金、宋的态势骤变，而宋王朝积蓄的军用储备丧失殆尽，使得大宋彻底转入战略劣势，完全无力再战。

宣和七年（1125年），金太宗借口宋朝破坏双方订立的海上盟约，南下侵掠宋朝。金军分兵两路，计划在宋朝开封会合。徽宗这下有点着急了，慌忙想着南逃，把帝位传给儿子赵桓，是为宋钦宗。

金西路军在太原遇到军民的坚强抵抗，无法前进。东路军则南下包围了都城开封。钦宗先后任命李纲为兵部侍郎、尚书右丞、东京留守、亲征行营使等，全面负责首都开封的防务。

靖康元年（1126年）正月八日，各地勤王之师纷纷赶来救援京都，李纲亲自督战，几次打败攻城的金军。金军被迫撤退。

半年之后，金军又分东西两路南侵合围汴梁，随即汴梁城破。

金军占领汴梁达四个月，废宋徽宗与子钦宗赵桓为庶人。靖康二年（1127年）三月底，金兵将徽、钦二帝，连同后妃、宗室、百官数千人，以及教坊乐工、技艺工匠、法驾、仪仗、冠服、礼器、天文仪器、珍宝玩物、皇家藏书、天下州府地图等押送北方，汴京中公私积蓄被掳掠一空，北宋灭亡。

因此事发生在靖康年间，史称"靖康之变"。

颇为讽刺的是，当徽宗听到王朝财宝等被掳掠一空时毫不在乎，但听到包括大量地图在内的皇家藏书也被抢去时，这才仰天长叹几声。或许，这时他才回过味来，明白了代表社稷江山的地图曾经辉煌鼎盛，偏偏在他手里连同江山一起断送，可悲又可叹。

徽宗也许想不到，虽然经此浩劫，北宋的诸多地图未存后世，但在宣和三年（1121年），他还是意气风发的皇帝之时，荣州刺史宋昌宗在当地文庙立石刻下了一幅《九域守令图碑》，留存千年而不倒。此图碑高156厘米，宽107厘米，地图纵129厘米，横101厘米。地图上北下南，北部绘到北岳恒山。东边绘出大海。南至海南岛，西达四川省西部。地图内容大部分完好可辨，绘出了山脉、湖泊、江河、州县等内容。海岸线表示较详。黄河、长江的走向大体正确，河流主支流分明。地图上标注了1400多个宋代地名，几乎包括北宋末年中央政权所管辖的全部州县。山脉用写景法表示，河流用单曲线勾绘，比例尺大约在1∶180万，为一寸折百里的地图。这不仅成为见证徽宗及北宋末年地图绘制的高超水平，还成为中国现存最早以县为基层单位的全国行政区域图。

北宋时期，一些学者仿效贾耽《古今郡国县道四夷述》和李吉甫《元和郡县图志》，撰述地理总志。其内容或偏重建置沿革，或汇集名胜古迹，或兼述各类。后人常称此类为舆地记著作。北宋舆地记传于今者，有太宗时编纂的《太平寰宇记》和徽宗年间成书的《舆地广记》。

成书于宋徽宗政和年间的《舆地广记》，是欧阳忞编撰的一部历史地理学著作，全书共38卷，从远古至宋，郡县建制沿革变化，内容完整，体例明了，为后代编一统志之先河。

北宋政府数次大规模诏修图志，对各地图经方志的编纂起了极大促进作用。在太祖、太宗、真宗、仁宗、神宗、哲宗、徽宗时都曾大规模组织编造图经。朝廷在地方呈送图经基础上编次整理，汇纂图经总集和全国区域图志。成书代表作有《开宝诸道图经》《祥符州县图经》和《历朝九域志》等。

北宋时期，地图相关的种种事宜都极为兴盛，无疑成为王朝繁荣的保证。天文历法、地图测绘科技都得到进步，地图人才更是名人辈出，登峰造极。因此，北宋被誉为中国历史上科技最发达、文化最昌盛、艺术最繁荣的朝代，地图理当功不可没。

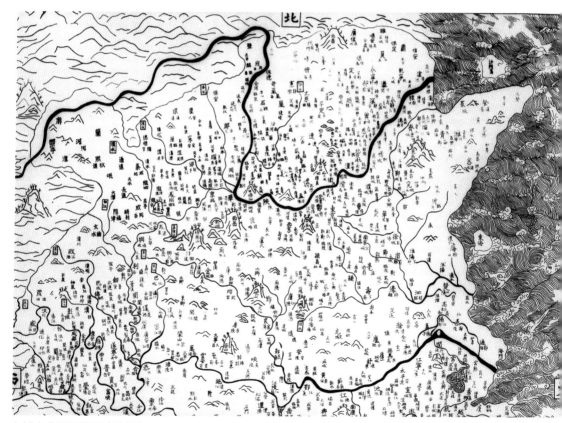

九域守令图墨线图（局部）

《九域守令图》是迄今所见我国地图史上最早以县为基层单位而绘制的全国地图，对研究北宋政治、经济、沿革地理等具有重要参考价值。

遥望中原

南宋（1127—1279年）

12世纪初，东北女真族的首领阿骨打起兵抗辽。1115年，阿骨打称帝，建立金朝。1125年，金灭辽。1127年，金灭北宋。同年，北宋康王赵构称帝，重建宋朝，史称「南宋」，定都临安（今浙江杭州）。南宋以淮河至大散关一线为界，与金对峙，偏安江南。这一时期并存的政权还包括西夏、西辽、大理，周边则生活着吐蕃等部族。

"靖康耻，犹未雪。臣子恨，何时灭。驾长车，踏破贺兰山缺。壮志饥餐胡虏肉，笑谈渴饮匈奴血。待从头、收拾旧山河，朝天阙。"

南宋将领岳飞的一首《满江红》，至今让人壮怀激烈。岳飞更是宁死不屈，这位怒发冲冠的抗金英雄壮志未酬身先死，也让人多了几分对靖康之耻后南宋王朝的同情和悲哀。

偏安东南的南宋小朝廷，并没有那么多的英雄气概和万丈豪情，而是——

"山外青山楼外楼，西湖歌舞几时休？

暖风熏得游人醉，直把杭州作汴州。"

靖康之难，地图经此一劫，虽有所损伤，倒也再度兴起。似乎觉得宋王朝气数未尽，依旧可以复苏。饶是偏居一隅，地图却也继续华丽的舞姿，在南国版图上走过一段很不平凡的辉煌历程。

金人南下，不仅覆灭了繁华的北宋王朝，还把皇室宗亲尽数掳走，意图让赵宋天下就此葬送。偏偏百密一疏，徽宗第九子、钦宗之弟康王赵构就成了漏网之鱼。

靖康元年（1126 年）十二月，金兵再次包围都城汴梁，康王赵构受命为河北兵马大元帅。朝廷令其率河北兵马救援京师，但他移屯大名府，继又转移到东平府，以避敌锋，保全自己。

靖康二年（1127 年）五月初一，金兵俘虏徽、钦二帝北去，史称"靖康之变"。康王赵构在南京应天府即位，改元建炎，成为南宋首位皇帝，是为宋高宗。

高宗即位的第二年，金国继续大举南侵。高宗如丧家之犬一路南逃，过淮河，渡长江，抱头鼠窜，慌不择路。建炎三年（1129年）二月，完颜宗翰派兵奔袭扬州。高宗慌忙带领少数随从策马出城，入海逃难。在温州沿海漂泊了四个月之久，方才松了一口气。好在此时宋军在黄天荡以八千人之兵力围困金兵十万，僵持不下，另一路金军又在建康被岳飞率部打败，从此金人再不敢渡江袭扰。

建炎四年（1130年）夏，金兵撤离江南，高宗回到绍兴府、临安府等地，后将临安府定为南宋的行在。

金兵暂停南侵，高宗便在防御金兵方面做了一些部署，任命岳飞、韩世忠、吴玠、刘光世、张俊等将领分区负责江、淮防务。但高宗的这些军事部署，并非为了收复失地，光复中原，而是作为议和的筹码。他对主和派秦桧予以重用，任为宰相，竭力压制岳飞等主战派北伐的要求。

绍兴元年（1131年），高宗升杭州为临安府，为"临时安顿"之意。绍兴二年（1132年），迁都杭州，南宋朝廷这才初步站稳了脚跟。

绍兴十年（1140年），金兵又一次大举南侵。在顺昌之战中，宋军以少胜多，击败金军。接着岳飞率领岳家军又取得郾城大捷，打败了金军主力，先后收复郑州、洛阳等城。故土光复在望，南宋举国上下要求收复北方的呼声很高，抗金形势一片大好。可高宗害怕岳家军从金营迎回徽、钦二帝，从而威胁自己的帝位，于是和秦桧商定，命令各路军队班师，并在一天内连下十二道金牌逼令岳飞退兵。

南宋可战而不战，能赢而不赢。高宗为了彻底求和，居然解除了岳飞、韩世忠、刘锜、杨沂中等大将的兵权。

绍兴十一年（1141年）十一月，金国以高宗生母和生父徽宗的遗体为交换条件，强迫宋高宗以"莫须有"罪名杀害岳飞。此后，南宋朝廷与金国达成丧权辱国的《绍兴和议》。

按照此和议，宋向金称臣，"世世子孙，谨守臣节"，金册宋康王赵构为皇帝。划定疆界，东以淮河中流为界，西以大散关为界，以南属宋，以北属金。宋割唐、邓二州及商、秦二州之大半予金。宋每年向金纳贡银25万两、绢25万匹，自绍兴十二年（1142年）开始，每年春季搬送至泗州交纳。

地图在此次和议中扮演的角色十分重要——疆界的割让，不但让南宋旧有版图未曾有所收复，且把原来北宋的山西和关中养马的马场都割让给金国，导致南宋骑兵力量无法自给。只能靠步兵和北方游牧民族的铁骑对阵，结果总是一败涂地。

南宋王朝地处淮河以南的富庶之地，虽然君臣不和，故土难复，但社会高度繁荣，文化极度鼎盛。由此，地图的发展日新月异，百花齐放。

从土地而言，南宋疆域大大减少，土地供应不足，制约了王朝的发展。尽管太湖流域的苏州、湖州等地稻米产量很高，素有"苏湖熟，天下足"的谚语，但因人口南移、国土促狭而导致的粮食压力及因军费开支造成的财政危机，使农业承受更为沉重的负担。

随着水利田和梯田的开发，以及沿边屯营田的开垦，扩大了农田面积。可对朝廷来说，对土地真实数量的掌握并不详细，税赋所受影响比较大。因此，通过地图测绘来重新丈量土地，就成为王朝最为重要的事务。

绍兴十二年（1142年），两浙转运副使李椿年上言建议实行经界法，从平江府开始，逐渐推广至两浙，再推广至诸路。

所谓经界法，就是清查与核实土地占有状况的法则，其核心就是依据绘制地图进行土地分配和税赋收缴重新计算。主要内容包括：以乡都为单位，逐丘进行打量，计算亩步大小，辨别土色高低，均定苗税，名为"打量步亩"；保各有图，大则山川道路，小则人户田宅，顷亩阔狭，皆一一描画，使之东西相连，南北相照，是为"造鱼鳞图"；合十保为一都之图，合诸都为一县之图，名为"各得其实"；每户置簿，逐一标明田产的田形地段，亩步四至，以及得产缘由，赴县印押，永充凭证；遇有典卖交易，须各持砧基簿和契书对行批凿，是为"置砧基簿"。

显然，经界法的本质就是通过地图的作用，主导王朝土地的税收、管理、交易等事项，从而保证朝廷对土地的控制，确保国家的税赋。这样详尽的地图绘制，由保及县，事务繁杂，制图量大，必然需要科学的测绘手段和基层地图绘制的成熟经验。实行经界法的同时，南宋朝廷采取兴修水利、鼓励垦荒的措施，农作物单位面积产量比唐代提高了两三倍，总体发展水平大大超过了唐代，农业的发展使江浙地区成了农业最为发达和富庶的地区。

绍兴三十年（1160年），终年不仕的婺州义乌人傅寅，于天文、地理、封建、井田、学样、郊庙、律历、兵制皆有研究，编撰完成《禹贡说断》一书，书中木版刻印的西部水系图，代表了宋代地图刻印的发展水平。而《禹贡说断》相比较别的同类著作，更有傅氏的独到见解，难怪连他的老师，当时著名的出版家唐仲友也盛赞傅寅对于历代职方、地理、舆图无一不精，无一不晓。

绍兴三十二年（1162 年）五月二十八日，高宗赵构养子赵玮被立为皇太子，改名为赵昚。六月，高宗以"倦勤"而想多休养为由，传位给赵昚，是为宋孝宗。

与高宗相比，孝宗对故国版图疆域的渴望更加浓烈，也没有二帝回朝夺位的后顾之忧。因此，在即位后的第二个月，孝宗就颁布手谕，召主战派老将张浚入朝，共商恢复河山的大计，并下诏为名将岳飞冤狱平反，赦还岳飞被流放的家属。他重用主战派，积极备战，意在光复北地。

隆兴元年（1163 年）五月，孝宗任命张浚为北伐主帅，展开"隆兴北伐"。宋军于一月之内恢复灵璧、虹县和宿州等地。但在金军优势兵力的反攻下，军心涣散，损失惨重，只好再次与金国达成和议，史称"隆兴和议"。和议规定宋朝皇帝对金朝皇帝改称臣为称侄，并将"绍兴和议"商议的银、绢各减五万；南宋割唐、邓、海、泗四州外，再割商、秦二州予金国。

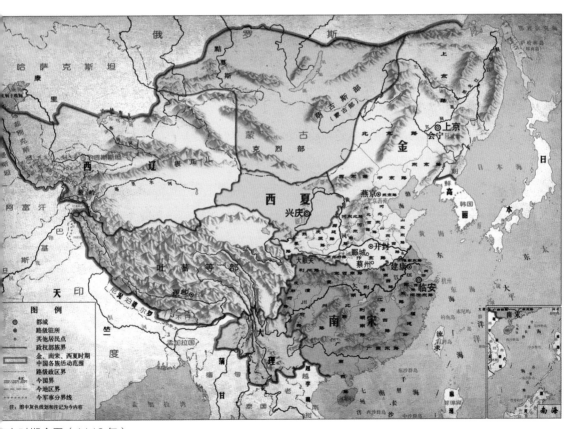

南宋时期全图（1142 年）

隆兴北伐失败后，南宋朝廷又陶醉在偏安一隅的升平景象之中。孝宗运气不好，王朝版图更加缩小，但他又算得上一个不错的皇帝。在他任期，水利工程大量修筑，是以年谷屡登，田野加辟，虽有水旱，民无菜色。大规模的水利踏勘和工程施工，让南宋的水利地图在这一时期分外增多。

而地志也有新的作品问世。乾道五年（1169年），建康府通判周淙撰《乾道临安志》。该志为其在临安知府任上所修，共15卷，今存三卷。残本中首记宫殿及中央官署，次卷记临安之沿革、星野、风俗、州境、道里、廨舍、建筑、物产、土贡、税赋、馆驿等，第三卷记历届牧守、政绩等。志书叙述简赅，详略得宜，为后来《淳佑临安志》《咸淳临安志》之本。

孝宗时期，著作佐郎程大昌以《三辅黄图》《唐六典》、宋敏求《长安志》、吕大防《长安图记》及绍兴年间秘书省所藏诸书互相考证，编撰《雍录》。此书体例不像《两京新记》《长安志》那样分街坊记述，而是提出若干专题讲述考辨，并附绘若干地图，其特点是注重与政治制度、军事活动有关的地理位置，设有许多军政机构、交通路线的专题。

淳熙十四年（1187年）十月，太上皇赵构崩于德寿宫中。两年后，孝宗赵昚禅位于第三子赵惇，即为宋光宗。

光宗在位五年，南宋开始由盛转衰。

光宗体弱多病，也没有安邦治国之才。他不但罢免辛弃疾等主战派大臣，又让心狠手辣的皇后李凤娘干政，造成王朝的衰落不可挽回。

尽管王朝滑向低谷，全国性的测绘活动和制图工程不可能实现，但地志等地图类别的著作和活动依然经久不衰。绍熙三年（1192年），范成大编撰的地方志《吴郡志》问世，他汇辑唐陆广微《吴地记》、北宋朱长文《吴郡图经续记》等旧籍，广采史志，补充新事，共50卷，采门目体，分沿革、分野、户口税租、土贡、风俗、城郭、学校、营寨、官宇、仓库、坊市、古迹、封爵、牧守、题名、官吏、祠庙、园亭、山、虎丘、桥梁、川、水利、人物、进士题名、土物、宫观、府郭寺、郭外寺、县记、冢墓、仙事、浮屠、方技、奇事、异闻、考证、杂咏、杂志等39门。

继承北宋的衣钵，南宋的地图人才同样璀璨夺目。生于绍兴十六年（1146年）的黄裳，是南宋时期制图学家最为杰出的代表。

绍熙二年（1191年），黄裳晋升为起居舍人，他利用接近皇帝的机会向光宗陈述治国安民之道。为了使他的政见易被皇帝接受，并加强君王收复失地的决心，黄裳精心绘制八幅图呈送皇帝观看。这八幅图分别是《太极图》《三才本性图》《皇帝王伯学术图》《九流学术图》《天文图》《地理图》《帝王绍运图》《百官图》。

黄裳所绘八图，多为地图，特别是现存的《天文图》《地理图》影响巨大。绍熙元年（1190年）绘制成的《天文图》，是世界上现存星数最多的古代星图，其星多达1440颗，不仅星数众多，而且比较准确。《地理图》则是一幅比例尺约为1∶2500000的地图，绘图范围北到黑龙江、长白山，西至玉门关，南到海南岛，东达中国近海。图上表示了南宋的路、军、府、州等行政建置，计430处。绘制此图，是黄裳为唤起光宗"故国疆土今入异国"的黍离之情，激发皇帝不忘北部半壁江山，实现祖国统一的夙愿。

可惜爱国者黄裳遭遇平庸之辈光宗，一番苦心并无太大成效。

绍熙五年（1194年）六月，孝宗去世，光宗以病为辞，不肯主持丧礼。文武百官在孝宗灵柩前请太皇太后吴氏宣示光宗禅位诏："皇帝心疾，未能执丧，曾有御笔，欲自退闲，皇子嘉王扩可即帝位。"光宗随即禅位于次子赵扩，是为宋宁宗。

宁宗时期，与金朝关系又渐趋于紧张。

嘉泰四年（1204年）四月，宁宗采纳韩侂胄的建议，崇岳飞贬秦桧，将岳珂为岳飞所作辩白文书宣付史馆，并追封岳飞为鄂王。不久，宋宁宗改元开禧，取的是宋太祖"开宝"年号和宋真宗"天禧"的头尾两字，表示了南宋的恢复之志。

开禧二年（1206年），宁宗下诏北伐金朝，史称"开禧北伐"。

开战初期，宋军陆续收复了一些地方。但金军很快反击，在东、中、西三个战场对宋军发起了进攻。在金军大举进攻之下，真州、扬州相继被金军占领，西路军事重镇和尚原与蜀川门户大散关也被金军所占。这场战争以宋朝战败而结束。

开禧三年（1207年）十一月，韩侂胄在上朝途中被殿帅夏震派出的将士挟持杀害。韩侂胄被杀以后，朝廷派人把这一消息告诉了金朝，并以此作为向金朝求和的砝码。

嘉定元年（1208年），南宋与金朝签订了"嘉定和议"，宋朝皇帝与金朝皇帝的称谓由以前的侄叔改变为侄伯，增加岁币银帛各五万，宋纳犒师银300万两与金，疆界依旧。此和议条约比"隆兴和议"更屈辱。

宁宗作为光宗唯一的子嗣，自幼受到良好的教育。尽管好学，但他似乎对书中内容多是一知半解，更谈不上灵活运用了。他即位不久，群臣的奏疏就因得不到及时批复而堆积如山。即使是临朝听政，臣下们也难得听到宁宗对政事的看法。

宁宗不仅头脑简单，身体也不好。宁宗宫中有两位小太监，经常背着两扇小屏风做宁宗的前导。随便到什么地方，总把屏风面对自己。屏风上写着戒条："少饮酒，怕吐；少食生冷，怕痛。"一次到后苑游玩，有人劝宁宗喝酒与吃生冷食物，他就指屏风上的戒条给对方看，大臣们也就不敢了。每次进酒，都不超过三杯。

宁宗在位期间，蒙古崛起，甚至金朝连年为蒙所侵，被迫迁都于汴京。此时，看到金国衰落，朝廷中报仇雪耻之议又复起，纷纷请罢金国岁币。

嘉定十年（1217年），金又分道伐宋，宁宗下诏伐金，宋金之战复起，延续六年之久，终于迫使金国新君金哀宗在嘉定十七年（1224年）派人同南宋通好。

嘉定十七年（1224年），宁宗驾崩，史弥远联同杨皇后假传遗诏，废太子赵竑为济王，立赵匡胤之子赵德昭的十世孙赵贵诚为帝，改名赵昀，是为宋理宗。

此时，来自草原的蒙古铁骑势不可当地成为雄霸一方的势力，比辽、西夏、金更加气势汹汹。面对急剧变化的局势，朝廷内部就对外政策产生了争议。一部分人出于仇视金朝的情绪，主张联蒙灭金，恢复中原；另一部分人则相对理性，援引当年联金灭辽的教训，强调唇亡齿寒的道理，希望以金为藩屏，不能重蹈覆辙。

随着蒙古与金朝之间战事的推进，金朝败局已定的情况下，蒙古遣王檝来到京湖，商议宋蒙合作，夹击金朝。胸怀中兴大志的理宗把这看作建不朽功业的天赐良机，让史嵩之遣使答应了蒙古的要求。

金哀宗得知宋蒙达成了联合协议，也派使者前来争取南宋的支持，竭力陈述唇齿相依的道理，强调支援金朝实际上也是帮助宋朝自己保家卫国。但理宗拒绝了金哀宗的请求。

绍定六年（1233年），宋军出兵攻占邓州等地，于马蹬山大破金军武仙所部，又攻克唐州，切断了金哀宗逃跑的退路。十月，史嵩之命京湖兵马钤辖孟珙统兵二万，与蒙古军联合围攻蔡州。端平元年（1234年）正月，蔡州城被攻破，金哀宗自缢而死，金末帝完颜承麟为乱兵所杀，金国灭亡。

金亡以后，蒙军北撤，河南空虚。端平元年（1234年）五月，理宗任命赵葵为主帅，正式下诏出兵河南。不久，收复南京归德府后向开封进发。占领开封后，后方没有及时运来粮草，宋军继续前进，到达洛阳，遭到蒙军伏击，损失惨重，狼狈撤回，其他地区的宋军也全线败退。南宋君臣恢复故土的希望又一次落空了，史称"端平入洛"。

"端平入洛"的失败，使南宋损失惨重，数万精兵死于战火，投入的大量物资付诸流水，南宋国力受到严重的削弱。更重要的是，"端平入洛"使蒙古找到了进攻南宋的借口，宋蒙战争自此全面爆发，南宋王朝也进入迟暮之年。

理宗在位 41 年，在位时间于宋王朝历代帝王中仅次于北宋仁宗。而此时的国家版图虽然七零八落，但地图事业还是如同落日前的晚霞一般绚烂。这其中由于未能开展大规模的测绘活动，还是以地志类作品为主。

户部尚书、大学士，曾任建康知府的马光祖主持修撰的《建康志》于景定二年（1261 年）成书。该志将乾道、庆元年间（1170—1198 年）两次编纂的《建康志》加以补充和修正，取两书之长，并有所创新，另立纲目，增加庆元至景定 60 年中的新资料。卷首为留都宫城图录，次为地图、年表、志、传，末为拾遗一卷，图之后为地名辨。成书后，又撰修志本末，总结修志工作。该书中的地图分类较多，包括政区图、城市图、历史沿革图、地理形势图、军事地图、宫廷图、名胜古迹图，是南宋方志中地图附录较多的志书，而且地图质量大多精美，是南宋方志地图的精品之作。

宝庆元年（1225 年），南宋宗室，宋太宗赵光义八世孙，任泉州市舶司提举的赵汝适作《诸蕃志》。此书分上下卷，上卷记海外诸国的风土人情，下卷记海外诸国物产资源，是南宋少有的海外地理著作，记载了东自日本、西至东非索马里、北非摩洛哥和地中海东岸诸国的风土物产，以及自中国沿海至海外各国的航线里程和所达航期。该书内容丰富，其中有关海外诸国风土人情，虽有讹误之处，仍不失为宋代海上交通和对外关系的重要见证。由于原书佚失，从留存痕迹来看，应该原书有部分地图附录其后。

至今遗留的《平江图》石刻，也是理宗年间平江郡守李寿朋刻绘的一幅南宋城市地图。该图刻绘了宋代平江城的平面轮廓和街巷布局，详绘城墙、护城河、平江府、平江军、吴县衙署和街坊、寺院、亭台楼塔、桥梁等各种建筑物，其中桥梁多达 359 座，河道 20 条，庙宇、殿堂 250 余处。由于该图采用了中国古代传统的平面与立面相结合的形象画法，使所绘的山丘、城墙、名塔、河水等景物形象直观。而平江城内城、宫城分别以不同符号表示，每座城门均分别绘出陆门和水门。因此，兼顾了地图的平面精度和建筑物的立体效果，绘制水平极高。

景定五年（1264年）十月二十六日，理宗去世，养子赵禥接受遗诏，即皇帝位，是为宋度宗。宋度宗即位后，孱弱无能，智商低于正常人水平，连批示公文也交给四个最得宠的女人执掌，号称春夏秋冬四夫人。封贾似道为太师，倍加宠信，将朝政统统委托给他。度宗则整天宴坐后宫，与妃嫔们饮酒作乐。

而此时，忽必烈夺得蒙古汗位，稳定内部之后，即派兵侵犯大宋四川地区，并沿汉江南下，于度宗咸淳四年（1268年）包围襄阳。

咸淳五年（1269年），蒙古军围攻樊城。贾似道却隐匿不报，也不派兵增援。以致襄樊被围攻了三年，形势十分危急。后来，度宗知道了，追问贾似道。贾似道仍然隐瞒真相，说："蒙古兵已经退去，这是谁造的谣？"度宗回答是一个宫女告诉他的，贾似道就将那宫女杀了。朝廷昏庸，致使王朝处于灭亡的前夕。

南宋危亡在即，曾经的天命王权将离赵宋而去，地图似乎也突然从热闹非凡

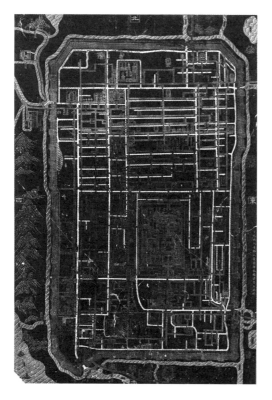

平江图拓片

1229年（南宋绍定二年）所刻《平江图》为平江府（今江苏苏州）城市平面图，是我国现存最大的碑刻地图。全图详细地表示了城市的自然要素和社会要素，其南北定向与现代图一致。

的鼎盛期坠落下来，归于平静。

这一期间，地图也见证了防范蒙古铁骑的烽烟历史。至今遗存在广西桂林市北鹦鹉山南麓石崖上刻绘的《静江府城池图》，便是咸淳八年（1272 年）刻绘而成的军事城防图。

当时，蒙古军队占领云南，广西成为南宋的西南前线，朝廷下令由李曾伯、朱祀孙等四任广西经略主持开始大力修筑城防。桂林城西北因广连陆地，城北又是无水的干壕，山就成了天然的屏障。所以北城的城墙有的已建在了山间或山顶，构成了山上城和平地城的结合形式，城内的山作为制高点，可以纵观城内外；宝积山上还修建了烽火台，可以加强防御。石刻地图上所绘内容便为自宝祐六年至咸淳八年（1258—1272 年）这 14 年中，静江府前后四任官员主持修筑城防工事的情况。石刻高 3.4 米，宽 3 米，分城图和图记两部分，图中所绘城防设施类型颇多，大都标出名称，计有主要大街 11 条。而城壕建筑、军营、官署和桥梁津渡绘得比较详细，城内各军事地物与地方官民建筑物之间有街道相互沟通。城门、城墙、城楼、官署、桥梁、山峰用写景法表示，形象逼真。军营用方框加注名称表示，街道用细直线表示。图正上方的题记详细记载了修筑经过，城池大小及用料费工等情况。此图用了 36 种不同的符号标识山形、水文、建筑植物，具有开创用符号绘制地图的先河意义，尤其是今天的地图中被广泛使用的混合比例尺方法，在这幅图中已开始应用。

这幅图的存在，见证了南宋王朝濒临灭亡前军事前线的城市布防，也成为南宋军事地图的鲜活例证。

咸淳十年（1274 年）七月癸未日，度宗因酒色过度，死于临安宫中的福宁殿，四岁的儿子赵㬎被立为皇帝，是为宋恭帝。赵㬎此时年幼，因此由太皇太后谢道清垂帘听政，但朝廷实权实际上仍掌握在宰相贾似道手中。

赵㬎即位之时，蒙古铁骑已将四川拿下，长江中上游基本被元朝占领，南宋王朝已经风雨飘摇。咸淳十年（1274 年）九月，元军向南宋发起了总攻。元军所到之处，宋军纷纷归降。德祐元年（1275 年）春，蒙古军队攻克军事重镇安庆和池州，兵临建康城下。

眼看长江防线洞开，南宋朝野内外大震，呼吁贾似道亲征，指望他能取得"再造"之功。贾似道虽然害怕万分，但迫不得已，只好在临安设都督府，准备硬着头皮率兵出征。但贾似道的出征更像是搬家。他抽调各路精兵十余万，装载着无数金帛、器甲和给养，甚至带着妻妾，离开京城时，阵势绵延百余里，妻妾伴随，哪里有半点带兵打仗的样子。

果不其然，贾似道根本不敢与蒙古军队正面交战，只是幻想着不断让步，希望通过称臣纳币请和求得和平。但趾高气扬的蒙古军队，要的不是土地和金银，而是要灭亡南宋，求和的请求自然被断然拒绝。等到两军交战，仓皇失措的宋军连连大败，死者无数，就连江水都为之变红。作为主帅的贾似道，根本顾不上应对，只是仓皇逃到扬州。

贾似道战败后，朝廷仅将贾似道贬为高州团练使，循州安置，并抄没其家产。但由于众怒难消，监押官郑虎臣还是把他悄悄杀了了事。

德祐元年（1275 年）十月，蒙古军自建康分三路向临安挺进。中军进攻常州。常州地处交通要道，从地图上审视，此地扼守临安门户，战略地位十分重要。可惜南宋王朝浑浑噩噩，当蒙古军在此投入了 20 万军队后，常州城很快就被攻破。破城之后，蒙古人对常州进行了惨无人道的大屠杀。蒙古人的屠刀，不仅血洗了常州，还吓傻了平江守将。在蒙古军队还未进攻平江时，平江守将便献城投降。

平江、常州连失，蒙军逼近临安府，朝廷上下人心惶惶，尤其是朝廷大小官员，为保身家性命，带头逃跑。溃败的南宋王朝根本无法组织起有效的抵抗，皇室更是陷入了孤立无援的境地。

朝廷新任命的丞相陈宜中比贾似道更不靠谱。此人狂妄自大、欺世盗名。口头上往往喊出各种豪言壮语，实际上懦弱胆小，根本没有与蒙古军队决一死战的勇气和调兵遣将的才能。

德祐二年（1276 年）正月十八日，眼看国破家亡的谢太后，无奈之下只能向蒙古军队献上降表和传国玉玺。而当蒙古军将领提出与宰相陈宜中面对面会谈交接事宜时，陈宜中竟然吓破了胆，当天夜里就逃离了临安。

二月初五，在临安城举行受降仪式，五岁的宋恭帝宣布正式退位，和太皇太后一起被俘押往北方，南宋王朝至此名存实亡。

就在临安城投降前夜，年幼的益王赵昰、广王赵昺在驸马都尉杨镇、国舅杨亮节护送下潜出城外，为赵宋王朝保留了一丝血脉。

两位皇子一行辗转来到福州，赵昰于德祐二年五月一日（1276 年 6 月 14 日）

称帝，史称宋端宗，改元景炎，加封赵昺为卫王。

烽烟四起，此时能够为宋王朝所管辖的版图，仅余福建的福州，浙江的温州、台州、处州，广东的广州、南雄州，以及长江以北的扬州、真州、通州。南宋的军队，算起来也不过 20 万。

正所谓天要亡宋，一切的挣扎都是徒劳。当端宗下诏令扬州守将李庭芝、姜才来福州勤王时，李庭芝令淮东制置副使朱焕守城，自己与姜才率领七千宋军南下，意欲勤王护驾。谁知前脚刚刚出城，朱焕后脚便开城向蒙古人投降。

扬州沦陷后，真州、通州相继失守，南宋长江以北的据点彻底失守，图谋北上复国的希冀也就再无指望。

景炎二年（1277 年）年底，宋端宗逃至秀山，听说广州失守，慌乱之中退到井澳。因蒙古追兵逼近，又不得不浮海逃往硇洲。

景炎三年（1278 年），因惊吓过度，颠沛流离的九岁小皇帝宋端宗在硇洲荒岛上凄惨病死。宋室皇亲，仅剩度宗第三子，端宗的七岁弟弟赵昺。景炎三年（1278 年），赵昺于硇洲即皇帝位，改年号为祥兴，是为末帝宋怀宗。

此时，主战的朝廷大臣文天祥在海丰兵败被俘，张世杰则战船沉没。在蒙古军猛攻下，这个流亡的小朝廷再也无处躲藏，只好迁往崖山。蒙古军紧追在后，对崖山发动总攻。残余宋军无力战斗，全线溃败，史称"崖门海战"。

祥兴二年（1279 年）二月初六，赵昺小皇帝及皇族八百余人集体跳海自尽，十万军民紧随其后跳海殉国，留下极为悲壮的覆国悲歌。至此，南宋彻底灭亡。

南宋末年，地图在高度繁华之后，因为蒙古军队的南下，也面临着又一次的劫难。宋王朝数之不尽的各类地图，在蒙古人眼里似乎成为废纸。每破一府一州，百姓遭殃，地图也在劫难逃，多被战火化为灰烬。曾经两宋极度辉煌的地图，在兵祸劫难面前，大多只能遭受厄运，成为遥远的记忆。

从版图来看，南宋与北宋相比，南部和西南边界并没有什么变化，但北界因金人的入侵而大大南移了。南宋初，金兵一度攻入今湖南、江西和浙江三省的中部。绍兴九年（1139 年，金天眷二年），宋金第一次和议成立，双方确定以当时的黄河为界。但次年金人毁约，出兵取河南、陕西。绍兴十一年，宋金议定以淮河为界。第二年又将西部界线调整至大散关及秦岭以南。以后虽有局部变动，基本稳定在这条界线。随着金王朝覆灭，蒙古军队南下，偏安一隅的南宋疆域尽数归蒙古人，彻底告别了历史。

回到地图的生死兴亡。两宋时期，除了地图本身发展迅猛，成就伟大之外，图经、方志的飞快发展也给地图的传承注入了全新的活力和多样的表达。

仅以南宋为例。南宋修志，从地区看，已是相当普遍，不仅名都重邑皆有图志，就是僻陋之邦、偏小之邑，亦必有记录。现存最早的一部乡镇志《澉水志》即是南宋绍定三年（1230年）纂成的图志。从时间看，续修制度也固定下来，苏、杭、明、台、镇江、江阴等地方志皆一修再修，如临安三志，以及乾道、宝庆、开庆年间编纂的三部《四明志》。南宋所修方志传于今者以浙江省最多，有《乾道临安志》《淳祐临安志》《咸淳临安志》《乾道四明图经》《宝庆四明志》《开庆四明志》《嘉泰会稽志》《宝庆会稽续志》《吴兴志》《剡录》《嘉定赤城志》《严州图经》《景定严州续志》《澉水志》14种，江苏省有《吴郡志》《景定建康志》《嘉定镇江志》《咸淳毗陵志》《云间志》《玉峰志》《玉峰续志》7种，福建省有《淳熙三山志》《仙溪志》《临汀志》3种，湖北省有《寿昌乘》1种，安徽省有《新安志》1种，陕西省有《雍录》1种。

南宋纂修的图志之外，地理总志则有《圣域记》25卷，《九丘总要》340卷，《皇州郡县志》100卷，《皇朝方域志》200卷。

无须赘述，宋代是中国地图测绘发展进入新高度的特殊时期，特别是作为中国古代科学技术发展的高峰期，四大发明中的活字印刷、指南针皆出于宋。良好的科技发展，发达的经济社会背景，都大大促进了测绘技术和地图绘制的进步。此时，刻板技术被开创性地用于地图印刷。种类繁多的地理著述和地志研究成果非常丰硕，指南针、计里鼓车等测量工具相继应用，为测定方位、量测距离提供了更科学的工具。此间，优秀的地图著作和作品大量涌现，如《淳化天下图》《十八路图》《九域守令图》《华夷图》《禹迹图》《天文图》《地理图》《平江图》《静江府城池图》《舆地图》《历代地理指掌图》《禹贡山川地理图》等名目繁多的地图，使得中国地图进入毫无争议的巅峰期。而沈括、赵彦若、吕大防、税安礼、程大昌、黄裳等地图名家更是星光璀璨，闪耀千秋万代。

南宋一朝，虽然遥望中原，王师未曾北定，九州也未大同，留下千古遗憾，但从地图兴盛的缩影来看，南宋王朝的遭遇真是时也，势也，命也！

圆月弯刀

元（1271—1368 年）

1206 年，成吉思汗建立蒙古国。之后，蒙古相继灭西夏和金。1271 年，忽必烈建立元朝。次年定都大都（今北京）。1279 年，元灭南宋。元朝疆域空前辽阔，其东、东南、东北到海、西到新疆以西，南达南海，西南包括西藏、云南，北面包括西伯利亚大部。为有效管理辽阔的版图，元朝确立了行省制度。元时期，西藏和台湾成为中央王朝密不可分的一部分，民族融合进一步发展。

天苍苍，一轮明月照古今。

野茫茫，弯刀铁骑向天问。

金王朝衰落之际，西部高原上游牧狩猎的蒙古部落开始壮大起来。

金泰和四年（1204 年），蒙古乞颜部首领孛儿只斤铁木真发动系列战争统一了蒙古各部，被尊称为"成吉思汗"。宋开禧二年（金泰和六年，1206 年）春，蒙古贵族在斡难河源头召开大会，铁木真建立大蒙古国，正式登基成为大汗。

蒙古帝国的建立，结束了草原诸部落的长期混战。在铁木真训练有素的铁骑纵横下，圆月弯刀的蒙古人所向披靡，不断对外扩张，疆域版图四下延伸，歼灭西夏，横扫金国，西击花剌子模，一时之间，天下无人可阻，四海无人可挡。

铁木真病亡，他的子孙依然高挥圆月弯刀，表达对版图无止休的渴望和对土地不罢休的占有。如此，万里河山，皆属蒙古，天命王权看来也要被蒙古人占有。

地图，在骁勇善战的蒙古人眼中，就是铁骑经过之处的一切土地，弯刀划过的所有城池。蒙古帝国初期，嗜血残暴，抢掠成风的蒙古兵几乎不知道地图为何物。他们笃信，行军打仗靠的是战马够能奔腾，刀刃够锋利。就连将帅排兵布阵，或征服新的城邦，也不过用粗粗的线条画出"田"字一般的框，就当作地图。

吞并山地高原之后，富庶丰盈的中原广袤大地和鱼米丰腴的江南水乡，自然被蒙古人虎视眈眈。当蒙古人早先提出"联宋抗金"的提议，让南宋朝廷欢欣鼓舞时，殊不知中原王朝的覆灭就在眼前。

从尧舜禹至赵宋，中原建立的无数政权尽管屡受外族侵扰，特别是北方游牧民族的蚕食，但无论是南北朝的混杂，晋王室被逼衣冠南渡，还是五代十国的乱象，少数民族政权纷立，可以汉民族为主体的中原政权，哪怕偏安一隅，也从未彻底灭亡。南宋王朝虽然仅存半壁江山，但同样相信蒙古人只是对金银财物感兴趣，而不是想着彻底取代朝廷，独霸天下。

可是，蒙古人恰恰要做的就是把天下尽归囊中，要让雄鹰展翅的羽翼覆盖所有的疆域。

代表蒙古帝国总理漠南汉地军国庶事的蒙古大汗蒙哥之弟孛儿只斤·忽必烈，在他的王府中，聚集了一大批以汉族为主的知识分子，这些知识分子悉知以马上取天下，不可以马上治江山。本是僧人的邢州人刘秉忠，于书无所不读，尤其深入研究《易经》及宋邵雍《经世书》，至于天文、地理、律历、占卜无不精通，天下事了如指掌。对于地图在江山社稷中无可替代的特殊用途，刘秉忠当然一清二楚。

当忽必烈把刘秉忠收为幕僚后，还俗的刘秉忠把汉人治国方略和天文地理之道一一讲述给忽必烈听。这些原本汉民族熟悉的王道和天道，都让忽必烈耳目一新，深为赞许。由此，忽必烈对包括地图在内的各种事务的兴趣更加浓郁，同时内心也更加期盼吞并中原，尽早占领江南。

刘秉忠悉知天下地理的才华能够提供给忽必烈伐宋诸多的战略思考，更能在建立帝国的实践中付诸方方面面。如后来的国号命"元"的依据，主持大都、陪都的城市工程建设，刘秉忠都是主要执行者。当然，征讨南宋，刘秉忠更是忽必烈鞍前马后的谋士。

刘秉忠之外，西京怀仁人赵璧也应召到忽必烈左右。赵璧学习蒙古语，为忽必烈译讲《大学衍义》。淳祐四年（1244年），赵璧又荐引金朝状元王鹗到忽必烈王府，为忽必烈讲《孝经》《尚书》《易经》及儒家的政治学和历史。

南宋开庆元年（1259年），其时的蒙古大汗蒙哥在四川合州钓鱼山病逝。在部分诸王的推戴下，忽必烈即汗位于开平，建元中统。

对汉文化耳濡目染久了，忽必烈愈加相信"行汉法"的主张才是吞并中原，建立帝国长治久安的良策。

至元八年（南宋咸淳七年、1271年），忽必烈取《易经》"大哉乾元"之义，将国号由"大蒙古国"改为"大元"，从大蒙古国汗变为大元皇帝，"大元"国号正式出现，忽必烈成为元朝首任皇帝，是为元世祖。次年二月，世祖采纳刘秉忠建议，改中都为大都，宣布在此建都。

在这次大典上，忽必烈阐释了之所以用"元"为国号，就因为"元"谓之大也，大不足以尽之，而谓之元者，大之至也。尔后他发布的《建国号诏》，被忽必烈引以为傲的也是王朝舆图之广，历古所无。大元的版图和地图所及，一如国号之"元"，无极之大。

到至元十三年（南宋德祐二年、1276年），元军攻入临安，宋恭帝奉上传国玉玺和降表，元朝完全掌握了中国的政权。而到了至元十六年（1279年），南宋海上流亡小朝廷残余的最后一支抵抗力量被逼跳海，中国历史上第一次出现了汉民族政权的版图尽数丧失，北方少数民族彻底掌控全国的新开端。

经历过两宋极度鼎盛的地图，也从高处坠落，进入新的轮回。

认同汉文化可以稳固王权的忽必烈成了大元皇帝，治国理政的策略和蒙古人建立的其他汗国也就大不相同。地图，从社稷的象征到治国的工具，走过极为漫长的历史旅程。元世祖接受了这样的理念，即图能立国，亦可治国。由于大元王朝疆域宽阔，版图宏大，世祖在官职的设置上把地图就放在重要位置上。

由于兵部主管天下兵马和征伐，是王朝最为核心的机构，地图测绘的管理职能便归于兵部。由兵部掌天下郡邑邮驿屯牧之政令。凡城池废置之故，山川险易之图，兵站屯田之籍，远方归化之人，乃至驿乘、邮运等事宜，皆为兵部所属。

其余工部乃至地方官职，也有与地图相关的职能。

元王朝的兴起，自然需要天文历法、地图绘制等方面的人才服务朝廷。尽管宋王朝发达的科技和先进的文化培育出大量的人才，但经历战火纷飞和异族执政的变化，一些人才避而不仕，一些人才迟暮不为，更有大量的典籍毁于战火之中。因此，从天文地理，特别是地图的传承体系来讲，元王朝既有保留前朝成果的一面，又有开创新的一面。

对于地图而言，颇有意思的一个规律出现了。王权天命，舆图相跟。哪怕是被视为异族的蒙古人建立的大元王朝，只要是天命所归，政权兴盛初期，地图也便随着王权的步伐兴达起来。

这时，元王朝最杰出的科学家郭守敬、札马鲁丁等人出现在历史舞台中央。

郭守敬是忽必烈重要谋士刘秉忠的学生，精通天文、测绘、数学、水利工程，官至太史令、昭文馆大学士、知太史院事，世称"郭太史"。

早在郭守敬成年不久后，便承担了家乡邢台一带河道疏浚整治的工程规划设计。为弄清因战乱而破坏的河道系统，郭守敬进行了实地测绘，并可能绘制过相关地图，采用科学合理的疏导方法，使蔓延的水泽各归故道，受到了时人的传颂。

中统元年（1260年），忽必烈即位，郭守敬跟随大名路宣抚司张文谦赴任，所到之处，做了许多河道水利的调查测绘工作，累积了不少经验。

中统三年（1262年），在张文谦的推荐下，郭守敬在开平府受到忽必烈召见，他面陈关于水利的建议六条，每奏一事，忽必烈都点头称是，对他颇为赞赏。随即被忽必烈任命为提举诸路河渠，掌管各地河渠的整修。

此后，郭守敬奉命修浚西夏境内的唐来、汉延等古渠，更立闸堰，使当地的农田得到灌溉，受到百姓的爱戴。而在元丞相伯颜南征宋朝之际，郭守敬也被安排去实地勘探河北、山东一带可通舟行船的地方，并绘制成详细的地图，以供用兵参考。

至元十六年（1279年），郭守敬向元世祖提议：如今元朝疆域版图比之前大了很多，不同地区日出日落昼夜长短时间不同，各地的时刻也不同，旧的历法已经不适用了，因此需要进行全国范围的天文观测以编制新的历法。忽必烈接受了郭守敬的建议。在世祖支持下，为同知太史院事的郭守敬在全国范围内进行了大规模的天文测量，史称"四海测验"。

元初的天文仪器，都是宋、金时期遗留下来的，已破旧得不能使用了。郭守敬就在原仪器的基础上进行改制，并在实践中重新设计，在三年的时间里，改制和重新创造了十多种天文仪器，其中主要的是简仪、赤道经纬和日晷三种仪器合并归一，用来观察天空中的日、月、星宿的运动，改进后不受仪器上圆环阴影的影响。高表与景符是一组测量日影的仪器，是郭守敬的创新，把过去的八尺改为四丈高表，表上架设横梁，石圭上放置景符，景符透影和景符上的日影重合时，即当地日中时刻，用这种仪器测得的是日心之影，较之前测得的日边之影精密得多。

郭守敬主持的"四海测验"，在全国各地设立了27个观测站，东起朝鲜半岛，西至川滇和河西走廊，北到西伯利亚，其测量内容之多、地域之广、精度之高、参加人员之众，在世界天文史上都是空前的。

这次测绘，世祖予以大力支持。特别值得一提的是，这 27 个观测站中，在南海的测量点就在黄岩岛。这至少说明，元朝以来，黄岩岛便是中国的固有疆域，而且中央政府在此进行过实地测绘。

郭守敬根据"四海测验"的结果，在至元十七年（1280 年），编制成了新历法——《授时历》，推算出的一个回归年为 365 天 5 时 49 分 12 秒，与地球绕太阳公转的实际时间只差 26 秒，为中国历史上一部精良的历法。

郭守敬提出以海平面作为基准，比较大都和汴梁两地地形高下之差，开创了地理学上的一个重要概念"海拔"，也给地图的绘制提供了更加科学的理论依据。

测绘及地图给元王朝带来的勃勃生机更加让世祖重视地理科技的探索和研究。地理测绘及地图人才也便贴着元王朝的标签不断涌现出来。

至元十七年（1280 年），世祖派都实为"招讨使佩金虎符"，带领人马到黄河源进行勘察。都实等人自河州宁河驿出发，穿过甘肃南部崇山峻岭，经积石山东，溯河而上，历时四个月到达河源地区，完成考察和测绘任务。同年冬回到大都，将考察情况绘制成黄河河源地图。这幅地图，绘有黄河上游包括城、驿的位置，描述了黄河源区的水文情况。后来元人潘昂霄根据都实之弟阔阔出的转述，写成《河源志》，对黄河上游干支流的情况做了详细记载，成为中国历史上第一次大规模考察河源的专著。

至元二十二年（1285 年），世祖决心修撰一部元王朝的地理总志，把大元的版图疆域都完整记录下来，以此彰显王朝鼎盛，天命归元。

负责编撰的主要负责人是元朝另一位杰出的地理学者札马鲁丁。

札马鲁丁本是西域波斯人，精通天文历法、地理之道。早在至元四年（1267 年），任职于司天台的札马鲁丁就在元大都设观象台，并创制浑天仪等七种天文仪器，用来观测天象和昼夜时刻。其中，他制造的地球仪，在球面上反映了地球表面的海、陆分布状况，乃是世界首例。这不仅为中国的天文学做出了开创性贡献，对于世界地理地图学，同样意义重大。

当然，札马鲁丁对中国地图的最大贡献还是编纂全国地理图志。

元王朝版图横跨欧亚大陆，原有宋、金、元地图远远不够，急需扩充西征疆域的资料。为此，札马鲁丁以原朝廷收藏的汉文地图为主，又增加了他从西域带来的大量地图资料，经过 15 年的努力完成了共计 483 册 755 卷本的全国地理图志，即著名的《大元大一统志》。后又得《云南图志》《甘肃图志》《辽阳图志》，因而继续重修，补充了云南、甘肃、辽阳等地，由孛兰盻、岳铉等主其事，于成宗大德七年（1303 年）方才完成，凡 600 册，1300 卷，定名为《大元大一统志》。书成后藏于秘府，顺帝至正六年（1346 年）才始由杭州刻版印刷。

《大元大一统志》继承唐代《元和郡县图志》、宋代《太平寰宇记》《舆地纪胜》等书成例，不仅包括各个地域行省的地理资料，还包括历史地理沿革、风土人情等众多方面内容。在札马鲁丁领导下，扩充了当时中国版图的地理知识，并首次引进了阿拉伯制图技术。《大元大一统志》是中国古代编纂的第一部规模

黄河源图

1280 年（元至元十七年），都实奉忽必烈之命，考察黄河源，绘制成图。此图黄河源出自星宿海的绘法，大大改变了前人的认识。它是关于黄河河源地区最早的一幅实测地图，在测绘史上占有重要地位。今存图为陶宗仪著《南邨辍耕录》附图。

巨大的全国地理总志，堪称中国古代最大的一部地图丛书，其内容之翔实，卷帙之浩繁，前所未有，对元、明两代中国制图学产生了深远的影响。

作为少数民族的一位帝王，忽必烈对地图及地理科技的重视，让元王朝扎根中原成为现实。而地图的重要作用凸显，也给元王朝从马上争夺天下到马下治理天下的转变提供了有益的帮助。

至元三十一年（1294 年）正月二十二日，忽必烈逝世。世祖之孙孛儿只斤铁穆耳继承帝位，是为元成宗。

元成宗在位期间，停止对外战争，罢征日本、安南，专力整顿国内军政。采取限制诸王势力、减免部分赋税、新编律令等措施，使社会矛盾暂时有所缓和。名义上，元王朝成为其他汗国的宗主，四大汗国一致承认元朝皇帝是成吉思汗汗位的合法继承人。

成宗是一位守成之君，即位后并没有对中央人事做大的调整。只是到了执政后期，因连年患病，臣属官僚与皇后卜鲁罕内外勾结，淆乱朝政，官场中贪污因循的风气大盛。他则为了酬谢拥立他的诸王贵戚而滥增赏赐，很快造成国库枯竭局面，导致钞币迅速贬值。

在地图的发展和使用方面，成宗也谈不上什么成就。

在他执政的大德七年（1303 年）完成的《大元大一统志》，不过是世祖忽必烈的功绩。

而对王朝版图的扩充，成宗似乎不太想有所作为。就算西南边境小骚乱时起，成宗本意也不想用兵。但随着西南不稳，成宗在大德五年（1301 年）二月，不得不派出湖广、江西、河南、陕西、江浙五省二万兵马从云南出征八百媳妇（在今泰国北部）。结果葛蛮（今仡佬族先民）土官宋隆济、水西（今贵州西北部）土官之妻蛇节乘刘深军沿途骚扰、民怨沸腾的时机举兵起事，西南少数民族地区群起响应，西南震动。直到大德七年（1303 年）春夏之际，蛇节被俘杀，宋隆济亦在此后不久被杀，西南地区才渐次安定。不过，这次出兵更加导致了国库亏空，朝局不稳。

大德十一年（1307 年）正月初八，成宗去世，享年 42 岁。

与中原王朝的新君更迭不同，按照蒙古旧俗，大汗死后，例应由皇后摄政，主持召开选立新汗的忽里台大会。

　　因成宗太子早夭，左丞相阿忽台准备拥立成宗的堂弟、信奉伊斯兰教的安西王阿难答为新君。而右丞相哈剌哈孙则试图拥立成宗的侄子海山、寿山（后译为爱育黎拔力八达）兄弟之一为帝，立即秘密派人通知在漠北的海山和在怀州的答己及爱育黎拔力八达迅速入京。

　　远在漠北的海山接到成宗死讯后，曾准备立即还朝。但获悉爱育黎拔力八达先至大都，就谢绝了诸王的劝进，声称要等到宗亲大臣到齐，忽里台大会召开时再即位。而爱育黎拔力八达到大都后，立刻发动宫廷政变，至此皇位在海山兄弟间摇摆。

　　弟弟爱育黎拔力八达登基在即，哥哥海山则表示绝不接受，痛斥前来劝解让出帝位的使者，并且整肃兵马，分三路南下。

　　在海山军事威慑下，爱育黎拔力八达不敢妄动。大德十一年（1307 年）五月，海山抵达上都会聚宗戚大臣举行忽里台大会后，即位于上都，是为元武宗。即位后也不想冷落弟弟，就立爱育黎拔力八达为皇太子，十二月二十九日下诏改元为至大。

　　武宗入继大统后，朝廷中枢用人，差不多都在西北从征的蒙古、色目将领中挑选。成宗时对宗戚大臣的滥赐滥封导致物价飞涨、通货膨胀，加上自然灾害频繁发生，武宗即位后不得不调整"守成"之策，以巩固元朝的统治。但武宗的改革举措很大程度上与儒家相悖，因此招来汉人儒臣的批评。

　　在地图的使用上，武宗很多事项都是迫不得已。为了调控物价，武宗整顿海运，对海路交通进行绘图以便使用，以增加政府掌握的物资数量。海漕的运输成本比陆运节省十之七八，比之河漕也节省十之五六。随着从江南海运到北方的漕粮由不到 10 万石剧增至 150 万石，对京畿地区粮食供应的明显增加，使政府能够通过控制粮价保持市面的基本稳定，从而缓解币制改革对社会发生的冲击。

　　武宗即位，是弟弟爱育黎拔力八达在大都发动的打倒成宗皇后卜鲁罕和安西王阿难答的政变的结果，所以就约定"兄弟叔侄世世相承"。至大四年（1311 年）正月初八，海山驾崩于大都玉德殿，在位不足四年，享年 31 岁。皇太子爱育黎拔力八达继位，是为元仁宗。

　　元仁宗早年学习儒家典籍，通达儒术，倾心释典。在位期间，大力进行改革，选用汉族文臣，减裁冗员，整顿朝政，实行科举制度，推行以儒治国政策，借以复兴元朝。

从地图发展的脉络来看，就在元王朝皇位更迭之际，又一位杰出的地图学者朱思本为元王朝留下一部杰出的地图作品《舆地图》。

生于南宋咸淳九年（1273 年）的朱思本，先祖曾为宋王朝的县令。宋亡之痛，家族长辈们抱着与新朝不合作的态度，坚决不仕元，对朱思本产生了极大的影响。少年朱思本曾到龙虎山学道，十余年间以其才华在龙虎山的地位不断上升，诗词作品也渐渐被世人所知。

元仁宗即位，拜李孟为中书平章政事。李孟是一位很注意选用人才的政治家，他十分欣赏朱思本的才学，曾劝他返儒入仕，但被朱思本婉言谢绝了。

至大四年（1311 年），朱思本谢绝了李孟劝他返儒入仕，开始了漫长的野外勘探考察活动。

朱思本先后游历考察各地达 20 年之久，足迹遍及今华北、华东、中南地区。由于朱思本热衷于地理研究，试图重绘全新地图来纠正前人地图绘制的错误方法，就接受了朝廷代天子祭祀名山大川的诏令，赶赴各地进行实地测绘。

有了朝廷祭祀的背书，朱思本的测绘勘探工作就便利许多。每到一处，朱思本都要考察当地城邑变革历史、山河名称变化，以及地方尚保存的各类地图。如安陆石刻《禹迹图》、樵川《混一六合郡邑图》，被朱思本都曾仔细研究。除此之外，他广泛吸收有关地理学方面的研究成果。他参考的地理著作不仅有《水经注》《通典》《元和郡县志》《元丰九域志》等古籍，而且注意利用少数民族地理著作的记载进行参酌。

有了丰富的实地测绘资料和翔实的典籍参考，朱思本开始了《舆地图》的绘制。

朱思本使用"计里画方"的绘图方法，每方折地百里，绘制的《舆地图》比前代更为精细详尽，图画上的山川湖泊、城镇区域注记也大大增加。

元朝的帝王多数在位时间都不是很长，因此皇帝的诏令中关于地图的发展事宜也就不是太多了。不过，仁宗期间，曾针对一些拥有土地的地主欺瞒朝廷，把良田作为荒地躲避赋税的问题，进行过土地测绘和督查，并制定新法令，对隐瞒十亩以下者，田主及佃户皆杖七十七，二十亩以下加一等。一百亩以上，则没收田地归公。

延祐七年（1320 年）正月二十一日，元仁宗去世，17 岁的皇太子硕德八剌在大都大明殿登基称帝，汗号格坚汗，是为元英宗，改元至治。

元朝各种弊政丛生，深受儒家思想影响的英宗决心改革重振朝纲。特别是地图作为一种特殊的工具，也被英宗拿来用在改革之中，史称"至治改革"。

至治三年（1323 年），元英宗下令编成《大元通制》并颁布为元朝正式法典。改革包括裁减冗官，颁布新法律，采用助役法以减轻百姓的差役负担。

在施行助役法时，地图成为改革的重要抓手。王朝在各地测绘耕田，确定一部分田亩作为名义上的官田，分配到承当差役的各人户，归他们自种或招佃，以其收入作为当役补贴。

而在国家版图的治理中，改革了征东等处行中书省，使高丽王国郡县化，罢征东行省，改立三韩行省，完全与元朝其他行省一个待遇。后来因故未实行。

此时，自然灾害最严重的依旧是河患。早在宋庆历八年（1048 年），时人沈立搜集治河史迹及古今利弊，撰著《河防通议》，把治理黄河的工程规章制度一一整理成文。但此书佚失许久。到了至治元年（1321 年），色目人赡思根据沈立原著和建炎二年（1128 年）周俊所编《河事集》，以及金代都水监所编另一《河防通议》，加以整理删节改编而成《重订河防通议》，分别记述河道形势、河防水汛、泥沙土脉、河工结构、材料和计算方法，以及施工、管理等方面的规章制度。诸多内容都和地图密不可分。

英宗是元朝一位谋求国泰民安的有为天子，但他的新政使国势大有起色的同时，触及了蒙古保守贵族的利益。

至治三年（1323 年）八月五日，元英宗和宰相拜住自上都南返大都，途经南坡店驻营。前朝权臣铁木迭儿的义子铁失，纠结 16 人发动政变，以阿速卫军为外应，杀死元英宗和拜住，史称"南坡之变"。

元英宗被弑，仁宗一系已绝嗣。作为元世祖长房嫡曾孙的晋王也孙铁木儿最有资格继承皇位。在英宗驾崩整整一个月以后的至治三年（1323 年）九月四日，也孙铁木儿在漠北龙居河（今蒙古国克鲁伦河）被拥立为帝，改元泰定。

也孙铁木儿生长于漠北，带有浓厚的草原背景，对汉文化隔膜很深。仿佛上天并不认同也孙铁木儿的王权所归。新帝即位，各地天灾不断，蒙古大雪，牲口大多被冻饿致死；龙庆州冰雹比鸡蛋还大；洛阳蝗灾遍地；宁夏、四川等地则是接连地震。于是许多地方爆发饥荒，导致民变。湖广、云南、四川等行省的少数民族多次起义反抗朝廷。泰定二年（1325年）六月，河南息州人赵丑厮、郭菩萨以"弥勒佛当有天下"为口号反元，元朝从泰定年间开始进入多事之秋。

泰定五年（1328年）二月，泰定帝改元致和，似乎想天下和解，王朝能回归平静。但就在改元当年七月，泰定帝驾崩于上都，享年36岁。

也孙铁木儿在位期间，天灾频发，问题成堆，王朝本就孱弱的经济基础已然面临崩塌。而元王朝政变的王权更迭，更给国家带来无可避免的动荡。就算王朝版图疆域辽阔，但在无效的统治下，必然面临随时断送的危险。

致和元年（1328年）泰定帝死后，大都再次发生政变，燕帖木儿拥立元武宗之子怀王图帖睦尔即位，是为元文宗。泰定朝的权相倒剌沙则在上都拥立皇太子阿速吉八即位，是为元天顺帝。随后双方爆发内战，是为两都之战。尽管元文宗一方取得胜利，天顺帝与倒剌沙皆被杀，泰定帝、天顺帝父子也被视为非法君主而不追赠谥号和庙号，但王朝统治的力量大大遭到削弱，为元朝灭亡埋下了伏笔。这一年，一个名叫朱重八的汉人出生，即后来取代元朝建立大明的朱元璋。

文宗汉文化修养超过在他之前的所有元朝皇帝，而且作画水平超高，其《万岁山图》既是一幅山水画，也堪称一幅山水地图。此图是文宗在潜邸时和画家房大年共同完成的一幅作品。文宗索纸运笔布画位置，房大年协助绘画。画中景致为京都万岁山，峰峦竞秀之间，云水楼台掩映，亭廊轩榭，纵延蔓回，十分精美。

或许是汉文化的熏陶，文宗对历史典籍和地图的重视也比忽必烈之后的几位帝王用心得多。

至顺元年（1330年），文宗命奎章阁学士院负责编纂《皇朝经世大典》，又名《经世大典》。全书分为十篇，其中君事四篇，臣事六篇。该书体例参考了唐、宋会要，而有所创新，如工典篇分为宫苑、官府、仓库、城郭、桥梁、河渠、郊庙、僧寺、道宫、庐帐、兵器、卤簿、玉工、金工、木工、抟埴之工、石工、丝枲之工、皮工、毡罽、画塑、诸匠22目，多为唐宋会要所无。

此书尤为可贵的是附有《元经世大典地图》。此图采用经纬线方格画法，只标注地名与所在方位，组成网格画出不同的区域，但没有地形描绘，在中国地图史上留存到现在的极为罕见。该图原名《元经世大典西北地图》，即"大元西北地图"的意思，元王朝时期版图甚大，西北地区便是现在的中亚和西亚，故以现在的眼光来看，此图堪称中国古代地图中十分难得的一幅海外地理专图。此图范围东起今甘肃敦煌和乌鲁木齐以东的吉木萨尔一带；西至今之埃及；南至天竺，即今之印度；北方则至"月祖伯"，即今之乌兹别克斯坦。这幅地图反映了当年的元王朝与中亚和西亚的紧密关系，甚至与埃及都有着密切的政治联盟与贸易往来。

　　文宗时期，僧人清浚绘制了《混一疆理图》《广轮疆理图》，李泽民绘制了《声教广被图》。其中《广轮疆理图》是一幅元代全国疆里总图。据明代临摹此图者记载，此图省路府州用朱墨分类，黄圈为京，朱圈为藩，朱竖为府，朱点为州，县繁而不尽列，其间所有山脉用形象符号表示，大小河流采用双曲线画出，体现了元朝绘画舆地图的科学技术水平。后来朝鲜人绘制的《混一疆理历代国都之图》便是参照上述诸图，描绘了从西方欧洲、非洲到东方日本的大致形状。

　　文宗在位时间同样不长。至顺三年（1332年）八月，文宗病逝，终年29岁。

　　文宗临终，表示愿召明宗子妥懽帖睦尔来继承大位。可把持朝政的权臣太平王燕帖木儿没有立年长的妥懽帖睦尔，而是立了就在大都的明宗幼子懿璘质班

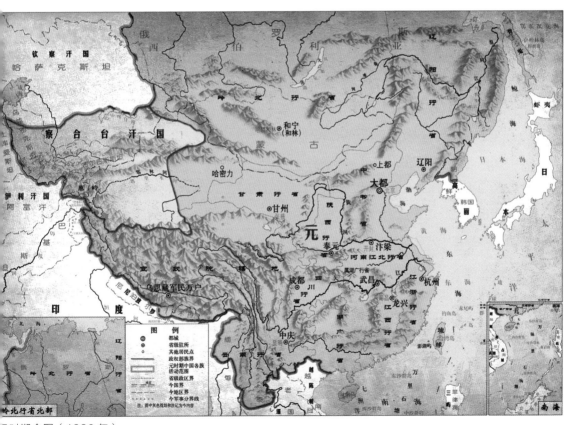

元时期全图（1330年）

（妥懽帖睦尔异母弟）继位，是为元宁宗。不料当年十一月，元宁宗就驾崩了。

这时皇位再度给了妥懽帖睦尔机会。可他还是个 13 岁的孩子，来到京城后懵懵懂懂，不知所以，朝臣也争论不断，竟然导致元朝皇位空缺了半年之久。

直到至顺四年（1333 年）六月初八日，妥懽帖睦尔即位于上都，是为元惠宗。元惠宗即位后改年号为元统，元王朝的危机此时已经大量显现，朝廷内部的混乱却难有定论。惠宗亲政初期，也算勤于政事，任用颇有才华的脱脱等人，采取了一系列改革措施，以挽救元朝的颓废，史称"至正新政"。

脱脱是元朝后期蒙古贵族集团中少见的有见识、有能力的宰相，上台后下令免除百姓拖欠的各种税收，放宽了对汉人、南人的政策。恢复废黜已久的科举制度，主持编写宋、金、辽三史，以争取民心。

可惜，大厦将倾。元王朝的倾倒既有统治者的无能残暴，更有上天的频繁警告。惠宗年间，自至正四年（1344 年）以来，灾害再度集中频发。黄河决口、饥荒频仍、瘟疫爆发，人民流离失所和大量死亡，就连大都也受到影响，许多流民涌向京都，沦为乞丐。

天灾导致漕运、盐税锐减，王朝财政收入下跌，天下大乱，朝廷无法镇压，只得加以招抚。至正八年（1348 年），方国珍兄弟啸聚海上，对朝廷赖以生存的海道漕运构成威胁，让国势雪上加霜。至正十一年（1351 年），由刘福通等红巾军引爆元末农民起义，更是声势浩大，元王朝在许多地方的统治机构瘫痪，很快陷入土崩瓦解的绝境。

不仅天下如此，宫廷里也是内乱不断。惠宗无力回天，彻底堕落，整日声色犬马，朝政则交给皇太子爱猷识理达腊。

至正十八年（1358 年）十二月，元朝陪都上都被破头潘、关先生所率的红巾军攻破，宫阙被焚，王朝半壁江山基本丧失，就连都城也处于危机之中。

惠宗虽昏庸，亦知国难当头，至正二十七年（1367 年）秘密在高丽济州岛建造宫殿，以备将来逃难之用。

在元朝内乱期间，朱元璋坐大于南方，将陈友谅、张士诚、方国珍等群雄次第削平，并在至正二十七年（1367 年）十月发动"驱逐胡虏、恢复中华"的北伐战争。至正二十八年（1368 年）正月，朱元璋自称皇帝，国号大明，建元洪武。

至正二十八年（1368 年）闰七月二十三日，大都健德门开，元惠宗与皇太子、后妃及一百多名大臣出奔上都。八月二日，明军攻占上都，元王朝在中原的统治宣告结束。退居漠北的元王朝皇室再度建立游牧政权，控制着内外蒙古长城以北，东至女真，西抵哈密及哈密以西的裕勒都斯河流域，北到叶尼塞河的广袤地区。被明人称为鞑靼、北虏，持续和明王朝对峙，直到1635年降后金女真。

元惠宗和地图的渊源，倒是和书画有关。在位期间，建奎章阁，后改宣文阁，后又改为端本堂，收藏大量古书画，一些具有艺术审美的古地图也被收录其中。

此外，至正年间，针对水患连连，王喜撰写的《治河图略》也是殊为难得的地图成果。

《治河图略》的写作时间大致在元至正四年（1344年）。其时黄河决堤，天下乱象四起，朝廷求治河之策，王喜撰写此书，进言献策，提出浚旧河、导新河、专委任、优工役等治河方案。因此书名为图略，所以是以地图的形式，展示了历代黄河的变迁。文字部分则提到要专委任、优工役。专委任，就是要选派明达、干练的大臣对黄河上下游防汛实行专管，并选派有学识、有才干的人员补充到防汛管理队伍，从而实现专人专职治理黄河。

元王朝版图极大，因此从地图的脉络来看，绘制或记录的范围极广。如耶律楚材写成的《西游录》，共上、下两篇。文中所记，现为吉尔吉斯斯坦、哈萨克斯坦、乌兹别克斯坦、塔吉克斯坦和土库曼斯坦五个中亚国家，再往西便是俄罗斯。这一带，曾是元代蒙古族统治的钦察汗国（又称金帐汗国）。

元代地理学家周达观撰成《真腊风土记》一卷，则是因为其在随元使赴真腊（今柬埔寨）访问居住一年之久后，记录当地山川草木、城郭宫室、风俗信仰及工农业贸易等情况。

元代民间航海家汪大渊所著记述海外诸国见闻的《岛夷志略》，是元文宗至顺元年（1330年）汪大渊首次从泉州搭乘商船出海远航，历经海南岛、占城、马六甲、爪哇、苏门答腊、缅甸、印度、波斯、阿拉伯、埃及，横渡地中海到摩洛哥，再回到埃及，出红海到索马里、莫桑比克，横渡印度洋回到斯里兰卡、苏门答腊、爪哇，经澳大利亚到加里曼丹、菲律宾返回泉州，前后历时五年的见闻。顺帝至元三年（1337年），汪大渊再次从泉州出航，历经南洋群岛、阿拉伯海、波斯湾、红海、地中海、非洲的莫桑比克海峡及澳大利亚各地，至元五年（1339年）返回泉州。

《岛夷志略》涉及亚、非、大洋各洲的国家与地区达220多个，详细记载了当地的风土人情、物产、贸易，是不可多得的宝贵历史资料。书中多处记载了华侨在海外的情况，如泉州吴宅商人居住于古里地闷（今帝汶岛）；元朝出征爪哇部队有一部分官兵仍留在勾栏山（今格兰岛）；在沙里八丹（今印度东岸的讷加帕塔姆），有中国人在 1267 年建的中国式砖塔，上刻汉字"咸淳三年八月华工"；真腊国（今柬埔寨）有唐人等，是一部非常珍贵的远海地理著作，对中国认知世界，绘制海外舆图有很重要的参考价值。

由于元朝前身为大蒙古国，版图疆域经由历代蒙古诸汗的经营及三次西征后，东起日本海、东海，西抵黑海、地中海地区，北跨西伯利亚，南临波斯湾。仅以元王朝直接所辖的中原版图来区划，东起日本海、南抵南海、西至天山、北包贝加尔湖，范围极其广大。到 1279 年元世祖攻灭南宋一统中国，汉地、漠南、漠北、东北（包括外东北和库页岛）、新疆东部（元初据有塔里木盆地西抵葱岭）、青藏高原、澎湖群岛、济州岛及南海诸岛皆在元朝统治范围内。

和宋王朝的巅峰状态相比，地图虽然在元王朝有不少建树，但也谈不上辉煌璀璨。毕竟，来自草原的蒙古人看重的是圆月弯刀的冷血，忽略了凝聚人心，长治久安的最好工具恰恰是温情的善政。地图在其历史长河中遭遇元王朝的匆匆而过，虽有所馈赠，如札马鲁丁始创地球仪、航海测绘成绩斐然等，但也不过是落花流水，倏忽而过罢了。天命王权的归属亦不足百年就远离了蒙古人，倒向了汉人朱元璋创建的大明王朝。

航海时代

明（1368—1644 年）

十七

1368 年，朱元璋在应天（今江苏南京）称帝，建立明朝。1421 年，明成祖迁都北京。明朝疆域与元朝相比，有所缩减。其疆域东、南到海并包括南海诸岛，北到内蒙古北部，东北达外兴安岭，西北到新疆哈密，西南则包括西藏、云南。在明朝统治地域之外，当时的中国北方和西北是蒙古族建立的政权，如瓦剌、鞑靼，亦力把里等。

扫码读第 17、18 章参考文献

驱逐胡虏，恢复中华，立纲陈纪，救济斯民。

这是朱元璋《谕中原檄》中提出的战斗口号。

吴元年（1367年）十月二十一日，天刚拂晓，一场整装待发的出征仪式正在空旷的原野举行。军旗猎猎，战鼓声声。朱元璋高声宣读手下谋士宋濂起草的《谕中原檄》，提出自古帝王临御天下，皆中国居内以制夷狄，夷狄居外以奉中国，未闻以夷狄居中国而制天下。元朝廷不遵祖训，废坏纲常，已是人心离叛，天下兵起。正所谓天运循环，中原气盛，亿兆之中，当降生圣人，驱逐胡虏，恢复中华，立纲陈纪，救济斯民。

这篇慷慨陈词的檄文，表明元王朝气数已尽，天命王权应当转移新主。而获授此天命者是中原降生的圣人，也即朱元璋本人。讨伐蒙古人掌控建立的政权，一统中原大地，驱逐外族夷狄，建立汉人的新王朝，一血中华之耻，朱元璋认为师出有名，师出必胜。

随即，朱元璋命徐达为征虏大将军、常遇春为副将军，率军25万北进中原。

自元朝以蒙古族入主中原，经过数十年的统治，政局混乱，民不聊生，引发了各地连绵不断的起义。其中，濠州农民朱元璋崛起于乱世，先后平定了陈友谅、张士诚、方国珍等割据一方的势力，据有东南。1367年，朱元璋建年号为"吴"，决定北伐灭元，一统中国。

朱元璋敢于推翻大元王朝，是有足够底气的。

如果翻开天下的地图，13年来的南征北战，东讨西伐，朱元璋已经掌控的地盘西抵巴蜀，东连沧海，南控闽越，湖湘汉沔，两淮徐邳，皆入版图。

奄奄一息的元王朝已是倾倒的大厦，命悬一线。

出身贫寒，本名朱重八的朱元璋，为活命曾落发为僧，四处乞讨。直到红巾军起义，年已 25 岁的朱元璋投奔义军，因作战勇敢，机智灵活，粗通文墨，渐渐有了影响力。

后来，朱元璋羽翼丰满，招募兵士，以"高筑墙，广积粮，缓称王"的策略，迅速秘密扩张实力，最终成为义军中最强大的一支力量。

如今，成为吴王的朱元璋显然并不满足和朝廷分庭抗礼，而是要做新的君王、天下的共主。

尽管没有读过几天书，朱元璋对地图似乎有一种天生的研判能力。无论从战略格局的谋划，还是战术行动的部署，都能够深晓地图之理，善于利用地理地形捕捉战机，赢得主动。

元祚将亡，何以取胜？

这是朱元璋北伐之际提出的胜利之问。

此次北伐，尽管领兵将军是徐达和常遇春，但在战略部署上，朱元璋才是真正的主帅。从朱元璋的作战部署来看，如果不是对天下地图了如指掌，依据地图标注和各地态势变化洞悉一切，他是无法做到判断精确、调遣得当的。

问题是，全国性舆图多在宫廷秘藏，朱元璋的地图从哪里来？

其实，答案也很简单。元王朝统治不足百年，而先朝赵宋则是地图发展的高峰时期，各类舆图数不胜数。南宋朝廷地处江南，朱元璋在北伐之前早已控制了江南地区，自然遗存在江南的各类舆图就尽归朱元璋所有了。

因此，北伐的战略部署，朱元璋要求先取山东，撤除元朝的屏障；进兵河南，切断它的羽翼，夺取潼关，占据它的门槛；然后进兵大都，这时元朝势孤援绝，不战而取之；再派兵西进，山西、陕北、关中、甘肃可以席卷而下，全国也就实现了完全的统一。

正所谓运筹帷幄之中，决胜千里之外。北伐大军按朱元璋设定的计划而行，徐达率兵先取山东，再西进，攻下汴梁，然后挥师潼关，一切都如后来前往汴梁坐镇指挥的朱元璋设想的那样，起义军席卷中原，连连告捷。

眼看大局已定，朱元璋未等北伐结束，就在洪武元年（1368 年）正月初四日，于南京称帝，国号大明，年号洪武，是为明太祖。

同年七月，仍在北伐的明军沿运河直达天津，随即进占通州。八月，则进逼大都，落魂失魄的元惠宗只能带领三宫后妃、皇太子等从健德门逃出大都，经居庸关逃奔上都北去。至此，蒙古在中原的统治结束，明军取得了在长城以内地区的统治权，就连丢失四百余年的幽云十六州也从此被收回。

朱元璋希冀大明的版图比照汉唐，特别是有北宋末年燕山一带在两年之内得而复失的前车之鉴，决定北征消灭逃窜到大漠的北元。

洪武三年（1370 年）正月，右丞相徐达为征虏大将军出兵进攻北元。此次北征，明军三路皆胜，元昭宗爱猷识理达腊逃到漠北，其子买的里八剌等被俘。尔后洪武五年（1372 年）正月至十一月，朱元璋又对北元进行第二次征伐，孰料大败而归。

洪武十四年（1381 年）正月和洪武二十年（1387 年）正月，太祖皇帝又相继派兵北征。这两次出征，肃清了元朝在辽东的势力，让辽东地区从此完全纳入明朝版图。趁天元帝脱古思帖木儿在捕鱼儿海（今中蒙边境之贝尔湖）之际，急行军发动突袭，俘获元帝次子地保奴、妃嫔、公主以下百余人，后又追获吴王朵儿只、代王达里麻及平章以下官属 3000 人、男女 77000 余人，以及宝玺、符敕、金银印信等物品，马、驼、牛、羊 15 万余头，把收缴的铠甲兵器全集中起来烧毁，接着又攻破脱古思帖木儿的将领哈剌章的军营，把他们全部降伏。这样大漠北部的祸患便去除了。

从后两次的北征来看，地图再次发挥了神助攻的作用。如辽东之战，虽然元太尉纳哈出拥兵数十万驻扎金山，明太祖却从地理位置和战略格局上看出金山驻军没有依托，不足为虑。于是派出俘虏劝降的同时，命令主帅冯胜修筑边城作为后方，以大军威慑，逼迫纳哈出投降。就算纳哈出一旦反抗，料定其并无援军，可以从容就地剿灭。而在突袭捕鱼儿海一战中，明军能从偏僻小路急速前进，及时赶到北元大营，也需有地图指引才能如神兵天降，取得战果。

北伐之外，其余盘踞边疆残余的小股势力也一一被太祖平复。如东南地区，派兵进入福建，随后拿下广东广西。西南地区，派兵取四川，降云南。西北则在洪武二十六年（1393 年）对整个河西走廊实现了完全的统治。

大明立国，太祖朱元璋从一个贫寒小子成为一代君主，天时地利人和占尽，地图同样功不可没，被太祖所倚重。所以进行军事征伐的同时，太祖在治国理政上，也将地图推向了最前沿。

元王朝之所以被推翻，核心问题是天下土地不清，百姓无田耕种，食不果腹。而拥有土地者隐瞒不报，拒不缴税，从而使得百姓和朝廷都成为受害者。对灾患年间饥寒交迫深有体会的太祖，即位后常常减免受灾和受战争影响地区农民的赋税，或给以救济，并多次在全国范围内实行大型的租税蠲免。与此同时，则着手土地清丈、核定天下田赋。

由太祖亲自主持的地籍测绘和田亩绘图工程，在明王朝初期颇有成效。太祖将田赋数额列入黄册（户籍），详细登记各地居民的丁口和产业情况，每年审查一次。在丈量土地的基础上编制《鱼鳞图册》，分为鱼鳞分图及鱼鳞总图。鱼鳞分图以田块为单元编制，每张分图上绘有田块形状草图，旁注坐落、面积、四至、地形及土质等级，按序编号，详细登记每户土地亩数和方圆四至，并绘有田产地形图，以及所在都（乡镇）、图（村）。鱼鳞总图则由各分图田块组成，田块内注有田块编号、面积及水陆山川桥梁道路情况，总图上各田块栉比排列，看似鱼鳞，故称《鱼鳞图册》。

《鱼鳞图册》经过汇总，形成以乡为单位的总图，再合各乡之图，而成一县之图。县图汇总之后，逐级上报到户部，实现了全国一张图来管理王朝所有土地和田赋征收。

太祖诏命各州县分区编造《鱼鳞图册》，摸清了地权，清理了隐匿，让王朝初兴就能保证朝廷税赋，解决了土地隐匿给国家税收造成的重大损失。尤其《鱼鳞图册》详细登记了每块土地的编号、土地拥有者的姓名、土地亩数、四至，以及土地等级，是相当完备的土地登记册，在地政管理史上也是一个巨大进步。

据洪武十四年统计，全国土地面积是3667700多顷，到洪武二十四年（1391年），增至3874700多顷；赋税收入仅米麦一项，也由洪武十四年的2610万余石，增至洪武二十四年的3227万余石。这其中，地图的作用称得上居功至伟。

洪武一朝，历经元王朝无能统治和天灾不断导致的全国社会经济全面崩溃的状态得以修复，面貌焕然一新，农民生产热情高涨，社会生产逐渐恢复和发展，手工业和商业也迎来繁荣景象，史称"洪武之治"。

兴修水利是地图被广泛应用的又一领域。太祖对兴修水利投入极大热情，专门下旨要求凡是百姓提出有关水利的建议，地方官吏须及时奏报，否则加以处罚。洪武年间，全国共开塘堰大约 40987 处，疏通河流大约 4162 道。这些工程的修筑，让水利地图也得以复兴发展起来。如洪武二年黄河决堤淹没 11 个州县，地方官吏绘成地图报告朝廷。太祖参考地图，决定调集民工和安吉等 17 个卫的军士参与修筑河堤。

王朝版图巩固后，太祖审时度势，采取人不犯我我不犯人的理念，并未想着继续开疆拓土，兼并周边，而是从天下大势看待对外关系，能够以中央之国的身份，一反元朝使用武力的做法，将海外蛮夷之国分为两类：有为患于中国者，不可不讨；不为中国患者，不可辄自兴兵。因此采取了和平为主的对外策略，将朝鲜、日本、安南、真腊、暹罗、占城、苏门答腊、爪哇、湓亨、白花、三佛齐、渤泥等国列为"不征之国"，与这些国家保持和平友好关系。而对西北胡戎狄游牧民族，因累世对中原虎视眈眈，太祖就保持警惕，要求后代子孙也时刻不能掉以轻心，练兵为战，以备不测。

因为地图在太祖心中的地位极为重要，所以明初许多诏令和官职设置都制定了地图报送或绘制制度，让地图为王朝的江山永续提供最坚实的保障基础。

大明立国初年，军事战争并未结束，因此太祖让兵部设置职方，专司地图之则，要求凡天下地里险易远近，边腹疆界，都必须绘制地图，并且三年一更新。兵部所绘地图多为供朝廷了解边防体系，范围多数以边疆为主。如现存的明代中叶绘制的《延绥东路地理图本》，便是明代兵部绘制的延绥镇长城军事地图。图上描绘了延绥东路的山脉、河流、长城、墩台、寨城、柴塘、道路、将台、教场、暗门、水口、地界、寺庙等丰富的内容，表现出多层次、立体性的长城防御体系。

而兵部之外，户部、工部等朝廷机构也有不少与地图相关的官员。就连地方，也设置相关官员，负责汇总所属省府州县地理、地图、古今沿革、山川险峻平易、土地肥瘠宽窄、户口物产多少及增加损耗的数目。

新朝要有新气象，太祖觉得国兴制图，很有必要用一幅前所未有的地图来承载洪武盛世和大明王朝的版图疆域。

洪武二十二年（1389 年），名为《大明混一图》的一幅大型地图绘制完成。此图为彩绘绢本，是王朝的行政区域图。全图尺寸为 386 厘米 ×456 厘米，是一幅大型挂图。

图中，以大明王朝版图为中心，东起日本，西达欧洲，南括爪哇，北至蒙古，绘制出明王朝广袤的疆域和周边地理，还有海外诸邦。

此图中明王朝各级治所、山脉、河流的相对位置，镇寨堡驿、渠塘堰井、边地岛屿及古遗址、古河道等共计数千处。十三布政使司及所属府州县治用粉红长方形书地名表示，其他各类聚集地均直接以地名定位，不设符号。蓝色方块红字书"中都"（今安徽凤阳）、"皇都"（今江苏南京），指出了明初王朝的政治中心所在。山脉以工笔青绿山水法描绘，或峰或岭，各有其名。全图水道纵横，除黄河外，均以灰绿曲线表示，注名者百余条。较大河流标明渊源。海洋以鳞状波纹线表示，海岸、岛屿的相对位置基本准确，礁石沙洲分别注明。

全图以内地较详，边疆略疏。域外地区以描绘西方为详，所列名称几百个。河道湖泊，红海黄沙，一目了然。尤其沿海地形的准确绘制，说明了明王朝在航海上的探索已有成效，后来的成祖开启大航海时代也就成为必然。

明太祖朱元璋从元王朝手中接手一个千疮百孔的国家，以非凡的魄力和手段完成了王权的更迭和社会的安定。这其中，地图给太祖的馈赠成效卓著，因此太祖对于地图事务也通过建章立制，给明代地图再次腾飞提供了政策保证。太祖本人对地图的驾驭和重视，也延及后世子孙，从而影响近现代中国地图的发展史。大明王朝，也因为他的杰出贡献，成就了近三百年的宏伟基业。

太祖本欲传位于太子朱标。朱标性格仁慈宽厚，在诸皇子中威信最高，自幼受到太祖悉心教导。在监国治政之时，太子对地图也很上心，处处学着父亲勤于政事。太祖因此很宽慰，叮嘱太子说，你能够学我，照着办，才能保得住天下。

明朝建立之初，太祖下诏以汴梁为北京，以金陵为南京，效仿周唐的两京旧例。洪武二十四年（1391 年）八月，朱标受命巡视陕西。此行，朱标还负有在陕西实地勘测，计划为新都选址的重任。

朱标归来后，特意绘制了陕西当地的地图，以备圣览。

不料回京不久，朱标便生病不起。卧榻之时，还向太祖上书关于筹建都城事宜，围绕新都城的修建和规划的地图，奏请太祖审议。

但这次患病，来势凶猛，太祖悉心培养、对地图也颇有心得的太子朱标还是未能痊愈。洪武二十五年（1392 年）四月二十五日，朱标病死，太祖痛哭不已。年近七旬的太祖伤心欲绝，再也没有精力和心情考虑迁都的事情。

因为对朱标的喜爱，太祖并没有从诸皇子中另立太子，而是看到朱标次子朱允炆言行不凡，就立其为皇太孙，意欲把皇位继续留给朱标这一脉。

洪武三十一年闰五月初十（1398 年 6 月 24 日），朱元璋驾崩于应天皇宫。在草拟的遗诏中，太祖用心良苦，不但称赞皇太孙允炆仁明孝友，天下归心，宜登大位，诏令内外文武臣僚同心辅政，确保天下安定。同时为提防其余皇子篡位谋逆，遗诏还要求诸王留在封地，不得前往京师。特意说明此诏令未说之事，按诏令意思办理。显然，这是为皇孙即位扫平一切障碍。

皇子诸王中，燕王朱棣能力最为突出，也让朱元璋极为不放心，因此临终之言，告诫建文帝对燕王不可不虑。另外还专门下诏给燕王，说朱棣在皇子中才智突出，应当作为王朝的擎天玉柱，攘外安内，统率其余皇子，给弟弟们做榜样，切不可心生妄念，辜负了朕心。可惜，太祖这番教导并没有让朱棣听到心里去。

洪武三十一年（1398 年）闰五月十六日，朱允炆即皇帝位，是为建文帝。

建文帝如其父朱标一般天性仁厚，亲贤好学。可祖父为庇佑他设立的种种法令，还是未能抵挡他那些虎狼之辈的叔父藩王的觊觎。

面对一众皇叔藩王个个有所图谋的现实威胁，建文帝试图通过削藩政策维护自己源出正统的帝位。可是，欲速则不达，他的削藩政策彻底击中了那些叔王的痛处，招致全面的抗拒。其中，太祖曾最担心的燕王朱棣打出"靖难"的旗号，起兵谋反，直接用武力威逼建文帝。建文四年（1402 年），朱棣取得胜利。南京城陷，宫中火起，朱棣得以在南京称帝，是为明成祖。他以次年为永乐元年（1403 年），从此开始了 22 年的强力统治。建文帝则下落不明，成为千古疑案。

尽管朱棣夺位篡政，但永乐盛世的到来，给地图提供了广阔的舞台。较之洪武年间，地图在永乐年间成就非凡，光彩夺目。

燕王的封地在北平边境，成祖本身又是马上将军，藩王时期行军打仗，戍守边关，自身履历与朱标、朱允炆在宫内参学政事大不相同。因此成祖不仅刚愎自用，很有主见，对地图的认知也和兄侄很是不同。

明初都城在应天，从王朝版图上来看，几乎处于天下的中央。但从战略格局而言，北方却是王朝安危之所系。明早期，王朝不仅时常受到北方鞑靼和瓦剌的挑衅，残存的北元蒙古势力也不时南袭，这些现实的威胁让成祖头疼不已。

成祖昔日的潜邸北平，正处于北方农区与牧区接壤处。此地交通便利，形势险要，不仅是军事要地，还是北方各族贸易的中心。早在永乐元年（1403年），礼部尚书李至刚等奏称，燕京北平是皇帝"龙兴之地"，应当效仿太祖对凤阳的做法，立为陪都。成祖于是大力擢升燕京北平府的地位，以北平为北京，改北平府为顺天府，称为"行在"。同时，开始迁发百姓以充实北京人口。包括各地流民、江南富户和山西商人等百姓等都被强令迁入北京。

此时选择迁都北京，无论人口、经济，还是政治地位，都初步具备都城的各项条件。特别于成祖而言，这里熟悉的地盘、忠诚的臣民，都是应天难以媲美的优势。而且从王朝的长治久安来看，迁都北上，就近便可抗击北侵敌人，且可进一步控制东北地区，远则由南则可统领中原，利于维护全国统一。

当决议迁都北上后，在北平营建新都的浩大工程便正式启动。

永乐四年（1406年），成祖下诏征调工匠、民夫上百万人，以南京皇宫为蓝本营建北京宫殿。

为了都城所需的各种建筑材料，成祖下旨工部官员们奔赴全国各地去开采名贵的木材和石料，然后运送到京。光是准备工作，就持续了11年。

崇山峻岭的名贵楠木、苏州专门烧制的金砖、临清制造的贡砖、房山开采的巨石，都源源不断地运送到了北京。

北京都城的营建，地图的象征意义无处不在。

主持规划工作的工部尚书吴中，是明初非常出色的建筑设计师。新修的北京城周长45里，呈规则的方形，不仅符合《周礼·考工记》中"左祖、右社、面朝、后市"的建筑原则，并且依照中国古代星象学说，紫微星位于中天，乃天帝所居，天人对应，是以城中央皇城作为皇帝的居所，又称紫禁城。在建筑布置上，则用形体变化、高低起伏的手法，组合成一个整体。

紫禁城处处营造出皇家不凡的气度。整体建筑在北京城南北长16里的中轴线上，南北取直，左右对称。宫城左前面是皇帝祭祀祖宗的太庙；右前面是皇帝祭祀土神和谷神的社稷坛；前面有朝臣办事的处所；后面有人们进行交易的市场；北面是万岁山；南面是金水河，恰好符合古人"负阴抱阳，冲气为和"的建宫原则。

永乐十四年（1416年），成祖召集群臣，正式商议迁都北京的事宜。对于提出反对意见的臣工，一一革职或严惩，从此无人再敢反对迁都。

永乐十八年（1420年），北京城内的紫禁城宫殿全部落成，成祖正式迁都，并下旨改金陵应天府为南京，改北京顺天府为京师，但在南京仍设六部等中央机构，以南京为留都。

北京和南方粮食资源输送的交通要道是水路。保证漕运的通畅，既是王朝经济振兴的需求，也是朝廷掌控江南的政治需要。可尴尬的现实是，成祖看到的，却是大运河大段地损坏、淤塞，根本无法通航。

无奈之下，成祖下诏修复大运河和重开运河，使之成为一条供应北京的南粮运输路线。主持这项大型工程的工部尚书宋礼精于河渠水利之学，亲自勘察实测，找到所谓的"水脊"，绘制成水利施工图后分别在分水北到临清、分水南到沽头设置闸门，一直到淮河，调整水势，增加流量，便于漕运。同时，恢复旧黄河道，以减少水势，使黄河不能危害漕运。

本就对地图颇多好感的成祖，知道无论是建都城，还是开漕运，都离不开地图。其后，为地图的振兴和发展，成祖还下旨采取了诸多的举措。

永乐元年（1403年），成祖命翰林侍读学士解缙等人，广采天下书籍，分类编辑，第二年冬便编成了一部大型类书，成祖起初命名为《文献大成》。但后来仍嫌此书简略，又命姚广孝等人重修，自有书契以来，凡经、史、子、集、百家、天文、地志、阴阳、医、卜、僧、道、技艺各书无不包罗。永乐五年（1407年），书成，成祖赐名《永乐大典》。这是一部规模空前的大型类书，全书22937卷，其中仅目录就有16卷，共11095册，总计约3.7亿字，所引图书七八千种之多。尤为可贵的是，此部大作保存了大量古代地图、地志、图经，无论残缺，概收其中，极为珍贵。

地图的收集整理，以及绘制编撰，绝非仅是朝廷院部的职责。各地州府同样也被赋予这样的使命。

永乐十六年（1418年），成祖下诏颁布《纂修志书凡例》，以法令的名义对地方修撰制书做出明确且详细的规定。不仅郡县建置之由要和《禹贡》《周职方氏》等古籍相对应，地方的界域必须进行测绘。县一级单位，必须得出具体多少面积，与邻县、州府具体距离多少，与南京、北京两座都城的具体距离多少，乃至驿站数量也要记录在案。而城池镇市，不仅要对所建何时、增筑何人、城楼、垛堞、吊桥之类详细记录，还要将土产、贡赋、田地、税粮、课程、税钞、风俗都记录下来。至于山川形势，更是要求境内山岭、江河、溪涧之类所从来者，旧有事迹及名山大川有碑文者皆录于内。连同山川雄险与否也要描述文中。另外，对户籍、学校、寺观、古迹、人物、祠庙也都收录。而且所修志书，必须附地图绘制，进行说明。

成祖雷厉风行的办事效率和严峻残酷的法令，让地图在永乐年间如鱼得水，颇为兴盛。

当然，成祖的目光中，地图不是一张纸，而是大明的疆域。他要的不是在父辈的土地上打转转，而是要开疆拓土，让大明的版图超越太祖，成为有他朱棣标签的王者荣耀。

尚在北方游牧的元朝残余势力和一些蒙古部落，成为成祖意图扩充疆域，消除王朝隐患的讨伐对象。

兴兵讨伐，乃国家大事。与历朝大多数坐镇京师听取将帅奏报战事的皇帝不同，成祖更喜欢纵马疆场，亲征北伐。

从永乐八年（1410 年）开始，成祖五次亲征，战功不俗。

第一次北伐，成祖就旗开得胜。在飞云山大战中，御驾亲征的明军击破五万蒙古铁骑，蒙古本部的鞑靼向明朝称臣纳贡。

永乐十二年（1414 年），成祖第二次北伐则击败了蒙古另一部瓦剌大军。

永乐十九年（1421 年），成祖第三次北伐大败兀良哈蒙古。

永乐二十一年（1423 年），成祖第四次北伐亲征阿鲁台。

永乐二十二年（1424 年）鞑靼部进犯边关，成祖组织第五次北伐。

明成祖五次北伐，让北方蒙古势力进一步削弱衰落，明朝边境得以安宁，王朝疆域版图得以保全并有所扩充。

此时，明朝的版图不仅东北抵日本海、鄂霍次克海、乌地河流域，北达戈壁沙漠一带，西北至新疆哈密，而且还在满洲、新疆东部、西藏等地设有羁縻机构。大明的版图面积达到了 1000 万平方公里。

关于成祖开拓的疆域，值得一提的还有两件大事。

一是永乐四年（1406 年），成祖出兵收复安南，次年在河内设立了交趾布政司（行省）。

二是永乐七年（1409 年），黑龙江下游奴儿干地区归降大明后，为强化统治，成祖决定设置奴儿干都司，统辖各卫所，招抚诸部。管辖范围西起斡难河，北至外兴安岭，东抵大海，南接图们江，东北越海而有库页岛。成祖赏识的太监、女真人亦失哈以钦差大臣身份多次巡视奴儿干地区，并在此地进行了大范围的疆域测绘，绘制成地图呈报过成祖，从而加强了明廷对奴儿干的行政管辖，维护了国家的统一。

以上诸多和疆域有关的功绩，让大明统辖的版图得到扩增，成祖也成为一代雄主，而非守成之君。

当然，成祖在永乐年间和地图相关的事件中，最值得大书特书的当是经略南海，开启大航海时代，让大明天朝的威名传播海外，推动了中国航海外交的发展与海洋交通的进步。

南海诸岛向来是中国固有疆域。成祖时期，积极对南海诸岛进行实地勘察，并在苏门答腊南部的旧港设立宣慰使，使浩瀚的南海成为中国的内海。所谓宣慰使司，是大明王朝在边远地区设立的政府行政机构，代表着政府的意志，是对主权和版图的有效管辖和宣示。

其实，成祖经略海洋的心愿由来已久。虽然按照太祖朱元璋遗愿，大明王朝对周边国家多采取不侵占的态度，但经过苦心经营，使得朝局稳定下来的成祖朱棣，并不想受限于太祖时期的治国之策，更想构建一个面向海疆，通联各国，以大明王朝为主导，国邦之间有等级的全新天下秩序。

此外，明王朝的生产力得到释放，经济活力勃发，大量剩余的商品促使王朝必须考量开展海上贸易。

通达海疆外邦，成祖的确成竹在胸。早在永乐元年（1403 年），成祖就曾派使出使了古里、满剌加。又于永乐二年（1404 年），出使了爪哇和苏门答腊。

这两次出使，让成祖获悉了海外邦国的广阔市场，还有海外邦国对待明王朝的敬仰态度。由此，坚定了成祖的航海之愿。

从宋元以来，中国陆续开展的海外贸易，就让特有的丝织刺绣、瓷器用具受到海外诸国的欢迎，赢得了很高的声誉。而中国不能自行生产的香料等稀罕商品，则需要通过海洋贸易从西洋国家来进口。

航海外交也好，贸易也罢，虽然成祖决心已定，但茫茫大海，要想通联西洋诸邦不迷航，必然需要海洋地图的参照。好在其时大明王朝造船业极为发达，涉及导航的罗盘、指南针都已经熟练使用，民间大批航海水手有着丰富的、得之实践的航海知识，虽无现成的地图，但已然为朝廷出海提供了必要条件。

永乐三年（1405 年），朱棣命郑和为正使太监，率船队出使西洋。船队从苏州刘家河泛海到福建，再由福建五虎门扬帆，先到占城，后到爪哇，经过苏门答腊、满刺加、锡兰、古里等国家。在航行的终点古里，郑和赐其国王诰命银印，并起建碑亭，树立石碑，碑文称"古里国离中国十万余里，民物咸若，熙嗥同风，刻石于兹，永示万世。"

永乐五年（1407 年），郑和在回国后不久就第二次下西洋了。此次主要访问了占城、爪哇、暹罗、满刺加、南巫里、加异勒、锡兰、柯枝、古里等国，于 1409 年（永乐七年）回国。

此后，从永乐七年（1409 年）九月到永乐十九年（1421 年）正月，加上此前两次，郑和六次下西洋。甚至在成祖死后的宣德五年（1430 年），郑和受命第七次下西洋。

郑和七次下西洋出使海外，经过的国家或地区共有 36 个之多。计有占城、爪哇、真腊、旧港、暹罗、古里、满刺加、勃泥、苏门答剌、阿鲁、柯枝、大葛兰、小葛兰、西洋琐里、苏禄、加异勒、阿丹、南巫里、甘巴里、锡兰山、彭亨、急兰

郑和航海图（局部）

1405—1433 年，郑和（1371 或 1375—1433 或 1435 年）率领船队七下西洋，航迹遍及南海和印度洋北部沿岸主要国家，编制的《郑和航海图》是我国第一部航海图集，在当时居于世界远洋测绘领先地位。

丹、忽鲁谟斯、溜山、孙剌、木骨都束、麻林地、剌撒、祖法儿、竹步、慢八撒、天方、黎代、那孤儿、沙里湾尼（今印度半岛南端）、不剌哇（今索马里境内）等。

郑和下西洋所到之处主要是开展贸易活动，以朝贡贸易为基本形式，同时推行官方贸易，带动民间互市。

不过，郑和在下西洋的过程中，为解决东南亚各国之间的矛盾，建立亚非国家区域间的和平局势，做出了大量的努力，获得了很大的成功。当然，郑和船队展示了明帝国的政治和军事优势，加之经济利益的刺激，明王朝主导的朝贡体系的规模大为扩展，满足了大明皇帝构建一个以大明王朝为主导、有等级的理想世界秩序。

成祖朱棣开启的大规模远海行动，从地图发展而言，开辟了亚非的洲际航线，为西方人的大航海铺平了亚非航路。对西太平洋和印度洋进行了一些海洋考察，搜集和掌握了许多海洋科学数据。

郑和下西洋航路之远之繁复，在世界航海史上是划时代的。尤其是据此绘制完成的《郑和航海图》，是中国地图发展史上极为重要的里程碑，也是世界航海地图史上光辉的经典。

《郑和航海图》原名《自宝船厂开船从龙江关出水直抵外国诸番图》。全图以南京为起点，最远至非洲东岸的慢八撒（今肯尼亚蒙巴萨）。图中标明了航线所经亚非各国的方位、航道远近、深度，以及航行的方向牵星高度，何处有礁石或浅滩，也都一一注明。

原图呈一字形长卷，明中晚期茅元仪将之收录在《武备志》中，改为书本式，自右而左，有图 20 页，共 40 幅。海图中记载了 530 多个地名，其中外域地名有 300 个，最远的东非海岸有 16 处。图上标出了城市、岛屿、航海标志、滩、礁、山脉和航路等，其中明确标明南沙群岛（万生石塘屿）、西沙群岛（石塘）、中沙群岛（石星石塘）。

在此图 20 页的分页海图中，还附有 109 条针路航线。另有《丁得把昔到忽鲁谟斯过洋牵星图》《锡兰山回苏门答剌过洋牵星图》《龙涎屿往锡兰山过洋牵星图》《忽鲁谟斯国回古里国过洋牵星图》四幅过洋牵星图，是中国最早、最具体、最完备的关于牵星术的记载。这些图上，清晰标注了用北辰星、织女星、华盖星、灯笼骨星来定位航向。

与《郑和航海图》同时见证大航海时代的地理地图作品，还有航海参与者著作的大量日志。这些日志基本成书于永乐十四年之后。

成书于景泰二年（1451 年）的马欢所著《瀛涯胜览》，将郑和下西洋时亲身经历的 20 国的航路、海潮、地理、国王、政治、风土、人文、语言、文字、气候、物产、工艺、交易、货币和野生动植物等状况记录下来。马欢曾随郑和三次下西洋，通晓阿拉伯语，担任船队通事（翻译）。

曾随郑和四下西洋的费信也是一名通事。他所著的《星槎胜览》，记录了 40 余国的位置、沿革、重要都会、港口、山川地理形势。其他如社会制度和政教刑法、人民生活状况、社会风俗和宗教信仰，以及生产状况、商业贸易和气候、物产及动植物等，也都做了扼要的叙述。

成于明宣德九年（1434 年）的《西洋番国志》，作者巩珍同样是郑和船队的随行人员。该书记录了郑和船队经过的占城国、爪哇国、旧港国、暹罗国、满剌加国、苏门答剌国、哑鲁、南巫里、柯枝国、小葛兰、古里国、阿丹、榜葛剌、

明时期全图（1433 年）

忽鲁谟斯国、天方等 20 个西洋国家。

此外，另一部航海科普类的手抄孤本书《顺风相送》，据称为郑和船队的水师官兵所著，记载了航海线路及沿途诸国的山川地形。另有传言称《顺风相送》和《指南正法》这两本航海导航地理工具书，也是郑和船队所著。

对中华版图而言，郑和航海也有很多现实意义。郑和七下西洋，受命于明成祖，前六次均发生在永乐年间。每次航海，必登、必书南海诸岛。此后，后人为纪念明成祖和郑和的贡献，将属于西沙群岛的一组岛群特意命名为永乐群岛。另外，南沙长 56 公里，宽 19 公里，环礁礁盘面积达 615 平方公里的郑和群礁，作为南沙群岛最大的群礁，用以郑和之名命名也是对这位航海家的纪念。同样，跟随他一起下南洋的航海家也没有被人忘记。景宏岛以郑和下西洋的副使王景宏之名命名。南沙群岛的马欢岛以郑和船队的翻译家马欢之名命名。与马欢岛同处于"形如橄榄"环礁上的费信岛，以另一位船队翻译家费信之名命名。而南沙群岛的巩珍礁，则以郑和随行的航海家巩珍的姓名命名。

诸如以上大明王朝航海家命名的岛礁，明证了南海诸岛历来为中国领土的事实，给中国在历史上拥有南海诸岛的主权和管辖权提供了充分的史料依据，这也是对明成祖开启的大航海时代最鲜活的记忆。

永乐二十二年（1424 年）七月十八日，65 岁的朱棣驾崩于北征回师途中。太子朱高炽即位，是为明仁宗，定次年为洪熙元年。

仁宗即位的当天，就采纳刚释放的前户部尚书夏原吉的建议，取消了郑和预定的海上远航，也取消了边境的茶、马贸易，并停派去云南和交趾采办黄金和珍珠的使团。

尽管此后明宣宗朱瞻基命郑和在宣德五年（1430 年）第七次下西洋，但航海时代由于后期统治君主的禁海政策戛然而止，西洋行动停罢乃至中国航海事业的衰落不可避免地前功尽弃。80 年后，葡萄牙人来到了澳门，原本行驶着大明船队的海洋已被欧洲人控制了，以至于在世界海洋史的关键时期，昔日声势浩大的中国却无奈缺位。

总之，明成祖开启的大航海时代，让中国近距离地认知了世界，也让大明王朝成为周围番邦的宗主国。于地图而言，海洋交通、海洋地理、海洋天文、海洋水文等各类典籍地图的相继问世，都大大开创了海洋地图地理前所未有的繁盛，让中国地图史在此间留下浓墨重彩的一笔。

相比太祖、成祖的雄才大略、刚强威猛，乃至对地图的重视与培育，身体肥胖、生性宽和的明仁宗朱高炽就相差甚远了。

仁宗不善于军事征伐，而是想模仿古代圣王那样的儒家君主。

从洪武年开始拓展的长城以北防线，仁宗居然不断内缩，长城边外就只剩下开平卫、兴和所一个据地，势孤难守。防线一再南移，导致瓦剌趁此窗口期南来统一各部。仁宗还将洪武年间大将庄德赖以东征的吉林船厂出产的战船停罢，把祖父和父亲两代先帝以军事定国安邦的策略抛之脑后。

洪熙元年（1425 年）五月二十九日，仁宗朱高炽猝死于宫内钦安殿，终年47 岁。仁宗的死因，有说因朝臣李时勉当殿辱骂气愤郁胸所致，也有宫内太监称纵欲过度而亡。

继承仁宗皇位的长子朱瞻基在洪熙元年（1425 年）六月二十七日正式登基，是为明宣宗，开始了宣德朝。

宣德年间，宣宗对地图的利用大大逊于其先祖。由于皇叔朱高煦之乱，宣宗很大精力用在加强皇权，平叛藩王内乱上。史家所称的"仁宣之治"，其实质是消耗太祖、成祖开创的功业。宣宗父子的仁和作为，其实是建立在国家富强、政权稳定的基础之上，方才可以休养生息，清平天下。

宣宗其人，对内的治国之道，实行安民、爱民的仁政，所谓"坐皇宫九重，思田里三农"；对外政策，则是罢边主和的思想。

自明成祖北伐之后，王朝北部边防趋于平稳。仁宗缩边已经埋下祸患。宣宗则分别在宣德三年（1428 年）八月、宣德五年（1430 年）十月、宣德九年（1434年）九月三次巡逻边防。在成祖时代，巡边在某种意义上就是北征的代名词，但在明宣宗时代，巡边只是单纯的巡边。

正因为宣宗名义上的巡边，无意北征，导致了瓦剌、鞑靼不时骚扰边境。宣宗一忍再忍，到后来，边境兵备已然废弛。太祖、成祖皆以武功起家，手下名将济济，但宣德之后不再发生大规模的战争，将领们便逐渐腐败、疲软起来。将领们忙着兼并土地、私役士卒、贪污克扣，军纪涣散、谎报大捷、杀良冒功、士气颓靡、擅自割地等事件接连发生，战斗力自然急剧下降。

明初王朝控制了许多军事据点，其中主要的据点有亦集乃旧城、镇番卫、宁夏卫、东胜卫、开平卫、大宁卫、安东卫及吉林船厂。到了宣德年间，宣宗内迁亦集乃旧城、开平卫、兴和所和吉林船厂，致使明朝边防漏洞百出。游荡在河套的脱欢人马及南逃的阿鲁台逐渐肆无忌惮起来，宣宗依旧无原则地抚慰这些游牧民族。

永乐年间引以为傲的海外交流、船队远航，到了宣宗时期渐渐收紧，直至实施海禁政策，让中国航海事业迅速衰退，也是明王朝孤立于国际事务的开始。

宣宗有益于地图的贡献，或许可从他下诏藏书一事中探寻一二。

宣德八年（1433 年），宣宗命杨士奇、杨荣于馆阁中择能书者 10 人，取五经、《说苑》，分别贮藏于广寒、清暑二殿及琼花岛，以资观览。又建造"通集库""皇史宬"以藏古籍、档案。内阁藏书 2 万余部，近百万卷。这些藏书中，不少珍稀地图类别的典籍得到保护。

宣德十年（1435 年），明宣宗驾崩，遗诏皇太子朱祁镇即位，次年改元正统，是为明英宗。

正统初年，明朝颇有一番欣欣向荣之态。然而好景不长，被英宗宠信的宦官王振开始兴风作浪，宦官专权由是愈演愈烈，正统朝的政治也开始走入下坡路。

对于地图，英宗倒是和其父宣宗有诸多不同。面对版图疆域的危机，英宗试图有所作为。不过，弄巧成拙，事与愿违。

正统初年，云南麓川宣慰司思任发、思机发父子叛乱，从正统四年（1439年）到正统十三年（1448 年），英宗接连发动四次征讨，即为"麓川之役"。征伐麓川，朝廷调动了大量人力物力，战争造成了重大的人员伤亡，仍未彻底平息叛乱，最终以盟约形式结束。

而比麓川之役更失败的是对北方的征讨。

元朝宗室逃回漠北，蒙古一分为二为瓦剌和鞑靼。瓦剌和鞑靼之间，互相争雄。到了正统年间，瓦剌逐步强大起来，时不时就南下侵扰明朝疆域，尤其是瓦剌的太师也先，经常以朝贡为名，骗取明朝的各种赏赐。总览朝政的宦官王振对此不满，年轻的英宗更是颇为恼恨。于是，在王振的撺掇下，英宗打算御驾亲征。

正统十四年（1449 年），在朝廷的军队主力都在外地之时，英宗从京师附近临时拼凑 20 万人，号称 50 万大军，便浩浩荡荡御驾亲征了。

一个跋扈的太监，一个浑不吝的天子，以为战争就是过家一般轻松。等到了前线大同一带查看，看到尸横遍野的景象，天子和一众大军便想撤军回朝。

王振觉得这次出征刚开个头就悻悻然回师太丢脸，于是建议大军绕道他的老家蔚州转转扫一扫晦气，自己想着带天子回乡，狐假虎威荣耀一把。可蔚州离边防一线很近，瓦剌一旦获取情报，就会酿成灾祸。

不料，明宗和王振这两个糊涂蛋都不以为然，甚至行至怀来附近时辎重没跟上，居然令大军原地驻扎等候。大明皇帝亲征的情报被瓦剌军队得知后，瓦剌大军将皇帝等人困在怀来城外的土木堡。英宗朱祁镇被俘，王振被杀死，英国公张辅、兵部尚书邝埜等大臣战死，历史上称之为"土木堡之变"。

国不可一日无君。正统十四年（1449 年）九月，郕王朱祁钰被拥立为皇帝，改元景泰，是为明代宗，遥尊被俘的朱祁镇为太上皇。

原本想借英宗为筹码勒索明朝的瓦剌一看新主登基，根本不愿意在乎英宗死活，也就不想彻底和明朝闹翻，答应放英宗回朝。

英宗回归之后，虽为太上皇，却被软禁在南宫八年之久。

景泰八年（1457 年）正月初，代宗突然得了重病。当夜，爆发了夺门之变，明英宗复登大位，改元天顺。一个月后，代宗死去，死因不明。

英宗、代宗对于地图的一大贡献，应是都曾以朝廷名义官修地理总志。

早在永乐十六年（1418 年），夏原吉等受命纂修《天下郡县志》，结果书未成。到了景泰五年（1454 年）七月，为继成此业，代宗复遣进士王重等 29 人分行全国各地，博采有关舆地事迹，又命陈循、高谷、王文等总裁纂修，两年后书成，命名为《寰宇通志》。

该书编制分类也较过去的地理总志详细。各府、直隶州均分为建置沿革、郡名、山川、形胜、风俗、土产、城池、祀典、山陵、宫殿、宗庙、坛、馆阁、苑囿、府第、公廨、监学、学校、书院、楼阁、馆驿、堂亭、池馆、台榭、桥梁、井泉、关隘、寺观、祠庙、陵墓、古迹、名宦、迁谪、留寓、人物、科甲、题咏等门类逐项介绍。

书修成后，英宗复位。明英宗朱祁镇为不使景泰帝有修志之美誉，命李贤、彭时等重编《大明一统志》，《寰宇通志》即遭毁版。

《大明一统志》成书于天顺五年（1461 年）四月，共 90 卷，体例源自《大元大一统志》。

《大明一统志》以当时两京十三布政使司为纲，及所属 149 府为目，下设建置、沿革、郡名、形胜、风俗、山川、土产、公署、学校、书院、宫室、关津、寺观、祠庙、陵墓、古迹、名宦、流寓、人物、列女、仙释等38门。目录前有全国地图总图，王朝的山脉、河流和府州方位做了大致勾画，地图谈不上精美，很是粗糙。书末记述邻近国家或地区的地理形势。

或许是因纂修时间仓促，参加人员庞杂，《大明一统志》存在着地理错置、张冠李戴、以无说有等弊病。

明景泰四年（1453年）修建的北京隆福寺正觉殿藻井顶部，绘制了一幅至今保存完好的天文星图。此图是用传统盖天画法画在正八角的藻井天花板上。星象和有关连线及宫次、文字等用沥粉贴金。图中以半径不等的几个同心圆分别表示内、中、外规和重规，还有连接内外和二十八宿距星的28条赤经线，现存星数1427颗。

天顺八年（1464年）正月十六，英宗皇帝驾崩，享年37岁。皇太子朱见深即位，改年号为成化，是为明宪宗。

宪宗在位时，怠于政事，在位23年，长期不召见大臣，处决政事均经内宦。

宪宗觉得自己是守成之君，垂衣拱手，不动声色，天下也能大治。实际上，宪宗非要和地图联系点什么，便是北部边防事务。

在明代的北部边防中，河套地区具有举足轻重的地位，明朝北部边患的加剧，就和蒙古族入居河套直接相关。到了宪宗时期，有人倡筑墙防守，也就是修筑长城以防御蒙古族不时的入掠。宪宗采纳，之后开始了在河套地区大规模修筑长城的活动。显然，长城修筑这样的边防大工程，无论是实地绘图，还是地理测绘，都离不开地图。

成化二十三年（1487年），宪宗去世。皇太子朱祐樘于九月继位，第二年改年号为"弘治"，是为明孝宗。

孝宗勤于政事，不仅早朝每天必到，而且重开了午朝，使得大臣有更多的机会协助皇帝办理政务。同时，他重开了经筵侍讲，向群臣咨询治国之道。

弘治朝吏治清明，任贤使能，抑制官宦，勤于政务，倡导节约，与民休息，是明朝历史上经济繁荣、人民安居乐业的和平时期。被史家称为"弘治中兴"。

至于对地图的使用，孝宗最主要的措施就是大力兴修水利。弘治二年（1489年）五月，开封黄河决口，孝宗命户部左侍郎白昂领5万人修治。弘治五年（1492

年），苏松河道淤塞，泛滥成灾，孝宗命工部侍郎徐贯主持治理，历时近三年方告完成。

此外，从军事行动来说，孝宗立志捍卫王朝版图，极力维护国家统一。蒙古东察合台汗国首领羽奴思与明朝争夺对哈密地区的控制权，当时朝廷中有人主张放弃哈密，但孝宗主张坚决出兵收复哈密，并立即委派马文升为元帅，大败吐鲁番军，收复了哈密，确保了王朝版图不被侵蚀。为振兴军备，孝宗依靠以马文升为主要代表的朝臣，在京军整顿与边备守御上做了种种努力，采取一系列措施，在一定程度上提高了军队战斗力。

弘治十八年（1505 年），朱祐樘驾崩于乾清宫，在位 18 年，享年 36 岁。15 岁的武宗朱厚照即位，次年改元为正德元年。

明武宗好玩爱热闹，即位后废除尚寝官和文书房的内官，以减少对他行动的限制。经筵日讲他更是以各种借口逃脱，没听几次，后来连早朝也不愿上了，为后来世宗、神宗的长期罢朝开了先河。

武宗是明代历史上最为荒唐的皇帝。他终日醉心于淫乐，把军事当儿戏，任奸党横行，以致王朝反叛四起。安化王、宁王相继造反。

武宗驾崩，死后无嗣，其生母张太后与内阁首辅杨廷和决定，由近支的皇室、武宗的堂弟朱厚熜继承皇位，次年改元嘉靖，是为明世宗。

明世宗在位 45 年，初期力革时弊，出现"嘉靖中兴"的局面，文化和科技空前繁荣，地图也进入了一个发展的黄金期。

嘉靖五年（1526 年），一幅彩绘大明王朝行政区划图问世。因图下方有杨子器的跋文，后人称此图为《杨子器跋舆地图》。此图纵 164 厘米，横 180 厘米，比例尺约为 1∶1760000。图中用来表示山脉、河流、湖泊、海洋、岛屿、长城，以及行政区名的图例符号共 20 余种。500 多座山脉均用着色的山峰表示。河流用双线着色表示。1600 多个地名分级用方、圆、菱形等符号表示。海岸线画得比较正确，水系较为详细。对长城、陵墓、庙宇和桥梁的标示十分醒目。

嘉靖年间，各类地图人才也是济济一堂。

世宗的重臣，武英殿大学士桂萼，著有《历代地理指掌》《明舆地指掌图》《桂文襄公奏议》，是知名的地图专家和地理学者，也是嘉靖年间倡导朝廷以图治国的重要朝臣。桂萼升任礼部尚书兼翰林学士，飞黄腾达为执政大臣后，积极主张均平赋役和清丈土地。桂萼久任地方，熟知下情，他上书世宗，陈说利用地图治国理政，特别是解决土地问题的重要性。桂萼提醒世宗，天下的土地看似在各地的地图和典册上都有详细的记录，实际上自正统末年以来，地方管理在版图上弄虚作假，很多田亩的数字和分类错误百出。势家豪强总是反对丈量土地，也是担心朝廷了解实情后，影响他们的财富。只要朝廷下决心重新测绘丈量土地，

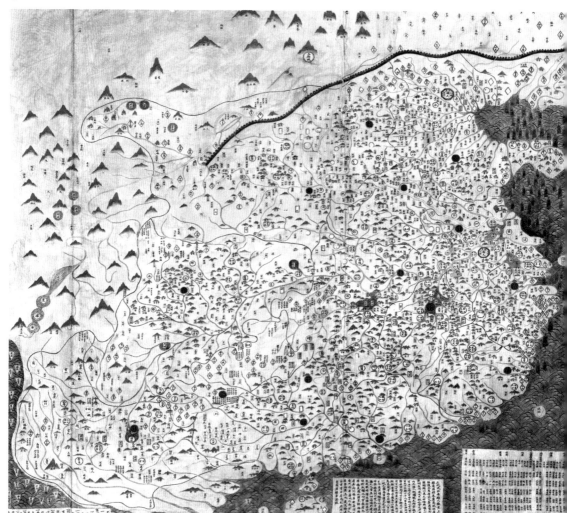

杨子器跋舆地图（局部）

该图是现存最早系统使用地图符号的地图，绘制范围：东至大海，东北至北海、奴儿干都司、女真住地、长白山，北至长城外鞑靼诸部，西至黄河源，西北至哈密诸番，南达南海、爪哇。该图绘制后不久，就传入朝鲜、日本，不仅对中国古代地图的绘制具有一定的影响力，而且对于研究古代中国与日本、朝鲜进行地图交流的情况，具有极高的史料价值。

等到土地一经清丈，地图和登记数据的错误得到澄清，各种违法行为就难以掩盖，朝廷的财源赋税也就得到保证。世宗对此甚为赞同，不少地方也的确按照桂萼的提议，核实田亩，均丈土地，堵塞漏洞。

嘉靖八年（1529 年），桂萼亲手绘制二卷《皇明舆图》进呈世宗。此图首列总图，次列两京十三省各一图，附四夷图。桂萼绘制此图的目的就是方便朝廷凡遇考绩朝觐官员，只要参详此图，密加访问，对地方民情土俗及其为官名声就能了解到实情了。世宗朱厚熜御览此图，称赞桂萼明白要切，殊为难得。

对于地图用于河道的疏通，桂萼也提出了自己的主张。世宗遣户、工二部漕运等官相视地方，自大通桥直达通州京师河道的工程建设上马时，桂萼认为主持工程的官员没有实地测绘，也没有绘制地图就要施工，连忙上奏章阻止。奏章中，桂萼把自己实地勘察的京都水系走势，分支一一列出，特别是大通桥河源，详尽做了介绍，提出宪宗时期河道虽可放运船千余，直抵大通桥下，但因为水急岸狭，船不可泊，损耗极大。如果把这些水系的地图全部绘制出来，就能一目了然，用不着大费周章，只要根据水势在某些地方稍加修治就能通达。提醒世宗一定要户、工二部重新商议，由对水利极为了解的官员来承担此项重任。

在《论宣大二镇疏》中，桂萼从边塞地形出发，认为此二镇去京师不数百里，地据要害，是扼守北方的咽喉，应当重视经略，保障官兵利益和军饷粮草供应。桂萼特别从政治高度指出，真正能够防御敌人的不是万里长城和山川兵甲，而是皇帝对边关将士的关爱之情。

在《进舆地图疏》中，桂萼把地图的重要性，特别是地图在治国理政方面不可替代的作用讲述得一清二楚。桂萼认为历来帝王夺得天下后，治不好天下，其中一个问题就是对于所辖疆域版图了解不够，不懂得按地图的形势去治理。为使世宗对地图高度重视，此疏还附录 17 幅地图，分别是明王朝两京十三省四夷的地形地貌，同时把这些地方用文字概括，各具叙纪，装裱成册，供世宗皇帝学习了解。

许论是嘉靖年间又一位地图理论学家，他任兵部主事时撰成《九边图论》，该书根据当时辽东、宣府、大同、延绥、宁夏、甘肃、蓟州、太原、固原九大边镇的政治、军事形势，参以历史文献、档案资料著成。书中着重标明九边地形、山川险易、道里迂直、攻守要冲等，共计专论九篇，地图一幅。

世宗御览刻印出版的《九边图论》后，特意下旨将《九边图论》发给各个边镇的守军。

嘉靖十三年（1534年），许论又绘制完成12条屏幅《九边图》。该图分别绘出九处边镇地区的建置、山川、卫所、关塞、边墙等内容，反映出九边重镇的布局及山川形势。

嘉靖十七年（1538年）苏州府吴江人沈启撰成《吴江水利考》。这是一部记载太湖水利的重要文献，共五卷，内容包括水图考、水道考、水源考、水官考、水则考、水年考、堤水岸式、水蚀考、水治考、水栅考，最后一部分为水议考，记载历代太湖治水名人的议论，其文体有奏疏、公移、上书等类型。书中的《水图考》《吴江水利全图》都是重要的地图作品。

筹海图编（局部）

嘉靖年间，还有一位著名的布衣军事家、战略家、地图家郑若曾，为地图的发展提供了诸多的智慧，留下了重要的论述和伟大的作品。

昆山郑氏家族是在宋代随朝廷南渡始居昆山的大家族。嘉靖十四年（1535年），郑若曾33岁考取秀才，后被推荐入国子监就读，成为贡生。仕途失利后即归居乡里，潜心钻研学问。然而他胸怀大志，凡天文地理、山经海籍无不周览。嘉靖中期，东南沿海地区频遭倭寇侵扰，郑若曾绘制了不少的沿海地图，以备官府参考。担任朝廷剿倭总指挥的胡宗宪发现郑若曾在地图方面的特殊才华后，就征聘其入军中为幕僚，辅佐平倭事宜。本着救国为民的情怀，郑若曾撰写了许多有关御倭方面的著作，还亲自参加抗倭斗争。等到平倭结束，朝廷授功，邀请郑若曾去修国史，但郑若曾都一一婉拒。

《筹海图编》是郑若曾代表作，共 13 卷，书中含有《舆地全图》《沿海山沙图》《沿海郡县图》《日本岛夷入寇之图》等地图。由 72 幅地图组成的《沿海山沙图》，实际上是绘有岛、山、海、河流、沙滩、海岸线、城镇、烽堠等地物符号的沿海地形图。其中广东 11 幅，福建 9 幅，浙江 21 幅，南直隶 8 幅，山东 18 幅，辽东 5 幅。幅幅相连，犹如画卷，一字展开。海中的岛屿礁石，岸上的山情水势，沿岸的港口海湾，沿海的卫、所、墩、台，跃然纸上，甚为详备。在《福建沿海山沙图》中，明确标注钓鱼岛等岛屿属于中国海防区域。

嘉靖二十五年（1546 年）开始，朝廷再次整治海防。郑若曾又开始编绘长江防御图与太湖防御图。他带着两个儿子遍访江南的江防情况，写了著名的《江南经略》，其中包括《江防图》和《湖防图》两部分。所绘《江防图》的范围主要为长江下游，西起今江西瑞昌市，沿江而下，东到长江口的金山卫，这个范围也是倭寇进犯可能到达的地方。《江防图》对江岸具有导航意义的山峰、寺院、塔楼等采用写景绘图法。除了地名、山名、港名、寺名之外，还标注了防区的起止地点，不同巡司间的距离，以及巡逻水军的兵员多少、舰只数量、巡逻周期等。《湖防图》包括《太湖全图》和《太湖沿边设备之图》，描绘了沿太湖周边的港渎及其防备情况。

嘉靖年间，乃至明王朝最有代表性的地图学家当属罗洪先。

罗洪先是江西吉安府吉水黄橙溪人氏。嘉靖八年（1529 年）中状元，授翰林院修撰。

嘉靖十八年（1539 年），罗洪先因联名上《东宫朝贺疏》冒犯世宗而被撤职。从此罗洪先离开官场，开始了学者的生活。罗洪先在获得元朝学者朱思本绘制的《舆地图》后，将《舆地图》中的两直隶、十三布政司图幅缩小，据明制更改地名并详加记注。另外则参考李泽民的《声教广披图》、许论的《九边图论》等 14 种地图，增补了九边图，洮河、松潘诸边图，黄河图，漕运图，海运图，以及朝鲜、朔漠、安南、西域图，冠以舆地总图，于嘉靖二十年（1541 年）前后完成，定名为《广舆图》。《广舆图》创作过程中，罗洪先新创 24 种图例符号，标注在全图之首，各图均附表解，极大地提升了中国地图制图学的科学性和实用性。

《广舆图》是中国第一部分省地图集，共计舆地总图一幅，分图则有：北直隶舆图、南直隶舆图、山西舆图、陕西舆图、河南舆图、浙江舆图、江西舆图、湖广舆图、四川舆图、福建舆图、广东舆图、广西舆图、云南舆图、贵州舆图、辽宋边图、蓟州边图、内三关边图、宣府边图、大同外三关边图、宁夏固兰边图、甘肃山丹边图、洮河边图等。每幅舆图都有文字说明达数千字，包括该地区的军事、行署、盐政及其他纪事。

嘉靖一朝，从朝中重臣到民间学者，各类地图大家"争奇斗艳"，集中创作出诸多优秀作品，是明代地图生机最为旺盛的时代。世宗也由此受益，王朝虽然遭受众多非议，但得以开创"嘉靖中兴"的局面。不过，世宗后期崇信道教，宠信严嵩等人，导致朝政荒怠。嘉靖二十一年（1542年）发生的"壬寅宫变"，世宗几乎死于宫女之手。此后，世宗长期不理朝政，最终激起民变，南方倭寇侵扰沿海，北边蒙古滋扰生事，"南倭北虏"给王朝的稳定留下了诸多的隐患。

嘉靖四十五年十二月（1567年1月），世宗于乾清宫去世，享年60岁。随即，世宗第三子朱载垕即位，改元隆庆，是为明穆宗。

朱载垕重用徐阶、李春芳、高拱等内阁辅臣，致力于解决困扰朝局多年的"南倭北虏"问题，采纳内阁大学士高拱、张居正等人的建议，与蒙古俺答汗议和，是为隆庆和议。

隆庆和议于隆庆四年（1570年）开始成事，基本上以和平手段达成，以双方各取所需告终。明朝封蒙古土默特部首领俺答汗孛儿只斤·阿勒坦为顺义王，开放11处边境贸易口岸，在大同左卫的威远堡、宣府的万全右卫、张家口等边外陆续开放了多处马市，定期交易。蒙古族以牲畜、皮张等货物换取内地商贩的铁锅、布匹和绸缎等物。俺答汗还在汉人的帮助下，建筑了库库和屯（今呼和浩特）城，成为蒙古地区手工业和商业的中心。对明王朝而言，隆庆和议的达成，不仅确保了长城沿线的和平，而且扩大了明与蒙古的通商贸易，增加了政府的收入，同时彻底结束了明与蒙古近二百年的敌对状态。从此到明朝灭亡为止，明王朝与蒙古之间绝少爆发大规模战争。

地图对于穆宗皇帝的触动和影响还是比较大的。明太祖于洪武四年（1371年）诏令濒海民众不得私自出海，拉开了海禁序幕。成祖虽有官方的下西洋之举，但仍禁民间海船。可在嘉靖倭乱发生后，一些有识之士看到了海禁与海寇之间的某种逻辑关系，极力主张开放海禁以根除海寇。隆庆元年（1567年）2月

4 日，穆宗登基不到一个月，就批准了福建巡抚都御史涂泽民上书的解除海禁请求，同时调整海外贸易政策，允许民间私人远贩东西二洋，史称"隆庆开关"。

穆宗能够从实际出发，知晓海洋贸易的好处，以开关为治国方略，从经济入手打开了阻碍社会发展的枷锁，大大推进了中国与国际市场的联系。

隆庆开关之后，倭寇也不再祸害沿海，民间被抑制的商业活力喷涌而出。明王朝的产品诸如丝织品、瓷器、茶叶、铁器等广受世界各国欢迎，而许多国家以白银支付所购商品，引致白银大量流入明王朝。有统计显示，明神宗万历元年（1573 年）至明思宗崇祯十七年（1644 年）的 72 年间，全世界生产的白银总量的三分之一涌入大明王朝，共计约 3.53 亿两。

明朝通过与西班牙、葡萄牙的贸易购买西方先进的火器，并装备到了军队之中，大大提升了军队的装备水平和战斗力。

隆庆和议和隆庆开关，让大明王朝开国 200 多年第一次同时在南北两个方向获得了和平的发展环境。

朱载垕的一生，以隆庆开关、俺答封贡为最重要之大事。尤其海洋贸易的兴起，为中国对世界地理的认知和东西方地图文化的交流提供了一扇难得的窗户。

隆庆六年（1572 年）五月二十二日，穆宗病危。二十六日，穆宗驾崩于乾清宫。六月初十，皇太子朱翊钧正式即位，次年改元万历，是为明神宗。

神宗一朝，是中国地图西学东进的重要转折期，也是明王朝地图兴达的最后一次高峰期。

穆宗末年，高拱为内阁首辅。神宗即位之后，高拱才略自许，负气凌人，以至内猜外忌，最终在官场角逐中失利。人事变更的结果，张居正依序升为内阁首辅，责无旁贷地肩担起培养万历帝的重任。

神宗则按照内阁首辅张居正的建议，每天于太阳初出时就驾幸文华殿，听儒臣讲读经书。然后少息片刻，复回讲席，再读史书。在读书的殿堂里，张居正特意把大明王朝疆域绘制成的《全国疆域图》制作成屏风，放置在文华殿内，让神宗得以熟悉版图，了解王朝疆域。

此时的大明王朝，矛盾集中，问题多多。为挽救明王朝、缓和社会矛盾，在神宗的支持下，张居正主导了一场政治、经济、国防等多方面进行变法的革新运动，力图扭转嘉靖、隆庆以来政治腐败、边防松弛和民穷财竭的局面。史称"万历新政"。

张居正为相，地图也为其所倚重。在改革的过程中，地图再次成为提振朝纲的工具，参与到王朝新政的方方面面之中。

土地问题依然首当其冲成为最棘手的麻烦。皇族、王公、勋戚、宦官利用政治特权，以投献、请乞、夺买等手段，大量占夺土地，拒不缴税，严重地影响了国家收入。而王朝本身面临的窘境却是财政危机加重，就连京仓存粮，也只够支在京的官军月粮两年余。

万历六年（1578年），张居正主持了一次全国性的土地测绘运动，对天下田亩通行丈量，结果较弘治时期多出300万顷。虽有部分因官吏改用小弓丈量以增加田额的虚报浮夸之处，但也确实清查出相当一部分豪强地主隐瞒的土地。

万历九年（1581年），张居正在全国推行桂萼在嘉靖年间提出的"一条鞭法"，把各州县的田赋、徭役及其他杂征总为一条，合并征收银两，按亩折算缴纳，大大简化了税制，方便征收税款，同时使地方官员难于作弊，进而增加了财政收入。

这项法则和丈量土地承为一体，从清丈土地入手，做到赋役均平。

水利问题始终困扰着王朝的统治者。只要涉及水利疏导或修筑，地图必然是重要参照。万历初年，黄河年年泛滥，淮扬间湖堤溃毁，运道难通。张居正用一年半时间，修筑黄河到淮河的堤坝，有效地抑制了黄河泛滥，使漕运畅通。

经过这次改革，万历朝的财政收入有了显著的增加，社会经济有所恢复和发展。但万历十年（1582年），张居正积劳成疾病死后，反对派立即群起攻讦，认为张居正改革务为烦碎，清丈土地是增税害民，实行"一条鞭法"乱了祖制，要求撤销张居正死时特加的官爵和封号，进而查抄家产。张居正的改革措施也就戛然而止，刚有一点转机的王朝又走向了下坡路。

张居正病逝，神宗朱翊钧从此开始亲政。

朱翊钧亲政后，主持了著名的"万历三大征"，先后在明王朝西北、西南边疆和朝鲜展开了三次大规模军事行动。从维护大明版图而言，巩固了王朝疆土，维护了大明在东亚的主导地位。从王朝的实际财力情况出发，却又备受争议。

除了这三次用兵之外，神宗年间，还有万历十一年（1583年）至万历三十四年（1606年）的明缅战争，以及万历四十七年（1619年）与后金的萨尔浒之战两次大型军事行动。不过，这两次战争皆以大明王朝失败告终。

万历十四年（1586 年）起，神宗朱翊钧开始沉湎于酒色，开创了长年不上朝的先例，30 年里不出宫门、不理朝政、不郊、不庙、不朝、不见、不批、不讲。

神宗深锁内宫，而一场东西方地图文化的交流正悄然开始。

万历十一年（1583 年），意大利耶稣会士利玛窦抵达广东，得到肇庆知府王泮的允许，在崇禧塔旁修建了一座带有教堂的小房子，在肇庆建立了第一个传教驻地。

万历二十二年（1594 年），利玛窦在肇庆绘制完成的第一份中文世界地图《山海舆地全图》，描绘出了世界的地理格局，让大明王朝的官绅首次接触到了西方近代地理学知识。

万历二十八年十二月二十二日（1601 年 1 月 25 日），利玛窦在北京觐见了神宗朱翊钧。神宗虽然收下了利玛窦敬献的自鸣钟、圣母像和世界地图等礼物，对世界地图表示出浓厚的兴趣，但对于大明王朝所在的地图位置仍颇有微词。

万历二十九年（1601 年），利玛窦获准居住北京，与精于天文历算、数学的进士李之藻一见如故。李之藻本身也是一位中国地图学者，万历二十三年（1595 年），时年 30 岁的李之藻曾编制《中国十五省地图》。

万历三十年（1602 年），在李之藻的协助下，利玛窦完成《坤舆万国全图》。大明王朝以"中央之国"的地位居于中央。为了使大明"中央之国"居中，利玛窦改变了当时通行的将欧洲居于地图中央的格局，把子午线向左移动 170 度，从而将亚洲东部居于世界地图的中央，这样，中国就自然而然位于该图的中心。这幅地图，也就成为利玛窦再次献给神宗的特殊礼物。

《坤舆万国全图》长 380 厘米，宽 192 厘米，图的开头是用楷书题写的图名《坤舆万国全图》。整幅地图分三大部分：第一部分是主图，也就是椭圆形的世界地图。第二部分是四个角的天文图和地理图，右上角画有《九重天图》，右下角为《天地仪图》，左上角是《赤道北地半球图》和《日月食图》，左下角曾有《赤道南地半球图》和《中气图》，这些起辅助作用的小图包含了天文、地理方面的知识，开拓了当时国人的眼界。第三部分则是解释说明的文字，利玛窦在文中介绍了世界各地的风土人情、自然资源、宗教信仰等。

由于李之藻增补了大量关于大明的地理信息，《坤舆万国全图》中明王朝的省份、重要城市都有详细标注。《坤舆万国全图》所表现的地球为一个椭圆星球的概念，颠覆了中国自古以来天圆地方的认知。

这幅有悖于中国传统观念的地图却得到了神宗的喜爱，他让宫中画匠开始临摹这幅地图，并作为赏赐赠送给皇亲国戚和重要大臣。

《坤舆万国全图》之后，利玛窦又绘制了第三版中文世界地图《两仪玄览图》。李之藻则立即在北京刻制成木刻版的八大幅《两仪玄览图》。此图主要表示了五大洲、山峰、山脉、河流等，并将山形涂以绿色。

万历三十八年（1610年），利玛窦因病卒于北京，终年59岁。神宗破例准许利玛窦葬于北京西郊的藤公栅栏（今车公庄北京市委党校内），使其成为首位葬于北京的西方传教士。

利玛窦和他绘制的以《坤舆万国全图》为代表的世界地图，成为中国地图绘制史的分水岭。

万历九年（1581年），蔡逢时筹划海防，著有《海防图略》。

万历二十年（1592年），两广总制萧彦命其幕僚邓钟对嘉靖时期郑若曾所著《筹海图编》进行重新编辑撰写，著成《筹海重编》一书。

万历二十二年（1594年），《王泮识舆地图》刊印，是在我国传统山水画地图基础上，吸取了"计里画方"地图的数学基础而发展起来的形象化地图中的优秀代表。

万历二十三年（1595年），《乾坤一统海防全图》图成，此图详细标示了沿海地区的自然地理特征、政区建置、军事设防状况。陆地部分用计里画方的方法，绘制州府、山脉、河流的相应位置。

万历二十五年（1597年），内阁首辅大臣沈一贯辑录的《大一统舆图广略》，按明两京十三布政使司分篇，一省一卷。含有舆图35幅。

万历三十三年（1605年），一幅木刻印制的《备志皇明一统形势分野人物出处全见图》，标绘出大明全国行省和若干边境重镇，并有近万字的文字说明。

万历三十九年（1611年），汪作舟编著《广舆考》，对罗洪先的《广舆图》进行取舍评议。

万历四十一年（1613年），浙江按察使王在晋撰《海防纂要》并附图一卷。

当然，万历年间，有关地图影响最大的事件还是意大利人利玛窦的来华和《坤舆万国全图》的诞生。

作为大明王朝在位时间最久的帝王，神宗无论是有意还是无意，都和地图颇有渊源。但神宗对地图的价值，并没有完全利用和彻底借助。而他本身，也没有明太祖、明成祖那样的雄才大略。因此，万历一朝，看似繁荣，实则正是整个世界处于翻天覆地的大变动时期。任性的神宗却不以为然，加速了明王朝的灭亡。

万历四十八年（1620年），神宗驾崩后，长子朱常洛正式即位，年号泰昌，是为明光宗。

光宗朱常洛举行登基大典后仅十天，也就是泰昌元年（1620年）八月初十日，就一病不起。

泰昌元年八月二十九日，鸿胪寺丞李可灼说有仙丹要呈献给皇上。李可灼调制好一颗红色药丸，让皇帝服用。到泰昌元年九月二十六日五更，朱常洛驾崩。廷臣纷纷认为，李可灼的红丸是致皇帝暴死的原因。所以，光宗朱常洛在位仅仅一个月，享年38岁。

在位一月的光宗，曾下令罢免全国范围内的矿监、税使，停止任何形式的采榷活动。矿税早为人们所深感厌恶，所以诏书一颁布，朝野欢腾。

光宗驾崩，太监王安迎皇长子朱由校即位，改元天启，是为明熹宗。

明熹宗执政，年方16岁。

万历时期的地图兴达过后，似乎天命王权也将离大明王朝远去。关外的女真部落兴起，万历四十四年（1616年），统一女真各部的爱新觉罗努尔哈赤正式称汗，建立后金，割据辽东，年号"天命"。

天启元年（1621年）三月，努尔哈赤率军攻陷了沈阳，明总兵尤世功、贺世贤都战死。明王朝面临极大的危机。

与此同时，朝局一片混乱，太监魏忠贤执掌东厂，用阉党的势力制衡风头正盛的东林党。熹宗似乎对此视而不见，把精力都投入自己喜欢的木工制作手艺上，刨子、墨斗、锯条、凿子成了皇帝的最爱。当然，地图并不是皇帝的宠爱之物。

尽管此时还有大臣潘光祖编绘的《舆图备考》中绘制了多幅地图，并接受西洋地图绘制新法的影响，体现了中西地图文化结合的绘制方法，以求王朝扭转颓势可资参考。天启七年（1627年），海宁人程道生编撰的《舆地图考》《九边图考》等舆图专著，亦未引起多少关注。

万历三十八年（1610 年）来华的另外一名意大利耶稣会传教士艾儒略，于天启二年（1622 年）著作了五卷的《职方外纪》。此书是继利玛窦的《坤舆万国全图》之后详细介绍世界地理的文献，成为 19 世纪以前中国人学习欧洲地理的重要书籍。此外，艾儒略还重新绘制了利玛窦的《坤舆万国全图》。

不过，对于王朝土地上发生的有关地图的一切事宜，熹宗都熟视无睹。

天启六年（1626 年）正月，努尔哈赤率后金军进攻宁远，明朝总兵官满桂、宁前道参政袁崇焕固守宁远。袁崇焕临危不惧，组织全城军民共同守城击败努尔哈赤，史称"宁远大捷"。

到了天启六年（1626 年），京师暴发大水，江北、山东出现了旱灾和蝗灾。当年秋天，江北又发大水，河南出现蝗灾。大江南北，民不聊生。朝廷内外，危机四伏。正所谓王朝更迭，天命所变。

天启七年（1627 年）八月，朱由校到西苑游船戏耍，去深水处泛小舟荡漾时却被一阵狂风刮翻了小船，不小心跌入水中，虽被人救起，却落下了病根，多方医治无效，身体每况愈下，浑身水肿，卧床不起，很快就在当月二十三日驾崩。

明熹宗朱由校在位期间，纵容乳母客氏和宦官魏忠贤，任这二人胡作非为，大明江山早已岌岌可危。

熹宗时期，苛捐杂税繁重，各种社会矛盾激化，白莲教在山东揭竿而起，各地小规模的起义不断。而内忧之外，更有外患。山海关外，后金政权步步进逼。随着后金势力逐渐壮大，沈阳、辽阳等地相继沦陷。荷兰人也在天启四年（1624 年）登上台湾岛，让大明王朝的版图暂时失去了台湾。

明熹宗没有子嗣，遗诏由弟弟朱由检继承帝位，是为明思宗，次年改年号为崇祯。

明思宗即位后，勤于政务，同时大力清除阉党，将阉党 260 余人，或处死，或遣戍，或禁锢终身，使气焰嚣张的阉党受到致命打击。同时，起用袁崇焕为兵部尚书，托付其收复王朝东北版图失地。

可叹的是，已经残破得无法修补的大明王朝到了气绝将近之际，思宗的一番作为已经徒劳无益。上天更是如同惩罚朱明朝廷一般，以接连频发的灾害给孱弱的王朝致命一击。

崇祯元年（1628年）起，北方大旱，赤地千里，寸草不生。崇祯朝以来，曾富庶的关中地区更是灾年不断。

崇祯三年（1630年），陕西百姓争食山中的蓬草，蓬草吃完，剥树皮吃，树皮吃完，只能吃观音土，最后腹胀而死。甚至出现了人骨为柴火、人肉为食糜的人吃人现象。

崇祯五年大饥，崇祯六年大水。

崇祯七年（1634年），河南大旱而又遭受蝗灾，乡乡几断人烟，夜夜似闻鬼哭。人吃人已经算不上新鲜事。

崇祯八年旱，崇祯九年旱蝗，崇祯十年秋禾全无，崇祯十一年飞蝗蔽天，崇祯十三年大旱，崇祯十四年旱。

崇祯十三年（1640年），顺德府、河间府和大名府均有鼠疫等大疫情暴发，人死八九。

崇祯十四年（1641年），瘟疫加重，华北各省一夜之内，百姓惊逃成为空城。

崇祯十六年（1643年），腺鼠疫，至崇祯十七年（1644年）春天转化为肺鼠疫。北京城中的人口死亡率大约为40%，甚至更多，十室九空。

崇祯十六年（1643年）八月，天津爆发肺鼠疫，全家全亡不留一人者，排门逐户。

崇祯十七年（1644年）秋，鼠疫南传至潞安府，山西鼠疫也向周边省份传播。

江南地区则在崇祯十三年遭大水，崇祯十四年旱蝗并灾，崇祯十五年持续发生旱灾和流行大疫。

此次疫情，陕、晋、冀三省死亡人数至少在千万人以上。旱灾、蝗灾及战乱的接踵而至，让明思宗和飘摇的王朝根本无力回天。

随着局势的日益严峻，关外清军铁蹄步步紧逼，农民起义遍及全国，思宗表现出失去理智的愤怒，竟然动不动就诛杀总督和巡抚等地方大员。

崇祯十五年（1642年），松山、锦州失守，蓟辽总督洪承畴降清。农民起义军更是山呼海啸，大明王朝面临着灭顶之灾。

崇祯十六年正月，农民起义军李自成部克襄阳、荆州、德安、承天等府，张献忠部陷蕲州。崇祯十七年三月一日，大同失陷，北京危急。三月十五日，李自成部开始包围北京。

明军在与农民起义军和清军的两线战斗中，屡战屡败，已完全丧失战斗力。

崇祯十七年三月十八日晚，明思宗与贴身太监王承恩登上紫禁城后的煤山（景山），远望着城外连天烽火，欲哭无泪，只是哀声长叹。十九日凌晨，李自成从彰义门杀入北京城。明思宗悲愤交加，在景山歪脖树上自缢身亡，死时光着左脚，右脚穿着一只红鞋，时年 33 岁，身边仅有提督太监王承恩陪同。

明思宗留下遗诏，自责登基 17 年，薄德匪躬，上干天怒，诸臣误朕，致逆贼直逼京师。宁愿尸首被践踏，也希望义军勿伤百姓一人。

尽管明思宗志向远大、励精图治、宵衣旰食、事必躬亲，但他既无治国之谋，又无任人之术，加上天灾连连，清人威逼，并无可能中兴明王朝，其亡国也几乎是必然。

曾经和利玛窦掰饬大明才是"中央之国"的神宗和一众朝臣，恐怕没想到，噩梦来得如此突然。曾经使地图大放异彩的大明版图就这么快速葬送。

至于地图，随着王朝没落，也就悄无声息，鲜少提及。

崇祯十二年（1639 年）后，面对王朝的危亡，布衣学者顾炎武开始搜集史籍、实录、方志及奏疏、文集中有关国计民生的资料，并对其中所载山川要塞、风土民情做实地考察，立志著作一部以讲究郡国利病的地理论述专著。

为写作此书，顾炎武通读二十一史和天下郡国地方志、名人文集、奏章文册之类数万卷，还往来南北做实际调查，曲折行程二三万里。晚年时，他将此书一分为二：一为舆地之记，一为利病之书。前者即《肇域志》，后者为《天下郡国利病书》。《天下郡国利病书》对于边疆的形势和沿革叙述特别详细。《肇域志》计318 万余字，原稿本 20 册，内容涉及建置、沿革、山川、名胜、水利、贡赋等。此书以引证宏博、兼收并蓄为特色，征引史料超过《寰宇通志》和《明一统志》。可惜，这些本该救民济世、重振国邦的地理志书，在王朝灭亡前夕难有建树。

在崇祯七年（1634 年）考取进士的陈组绶，曾受兵部尚书张凤翼赏识，于是担任了编撰大明综合地图集的任务。陈组绶于崇祯八年（1635 年）受命编撰，次年就完成了《皇明职方地图》。此图集以《广舆图》为蓝本，共计三卷。上卷为政区图，中卷为边镇地图，下卷为川海图及域外地图，共有 52 幅地图。各图均采用计里画方绘制，大都有附表及说明。

《皇明职方地图》虽然留存了大明王朝曾经的版图，可惜残梦过后，一切又是轮回。

当年明太祖朱元璋以中原圣人当为天子，赢得天命王权的豪情，视元王朝为异族，驱除而去，建立了大明王朝。殊料，他的后世子孙并没有固守汉天下的传承，再次将万里疆域拱手让给游牧民族满洲八旗。

地图在明王朝写下过辉煌的史册，却也因大明的一些帝王或玩世不恭，或不以为然，或自暴自弃，最终也就无意辅助这些偏离正道的不肖天子，转而向新王朝的真命天子挥手致意。

毕竟，在地图的发展长河里，它所认同和辅助的历代王权，民族不是问题，从来就无蛮夷胡狄之分，更无谁才是正统之别。只要是立志高远，行天地大道，有雄才大略，知晓舆图乾坤之玄妙，能为天下苍生谋取福祉的帝王，都是地图乐于结缘，并竭力辅佐的真命天子。

可惜，明末的诸位帝王，并无这样的品质和潜力。

北京失陷后，尽管史可法等人在南京拥立福王朱由崧，建立弘光政权。但南明小朝廷已非天命王权，不过是割据一方的小朝廷罢了。到桂王朱由榔于广东肇庆称帝成为永历帝后，曾意图反扑立国，不过是回光返照而已。

永历十三年（1659年）八月二十八日，朱由榔由滇西逃往缅北，流亡缅甸首都曼德勒。清顺治十八年（1661年）三月，缅王迫于压力，将朱由榔及家属送交清军带回昆明。次年，朱由榔与儿子朱慈煊被吴三桂绞杀在昆明，南明宣告灭亡。

清顺治元年（1644年），随着驻守山海关的明将吴三桂降清，满洲铁骑在贝勒多尔衮率领下入关，击溃了李自成的大顺军后进占北京。同年十月，曾在崇德八年（1643年）八月登上盛京笃恭殿鹿角宝座即帝位的爱新觉罗福临，又以大清王朝首位入主中原的天子迁都北京，继续沿用年号顺治，是为顺治皇帝。

随着顺治帝入主紫禁城，中华大地上又一个新王朝崛起。地图也将跟随天命王权新主人的步伐，开启新的纪元。

大清余晖

清（1636—1911年）

明朝后期，努尔哈赤统一女真各部，建立后金。1636年，皇太极在盛京（今辽宁沈阳）称帝，建立清朝。1644年，清军入关，定都北京。清疆域西跨葱岭，西北到达巴尔喀什湖，北接西伯利亚，东北到达黑龙江以北的外兴安岭和库页岛，东濒太平洋，东南到台湾及其附属岛屿钓鱼岛、赤尾屿，南及南沙群岛的曾母暗沙，成为当时亚洲最大的国家。其境内生活着汉、满、蒙古、回、藏等50多个民族。

身体发肤，受之父母，不敢毁伤，孝之始也！

《孝经》此言，开宗明义，意指孝乃天道之首，百善之本。若无孝道，禽兽不如。因而从古至今，一丝一发，在中国人的哲学思想，便是父母的恩情、上苍的馈赠。不可亵渎，不容轻薮，更不能毁伤。

汉人蓄发，自古仪礼。幼童未成，发覆颈披。乃至成年，总发为髻。

漫漫中华传承史，历历王权更迭事。所谓异族入侵，蛮狄建政者，算不上什么新鲜事。但无论远古的东夷方国，还是后来的鲜卑匈奴，乃至圆月弯刀的蒙古铁骑，进入中原称王称霸，虽有屠戮残暴之举，但少有易服剃头的所谓移风易俗之事。

历经明王朝的崩溃，李闯王的兵乱，当关外的满洲八旗入主中原后，中华版图疆域再度易主。饱经沧桑，见惯王权兴亡的地图又将绘画出新王朝的色调，推动着历史的车轮滚滚向前。

新皇登基，君临天下。向来淳朴本真，甚至有些愚昧侥幸的中原百姓尚未准备好箪食壶浆迎接新君之师，便接到了似乎比杀头掉脑袋还残酷无情的法令——剃发令。

而颁布此令的就是那位名字寓意吉祥安康，叫作福临的顺治皇帝。

顺治二年（1645 年）六月十五，清王朝颁发诏令，全国官民，京城内外限十日，直隶及各省地方以布文到日亦限十日，全部剃发，迟疑者按逆贼论，斩！

清初入关之时，满人的头顶只有金钱大小一片头发，蓄做手指粗细的小辫子，须得能穿过铜钱的方孔才算合格，称之为"金钱鼠尾"。

在清王朝的八旗铁蹄看来，只有剃发才是打垮中原，降服汉人的唯一标志。所谓剃发是对汉民族的极大羞辱，更是对其背后所承载的孝道文化的无情践踏。某种程度上，还是对数千年来中华文明道德体系的肆意摧毁。因而，剃发令便是大清政权的国策，非推行不可。

因此，诏令要求包括汉民在内的一切国民，都要头顶只留一钱大小的头发。一旦大于一钱，便要处死。时人称此为留头不留发，留发不留头。

武力征服的创伤犹未平息，疾风骤雨的剃发令如同晴天霹雳，彻底把汉民族最后的一丝尊严劫掠。

宁为束发鬼，不做剃头人！

这样怒吼的口号，很快引来清兵屠刀的无情回应。

南明弘光元年、清朝顺治二年（1645年），本是明将的李成栋，在叛清后立马露出狰狞的面孔，对嘉定城展开三次大屠杀。这三次惨绝人寰的暴行，肆意奸淫掳掠，无辜百姓死者不计其数，史称"嘉定三屠"。

而在扬州，明军失守后，汉民对抗剃发令的结果更加惨绝人寰。

同是在弘光元年（1645年），清兵在多铎的率领下，分兵亳州、徐州两路，向南推进，势如破竹。清军从陆地、水上重围了扬州。明王朝守将史可法统率军民，坚守孤城。清军以强对弱，明廷败亡已成定局，但史可法知其不可而为之，决定抗战到底，以死报国。

弘光元年（1645年）五月二十五日，面对清军的猛烈进攻，扬州城终因孤立无援而告破。史可法大义凛然地回绝了多铎的劝降之邀，在就义殉国前，史可法向清军表示：城存与存，城亡与亡。我头可断，而态不可屈。我意已决，即便碎尸万段，亦甘之如饴，但扬城百万生灵，不可杀戮！

希冀扬城百万生灵不可杀戮的史可法恐怕没想到，在他殉国之后，扬州百姓遭受了灭顶之灾。

城防崩溃后，参与守城的扬州居民只能听天由命。起初，清军贴出告示保证说，如果藏匿的军民能够自首就会得到赦免。当许多人信以为真后，却被分成50或60人一堆，被清兵用绳子捆起来后用长矛一阵猛刺，当场被杀，仆倒在地者也不能幸免。

一时之间，扬州变成了黑暗屠场。血腥恶臭弥漫，到处是肢体残缺的尸首，城墙脚下尸体堆积如鱼鳞般密密麻麻，就连路边的沟池里，也是堆尸贮积，手足相枕，池塘都被尸体填平了。

清兵还在城内大肆纵火，妇女则被强奸蹂躏，百姓、商肆的财物更是被抢夺一空。

惨绝人寰的屠城使得几世繁华的扬州城在瞬间化作废墟之地，江南烟花古巷变成血流成河的屠宰场，计有 80 万无辜百姓惨遭屠戮，后人称之为"扬州十日"。

这年夏季，破扬州，占南京，一路血腥屠杀的多铎所部抵达江阴城下。多铎下令，江阴城限三天之内全部剃发。

待到江阴城破，清兵见人就杀，城内的雌山雄山就是分别屠杀堆尸而成的小丘。一些四五岁的小孩儿也被清军用长枪扎穿后挑向空中，还有的孩子则被丧心病狂的清兵当"毽子"踢来踢去，直至身死。

十万江阴百姓面对二十万清军铁骑，城破后无一人投降。清兵屠城，城内死者 9700 余人，城外乡野死者也多达 7500 余人，江阴遗民仅 53 人躲在寺观塔上保全了性命。因为此事前后长达 81 天之久，故被称为"江阴八十一日"。

清王朝认为这还不够，接着颁布"易服令"，要求和"剃发令"同步施行。前明一切百姓，要按照满人的风俗习惯穿立领、对襟、盘扣之衣，舍汉人的交领、右衽、无扣之裳。

"剃发易服"的政策，使得大江南北抗争不绝，屠戮不断。脖子究竟硬不过钢刀，汉人为了项上头颅被迫剃发。最终结果自然是清朝统治者取得胜利，汉人只能剃发结辫，改穿满族衣冠。

顺治七年（1650 年），摄政王多尔衮死亡，次年顺治帝福临亲政，时年14 岁。

天下版图在少年天子的眼里，就是血腥夺取的江山沃壤和唯我独尊的皇帝权柄。

直到亲政后乾纲独断的顺治皇帝，结识了天主教耶稣会士汤若望之后，对地图的认知这才悄然发生了变化。

汤若望是继利玛窦来华之后最重要的耶稣会士之一，他继承了利氏通过科学传教的策略，帮助朝廷制定历法，传播西方的地理科技和数学知识。

按照西洋新法，汤若望准确预测了清朝顺治元年（1644年）农历八月初一丙辰的日食。

明亡清兴，汤若望向年轻的顺治皇帝力陈新历法的好处，并且适时进献了新绘制的地图，以及浑天仪、地平晷、望远镜等观测仪器。顺治帝很是高兴，便让汤若望成为朝廷的钦天监监正，专门负责天文观测和测绘事宜。

汤若望预知天象、通晓物理的才能，以及带来的先进科技仪器和绘制的全新地图，都让顺治帝无比好奇，因而两人关系亲密起来。汤若望也得以经常出入宫廷，前后竟然上奏章300余封，敢于对皇帝的朝政得失建言献策。

此外，汤若望曾以他的医学知识治好了孝庄太后的侄女、顺治帝未婚皇后的病，为此皇太后对汤若望很感激，认他为"义父"，随后顺治帝也尊他为"玛法"（满语，尊敬的老爷爷）。

为了表示对汤若望的敬意，顺治八年（1651年），顺治帝甚至在一天之内加封汤若望通议大夫、太仆寺卿、太常寺卿三个头衔，使他从原来的正四品晋升为三品。同时又加封他的父亲、祖父为通奉大夫，母亲、祖母为二品夫人，还将诰命封书邮寄到汤若望的家乡。其后又多次加封，到后来加封为"通玄教师"，赐"光禄大夫"，为正一品官衔。

汤若望绘制的地图有别于王朝传统的绘制方法。加之一些天文观测仪器很是新奇，年轻的天子对地理地图的认知也就有了新的体会与收获。汤若望曾绘制给前朝崇祯帝的《赤道南北两总星图》，或许也曾被顺治帝和皇子们欣赏探讨过。这组制于明崇祯七年（1634年）七月的天文图，看上去貌似密密麻麻小星点，放大看却藏着大乾坤。该图主要有两幅大图：南赤道所见星图，北赤道所见星图。每个半球图直径约160厘米，外圈标有赤道和黄道十二宫。图上的星画成大小不一，既有星座，也有星云，甚至银河系。各星座的名字既有沿用传统的中国命名，也有从西方翻译过来的名字。两幅主图之间及外沿，分别绘有《赤道图》《黄道图》等各种小星图14幅，黄道经纬仪等各种天文仪器4幅。此后的康熙皇帝对天文测绘和舆图绘制兴趣盎然，这些影响想必是有的。

顺治帝虽然名为福临，福祚却极为短暂。顺治十八年（1661年）正月初二，顺治帝身患天花，此病当时无药可救。弥留之际，在继位人的人选上，他还征询汤若望的意见，最终从国家的长治久安考虑，把生过天花，看似性命无虞的皇三子玄烨立为储君。

顺治十八年（1661年）正月初九，爱新觉罗玄烨即位于太和殿，时年六岁，颁诏大赦，并改为康熙元年。

按照顺治帝遗诏，索尼、苏克萨哈、遏必隆、鳌拜四大臣辅政。四辅臣联合辅政的局面其实并未维持很久，他们之间的矛盾和斗争便日益公开而激烈起来。

在四人中，逐渐专擅实权的是鳌拜。说起来，鳌拜擅权倒是和地图也能扯上一点关系。

顺治元年（1644年）、顺治四年和顺治八年，朝廷三次颁布"圈地令"。此令是清王朝初期，纵容旗人圈地占为己有，收敛财富的一项蛮横无理的土地政策。

按照朝廷法令，圈地令需要给事中御史等官员履勘畿内地亩，从公指圈。也就是说，就算圈地，也要由朝廷的官员在一定的范围内组织进行实地测绘丈量。但一些离京城远的地方，事实上既不"履"，也不"勘"，而是跑马圈地，旗人携绳骑马，大规模地圈量占夺百姓土地。很多农民田地被占，被迫流离失所，饥寒无助。

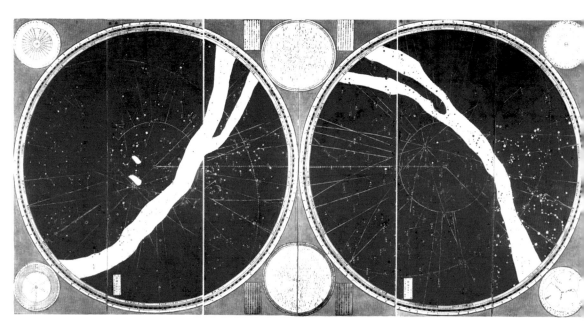

赤道南北两总星图（局部）

按照清朝八旗制度，四大辅臣也代表着不同旗领或家族的利益。

鳌拜想以蓟州、遵化等地正白旗诸屯庄改拨给镶黄旗。身为正白旗的户部尚书苏纳海，以及直隶总督朱昌祚、巡抚王登联认为不符合法则，拒绝调换。鳌拜就大为恼怒，分别以苏纳海"藐视上命"、拨地迟误，朱昌祚、王登联"纷更妄奏"的罪名，俱论死罪。

康熙帝虽然年幼，但心知苏纳海等三人并无大罪，便不允鳌拜所奏，只是批准刑部拟定的处罚，即将三人各鞭一百，没收家产。可鳌拜公然无所顾忌，最终竟矫旨将三人处死。然后，又强行换地，根本不把康熙皇帝放在眼里。

康熙六年（1667年）六月，首辅索尼病故。七月初七，14岁的康熙帝正式亲政。仅十天后，鳌拜即擅杀同为辅政大臣的苏克萨哈。此时的鳌拜，已经对康熙帝的皇权构成了严重威胁。

康熙八年（1669年）五月，康熙帝先将鳌拜的亲信派往各地，又以自己的亲信掌握了京师的卫戍权，然后他召鳌拜入宫觐见。此前，康熙帝召集身边练习布库（摔跤）的少年侍卫说："你们都是朕的股肱亲旧，你们怕朕，还是怕鳌拜？"大家说："怕皇帝。"康熙帝于是布置逮捕鳌拜事宜。等到鳌拜入宫，康熙帝一声令下，少年们一拥而上，鳌拜猝不及防，被摔倒在地，束手就擒。

康熙帝念及鳌拜资深年久，屡立战功，且无篡弑之迹，遂对他宽大处理，免死禁锢，其党羽则或死或革。到了康熙八年（1669年），鳌拜在禁所亡故。

擒鳌拜，康熙帝的智慧和才略震惊朝野，文武群臣对这位年少的皇帝无不敬服。

随着鳌拜的清除，实操朝政大权的康熙皇帝奖励百官上书言事，禁止了圈地等不利于统治的弊政，朝局气象为之一新。

大清广袤的疆域和偌大的版图，其实危机四伏，暗潮涌动。尤其以吴三桂、尚可喜、耿精忠三藩驻守边陲，久握重兵，渐成大患。

王朝江山不稳，迫使年轻的康熙帝必须尽快熟悉天下舆图，掌握政局发展态势。康熙十二年（1673年），康熙帝下诏决心撤藩。吴三桂认为这是卸磨杀驴之举，便在云南提出反清复明的口号叛乱，并杀了云南巡抚朱国治。次年，吴三桂派兵进攻湖南，攻陷常德、长沙、岳州、澧州、衡州等地。广西将军孙延龄、四川巡抚罗森等许多地方大员见势也纷纷反清生乱。接着，福建耿精忠亦反。在短短数月之内，滇、黔、湘、桂、闽、川六省接连丢失，一时间清王朝危在旦夕。随后，陕西提督王辅臣、广东尚之信等也相继反叛，叛乱逐渐扩大到广东、江西和陕西、甘肃等省。

天下复归混乱，王朝何去何从，成为康熙帝必须做出的选择题。

正如孟子所言，天将降大任于斯人也，必先苦其心志，劳其筋骨，饿其体肤，空乏其身，行拂乱其所为，所以动心忍性，曾益其所不能。

康熙皇帝若是天命王权的真命天子、中华版图的天下共主，理当历经磨难，在危机中寻求生机。

这场叛乱，从战略态势、地理位置乃至乱局的成因中，康熙皇帝很快做出了最正确的判断。他的对策就是打击吴三桂，决不给予妥协讲和的机会。对其他或追随或观望的叛变者则大开招抚之门，以此来分化敌人，孤立罪魁祸首吴三桂。

从宫廷所藏的地图上，康熙帝根据战场态势发现了决定平叛胜败的关键位置就在湖南。于是，康熙帝命清军大部队至荆州、武昌，正面迎战吴三桂，并进击湖南。又命安亲王岳乐由江西赴长沙，以夹攻湖南。

康熙十五年（1676 年），陕西王辅臣和福建耿精忠在清军进攻下，先后投降。广东的尚之信也于康熙十六年（1677 年）投降。陕、闽、粤及江西都先后平定。吴三桂局促于湖南一隅之地，清军则由江西进围长沙，其失败之势已成。

康熙十七年（1678 年）三月，吴三桂在衡州称帝，未几即忧愤成疾病死。吴三桂死后，部将迎立其孙吴世璠继位并退居云贵。康熙二十年（1681 年）冬，清军攻破昆明，吴世璠自杀，三藩算是彻底平定。

三藩被撤，久悬海外的台湾被前明郑氏家族从荷兰人手里收复后一直掌控，成为康熙帝必须解决的问题。此前一而再、再而三的招抚并不奏效，于是康熙帝针对八旗军队不善水战的劣势，一方面训练大清水师，恢复福建水师体制，很快就拥有战船 240 艘，水师官兵 28580 名；另一方面，则从地图的绘制上做积极准备。

康熙二十二年（1683 年），康熙帝平台前夕，绢绘的长卷彩图《福建沿海图》绘制完成。此图上东下西，采用形象画法，将福建沿海地带的府城、海岛、村落房舍、山梁、港湾等都绘得详尽、逼真，为武力平台的支前动员、大军后勤供给等提供了重要的参照。

同年，康熙帝以施琅为福建水师提督，出兵宣告朝廷不再和议，以武力攻台。

六月二十二日，接连消灭台湾有生力量的清军主帅施琅对台湾发起总攻。当日，台风渐起，海上吹起了西北风，台湾的郑军一时趁风势进攻清舰，暂时占据优势。但到了中午，台风转向，海面开始吹南风，转变成对清军有利。施琅命令全军反攻，郑军全面崩溃，被毙伤 12000 人，俘 5000 余人，击毁、缴获战船 190 余艘。七月十三日，施琅率军在台湾登陆，郑克塽向施琅投降，并于八月十八日剃发易服，郑氏政权正式灭亡。

但收复台湾后，对是否将台湾纳入大清王朝的版图，还发生了不小的争议。一些朝臣居然认为台湾孤悬海上，治理及防守花费不小，主张弃守。

可康熙帝和收复台湾的将领施琅等人看到了台湾重要的战略位置，更有血脉相连的同胞百姓，便坚持并入王朝的版图。

解决了台湾问题，更加棘手的沙俄侵扰问题又摆在康熙帝面前。

明崇祯五年（1632 年），沙俄扩张至西伯利亚东部的勒拿河流域后建立雅库茨克城，作为南下侵略中国的主要基地。自明崇祯十六年（1643 年）起，沙俄远征军多次入侵黑龙江流域，烧杀抢劫，四处蚕食。

黑龙江流域自古以来是中国的领土，满族的祖先肃慎族就生活在这里。清朝建立之后，设盛京将军（驻今辽宁沈阳）、宁古塔将军（驻今黑龙江宁安）和黑龙江将军（驻今黑龙江瑷珲）。

就在清王朝忙于国家统一和平定三藩之乱，侵占了中国领土尼布楚（今俄罗斯涅尔琴斯克）和雅克萨等地的沙俄，构筑寨堡，设置工事，还以此为据点，不断对黑龙江中下游地区进行骚扰和掠夺。康熙帝多次遣使进行交涉、警告，均未奏效。

康熙二十一年（1682 年），康熙帝在准备平台事务的同时，还专门巡视关东，制定了武力解决与沙俄边境问题的策略。

地图，又一次被康熙帝作为驱逐沙俄的首要利器。他下诏令副都统郎坦、彭春和萨布素率兵百余名，以捕鹿为名，渡黑龙江，侦察雅克萨的地形、敌情，绘制成图，以备军用。另外，令萨布素率部在瑷珲筑城永戍，并和家属一同进行屯垦。同时在瑷珲至吉林途中，共设驿站 19 个。当地图绘制完毕，交通线打通，做到了知己知彼，便可以进行军事斗争了，可见康熙帝的确有过人的智慧。

康熙二十四年（1685 年）正月二十三日，为了彻底消除沙俄侵略，康熙命都统彭春赴瑷珲，负责收复雅克萨。五月，清军发炮轰击沙俄，沙俄侵略军伤亡甚重，势不能支。托尔布津乞降，遣使要求在保留武装的条件下撤离雅克萨。经彭春同意后，俄军撤至尼布楚（今涅尔琴斯克）。

康熙二十四年（1685 年）秋，莫斯科派兵 600 名增援尼布楚。当获知清军撤走时，侵略军头目托尔布津率大批沙俄侵略军再次窜到雅克萨。闻知此讯，清军 2000 多人进抵雅克萨城下，将城围困起来，勒令沙俄侵略军投降。托尔布津不理，清军开始攻城，并在雅克萨城的南、北、东三面掘壕围困，在城西河上派战舰巡逻，切断守敌外援。侵略军被围困，战死病死很多，826 名侵略军最后只剩 66 人。俄国摄政王索菲亚急忙向清请求撤围，遣使议定边界。

康熙二十八年（1689 年），双方缔结了《中俄尼布楚条约》，规定以外兴安岭至海、格尔必齐河和额尔古纳河为中俄两国东段边界，黑龙江以北、外兴安岭以南和乌苏里江以东地区均为清朝领土。

此战的胜利，挫败了沙俄跨越外兴安岭侵略中国黑龙江流域的企图，遏制了几十年来沙俄的侵略，使清东北边境在以后一个半世纪里基本上得到安宁。

康熙帝对于国家统一和版图的捍卫，从不退让；对于地图的热情，也就从未消退。

康熙二十七年（1688 年），西北蒙古准噶尔部噶尔丹亲率骑兵三万自伊犁东进，越过杭爱山，进攻喀尔喀，很快占领整个喀尔喀地区。康熙帝责令噶尔丹罢兵西归，但噶尔丹气焰嚣张，置之不理，反而率兵乘势南下，深入乌珠穆沁境内。

对于噶尔丹的猖狂南犯，康熙帝下令就地征集兵马，严行防堵，一面调兵遣将，准备北上迎击，先后在乌兰布通和昭莫多大破准噶尔。康熙三十六年（1697年）二月，康熙帝鉴于噶尔丹拒不投降，下诏亲征，噶尔丹在众叛亲离的情况下死去，漠北喀尔喀地区重新纳入清王朝版图。而为了彪炳皇帝亲征的功勋，特别是记录蒙古诸部的地理地形和管理之策，康熙帝下旨授文华殿大学士温达等人编撰《亲征平定朔漠方略》一书，作为留给子孙的一份独特厚礼。

经历了王朝连续动荡的康熙帝，对地图在战场胜败、治国之策方面的作用有了深刻的体会。因而，利用政务之余，康熙帝对地图测绘、天文测量，以及几何、物理等科技知识如饥似渴，常常请西方来的传教士入宫教学。

对疆域版图进行实地测绘，并绘制成图作为中央王朝有效统治的朝廷文档，也成为康熙帝决心要做的大事。

于是，三藩平定，康熙帝便组织有关官员进行全国经纬度测量。可惜，中国台湾地区问题和其他政务的干扰，让这一工程很快搁浅。

康熙二十三年（1684年）起，康熙帝多次南巡。每次南巡，都要视察河工。对于治河工程，康熙帝要求通过地图绘制来体现成果。在实地视察过程中，一旦发现弄虚作假，和地图标注不一致，就对相关官员予以斥责处罚。康熙曾把"三藩、河务、漕运"作为三件大事，并亲自书写成条幅，悬挂于宫中大柱上时刻提醒自己。

这三件大事涉及国境安定、百姓安康、贸易交通，无疑都是王朝安定的前提和兴达的根基。而且这三件大事的完成，处处都要涉及地图。

康熙帝在办理这三件大事的人事问题上，也都把懂得地图之要的官员作为首选：如河道总督张鹏翮，曾参与勘定中俄东段边界。其在河道总督任上，主持治理黄河十年，精通地图绘制。

康熙四十二年（1703年），张鹏翮纂辑《治河全书》，全书包括康熙阅视河工之上谕，对河道事宜之决策及历任河道总督之治河章奏等，内容翔实，史料性强。书中记载了我国运河、黄河、淮河三大水域的源流支派、地理位置及历年对其治理情况等，其中对各河道的形成、流向、堤坝修筑、防汛等事宜所记尤为详细。特别重要的是，书中附有的彩绘地图极为精致，精确地反映了三大河流及各支流的全貌，是古代地图绘制中的稀有珍品。

收复台湾后，对台湾的治理，康熙帝也再度使用了地图。

康熙二十三年（1684年），清政府在台湾设一府三县，即台湾府，台湾县、凤山县、诸罗县，隶福建省，并在台湾设巡道一员，总兵官一员，副将二员，兵八千。在澎湖设副将一员，兵二千。从而加强了中央对台湾地区的管辖，保证了王朝疆域的统一。

此时，任台湾府儒学教授的林谦光编撰的《台湾纪略》是台湾最早的一部地方志。全书分15目纪述，分形胜、沿革、建置、山川、礁屿、都郭、户役赋税、学校、选举、兵防、津梁、天时、地理、风俗、物产等，另附澎湖版图。全书记事简略，文字简练，共六千多字，篇目几百字几十字不等，其中用字最多为"沿革"一目，约 1300 字，用字最少为"兵防"一目，仅用 32 字。

而在和沙俄签订《中俄尼布楚条约》之后，康熙要求充当谈判译员的传教士张诚介绍俄国使团的来华路线，张诚按照西方的技术绘制成直观的地图呈献给康熙帝。这让康熙帝觉得地图中关于中国的部分过于简略粗疏，由此决心依靠传教士用西方的测量技术绘制一张全国地图。

直到康熙四十六年（1707 年），康熙帝委任耶稣会士雷孝思、白晋、杜德美及中国学者何国栋、明安图等人走遍各省，运用当时最先进的经纬图法、三角测量法、梯形投影技术等在全国大规模进行实地测量。

白晋奉命与雷孝思、杜德美等人带队从长城开始试测，对长城各门、堡，以及附近的城寨、河谷、水流等进行了测量。之后，白晋等人率队测绘长城以西，即晋、陕、甘等省，直至新疆哈密一带。其余的传教士也被派往各省进行实地测量，康熙帝专门下诏要求各地都要配合完成好朝廷这一空前的大工程。为加速进度，康熙帝还不断扩充测绘队伍，分为两队人马前往不同地方测绘。

历时十年，经康熙帝审定后，《皇舆全览图》终于绘制完成。地图以通过北京的经线为中央经线，采用梯形投影法。地图描绘范围东北至库页岛（萨哈林岛），东南至台湾，北至贝加尔湖，南至海南岛，西北至伊犁河，西南至列城以西。在西藏边境标注出朱母郎马阿林（珠穆朗玛峰），这是人类历史上第一次对珠峰的测绘和命名。在这次测量中统一了长度单位，测量结果发现在不同纬度每经度的纬线长度不一，从而证实了地球是球形体。

《皇舆全览图》的完成，是康熙帝丰功伟绩的见证，更是中华地图史上极富华彩的篇章。

如果《皇舆全览图》是康熙帝在地图事业上的集大成者，那么地图本身则始终伴随着康熙帝一生的建功立业，甚至影响到王朝的文武群臣。

康熙年间的诸重臣皇室子弟，在皇帝的熏陶下，对地理和地图都投入相对较多的学习和关注。有些臣僚还无时无刻不在收集相关地理信息，以供朝廷使用。如兵部员外郎图理琛便是代表之一。图理琛于康熙五十一年（1712 年）出使土尔扈特，康熙五十四年（1715 年）三月还京，途经蒙古高原、西伯利亚、乌拉尔山等地，记录了沿途所见山川形势、动植物分布、河流水文、村落居民、器用风俗等，撰写了《异域录》。该书主要记载了俄国情况，卷首有俄罗斯地图，是中国较早介绍俄国地理情况的著作。

康熙四十年（1701年）开始编撰的类书《古今图书集成》，由康熙帝钦赐书名。此部巨著采集广博，内容丰富，共分为5020册，520函，42万余筒子页，1亿6千万字，内容分为6汇编、32典、6117部。全书按天、地、人、物、事次序展开，规模宏大，分类细密，纵横交错，举凡天文地理、人伦规范、文史哲学、自然艺术、经济政治、教育科举、农桑渔牧、医药良方、百家考工等无所不

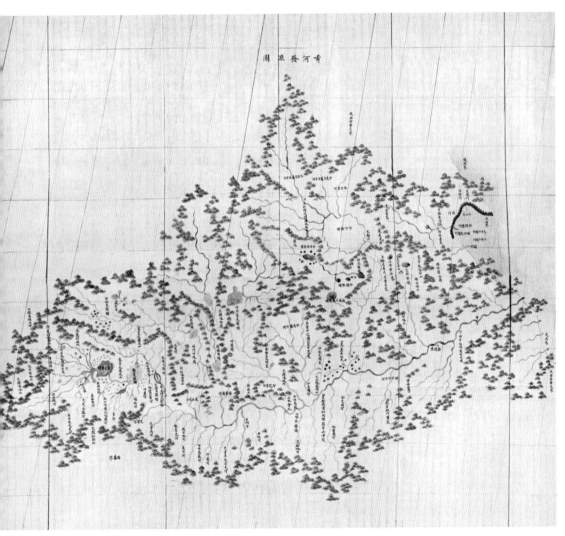

皇舆全览图·黄河发源图

包。历象、方舆、汇考专门汇编，图也单列汇编成集，收录的如疆域、山势、禽兽、草木、器用之图，以备览观。这些图绘制精美，有的还特地放大，十分清晰。其中，专用于地理部分的大量珍稀地图得以收纳其中，受到保护。

康熙帝是中国历史上在位时间最长的皇帝，文治武功，乐于求学，勤于办事。于天文、地理、律历、算术等诸学问，多所通晓。

康熙帝三征噶尔丹，团结众蒙古部，把新疆牢牢地守住。他进兵西藏，振兴黄教，尊崇达赖喇嘛，护送六世达赖进藏，打败准噶尔人，为维护西南边疆的统一迈出了关键性的一步。他进剿台湾，在澎湖激战，完成统一台湾的大业。他在东北收复雅克萨，组织东北各族人民进行抗俄斗争，和沙俄签订《中俄尼布楚条约》，保证我国永戍黑龙江，取得了独立自主外交的胜利，为巩固东北边疆做出了重大贡献。

清王朝从平定准噶尔后，疆域达到极盛，东北与俄罗斯帝国分界额尔古纳河、格尔必齐河与外兴安岭，这条疆线直到鄂霍次克海与库页岛；正北与沙俄分界萨彦岭、沙毕纳依岭、恰克图与额尔古纳河；西北与哈萨克汗国等西北藩属国分界萨彦岭、斋桑泊、阿拉湖、伊塞克湖、巴尔喀什湖至帕米尔高原；西南与印度莫卧儿帝国、尼泊尔、不丹等国分界喜马拉雅山至野人山；正南大致上与今中华人民共和国与东南亚国家的分界相近，包含南坎、江心坡及缅甸北部等地；东与日本、琉球分界日本海与东海，与朝鲜王朝沿图们江、鸭绿江分界；清朝还领有台湾、澎湖、海南及南海的南海诸岛（时称千里石塘、万里长沙、曾母暗沙）。

按照传教士白晋的记载，康熙帝威武雄壮，仪表堂堂，身材高大，举止不凡。他的五官端正，双目炯炯有神，鼻尖略圆而稍显鹰钩状。虽然脸上有一点天花留下的痘痕，但是丝毫不影响他的美好形象。

康熙帝施行仁政，主张"满汉一家"的民族思想，进而又发展成为"中外一视""天下一家"的"大一统"思想，体恤黎民，兴修水利，对外能用和平政策就一定不轻易动兵，如康熙三十年（1691年），康熙帝率诸王、贝勒、大臣前往多伦诺尔，约集内外蒙古来此"会盟"，定疆界，制法律，为外蒙古的喀尔喀蒙古诸部编制盟旗，使其接受清朝的管辖，从而实现了北部乃至西北的空前统一。

一旦使用武力，务求痛击来敌，实现长治久安之目的。

康熙帝重视地图，也懂得地图测绘和制作，因此康熙年间的地图作品，大多精准精美，标准很高。康熙三十八年（1699年），康熙帝到河道实地视察勘探时，要求官员对水土都要测绘，并绘制成图奏报。康熙三十九年（1700）年，进呈给康熙帝的永定河地图，被康熙帝从专业角度指出诸多差错，要求官员重新绘制。康熙五十年（1711年），康熙帝巡查大运河，更是在河西亲自放置仪器，定向桩木，亲自丈量测绘记录。

正是因为康熙帝一生功勋卓著，且多是护国佑民的善举及捍卫疆域的大事，从而被后人赞誉为"千古一帝"。蒙古人称其为恩赫阿木古朗汗或阿木古朗汗，西藏方面尊称为"文殊皇帝"。其庙号"圣祖"，亦是历朝历帝独有的尊号。

康熙帝的功绩中，地图因为他的倚重而百花齐放，进入了封建王朝最后一次巅峰期。同时，康熙帝之所以雄才大略，完成诸多帝王难以望其项背的大事，地图在其中发挥了极大的作用。

受到康熙帝的影响，清朝后来的帝王少有不学无术者，对地图的测量绘制也都投以热情。

康熙六十一年十一月十三日（1722年12月20日），康熙帝玄烨于北京畅春园清溪书屋驾崩，终年69岁，在位61年零10月。康熙帝近臣步军统领隆科多宣布康熙帝遗嘱，皇四子胤禛继承皇位，是为雍正帝。

康熙帝之后，地图虽备受重用，但王朝的阳光并未温煦如春。一系列危机和问题，导致清王朝还是不可避免地在所谓的"康雍乾盛世"后，渐渐花落，斜阳中，只留一抹余晖罢了。

残阳一道，虽晚犹怜。

康熙帝对西方文化兴趣浓厚，向来华传教士学习代数、几何、天文、医学和地图测绘等很多方面的知识，并颇有著述成果。但康熙帝不能把学习西方科学知识的个人行为转变为国家行为，只局限于个人的爱好之中，也便丧失了世界大格局变化的重要机遇期，为王朝最终的没落埋下了伏笔。

继承康熙帝位的雍正皇帝，是皇四子胤禛。成为王朝天子的雍正，其时已入中年，经历了多次政治斗争和政务实践，在治国理政上就务求实效，地图也作为其统治工具多有成效。因此，雍正帝在位期间，勤于政事，自诩"以勤先天下"。

雍正帝于地图的渊源，是他在皇子时，多次随从康熙帝巡幸，外出代办政务，足迹遍于王朝诸多地区，使他有机会了解各地经济物产、山川水利、民间风俗、宗教信仰、历史由来，因此他对王朝版图疆域的风土人情、民生疾苦比较了解。

雍正帝即位伊始，最棘手的问题还是政治斗争。康熙帝子嗣众多，而且都是饱学之士、骁勇之辈，雍正帝脱颖而出。面对这些兄弟的明争暗夺，雍正前期只能把大量的精力放在打击政敌、整顿朝纲之上。

及至可以着手改革，革除弊政，开启王朝的新气象，地图也就成为雍正帝治国理政必须使用的重要帮手了。

雍正帝的改革新政，主要针对的是康熙年间吏治败坏和财政混乱，以及长时间的腐朽社会风气。大体上，这些改革内容分为行政制度、赋役制度，以及对农民的政策、改土归流和对边疆民族的政策等。诸多改革项目，都有对地图的倚重。

要想改革的诸多新政实实在在地推行，雍正帝非立威不可。因康熙帝的功勋过于卓著，一些官员对性格焦躁、情绪无常的雍正帝并无好感，虚与委蛇屡见不鲜。

要想让百官折服，雍正帝就得办一些标志性的大事件。正好噶尔丹之侄策妄阿拉布坦于雍正元年（1723年）支持青海和硕特部首领罗卜藏丹津纠集20万人进攻西宁反清，危及王朝版图的完整。雍正帝命年羹尧、岳钟琪率兵讨伐，胜利后青海重新完全归入王朝版图后，朝廷上下对皇帝也就刮目相看了。

雍正元年（1723年），雍正帝接受山西巡抚诺岷的建议，施行耗羡归公和养廉银的措施，以此增加中央财政收入，并限制地方横征暴敛，此举集中了征税权利，减轻了人民的额外负担。同年，雍正帝从直隶巡抚李维钧之请，实行丁银摊入田赋一并征收的原则，是为"摊丁入亩"，改变过去按人丁、地亩双重征收的标准，减轻无地和少地的农民负担。此项改革，便多涉及各地的田亩测绘和土地制图。

雍正二年（1724年），雍正帝又针对康熙末年各地亏空钱粮严重，决定严格清查，对贪官污吏即行抄家追赃，对民间拖欠，命在短期内分年带征。清理亏空的政策，如地方凡有亏空，限三年之内如数补足；如限满不完，从重治罪。

改土归流是雍正帝对南疆土司制的一项重大改革。雍正四年（1726年），云贵总督鄂尔泰建议取消土司世袭制度，设立府、厅、州、县，派遣有一定任期的流官进行管理。这项改革过程中，地图的作用十分重要，涉及方方面面。如雍正四年（1726年），将原隶属四川的乌蒙、镇雄、东川三土府划归云南；雍正五年

（1727 年），设置永丰州，划归贵州统辖。这些势必要进行界别的测绘和地图的制作。

为使云贵广西的少数民族聚居区的改土归流事务得以统一筹划，特于雍正六年（1728 年）底任命鄂尔泰为云、贵、广西三省总督。与云贵广西接界的湖南、湖北、四川等省的少数民族聚居区的土司，迫于形势压力，纷纷请求交出世袭领地及土司印信、舆图，归政中央。而朝廷在改土归流地区，清查户口，丈量土地，征收赋税，建城池，设学校，变革赋役方法，与内地一样按地亩征税。土民所受的剥削稍有减轻，促进了当地生产力的解放，强化了中央的统治权威。

改革施行的同时，王朝诸多的事务也给地图以一展身手的机会。

雍正三年（1725 年），为解决漕运等水利问题，雍正帝令工部侍郎何国宗等人，测绘黄河水运，对运河、卫河、漳河等进行测量，并要求绘制成地图奏送朝廷。何国宗在运河施工中，测绘错误，导致水患不断，雍正帝大怒，免其官职。

《雍正十排皇舆全图》是雍正朝标志性的地图代表作品。康熙时期的《皇舆全览图》规模大、质量高，雍正帝为承继康熙帝继续大清全图的测绘伟业，登上皇位后延用为康熙朝测绘地图的西方传教士巴多明、雷孝思、杜德美、费隐、麦大成、冯秉正、德玛诺等人，在康熙朝大规模测绘基础上，补充资料，引用外国地图成果，扩大范围，编绘新的大清国全图，后世称为《雍正十排皇舆全图》。

与《皇舆全览图》相比，此图绘制范围略大，上自北冰洋，下至海南岛，东北临海，东南至台湾，西抵波罗的海里加湾。图中地名书写整齐，位置排列得当，各种图例符号的设计较为科学。在投影上，康熙图的投影除中经线与纬线成直交外，其余经纬线皆相互斜交，雍正图则完全改为直交。

对外关系上，地图的使用也不鲜见。雍正五年（1727 年），雍正帝派遣策凌为首席代表与俄国签订《布连斯奇条约》，第二年又签订了《恰克图条约》，划定了清俄中段边界，稳定了清俄边界局势。但云南与安南发生边界纠纷时，雍正帝拒绝征讨，反而要求在勘界时让出 40 里领土给予安南。

雍正帝在位 13 年，进行了一系列改革，诸多政策都有积极意义，其中设立军机处沿袭至清末，造成了皇帝独揽军政要务的集权模式。地图，也为雍正朝上承康熙大业，下启乾隆盛世提供了许多的帮助。

雍正十三年（1735 年）八月二十三日，雍正帝去世，内侍取出谕旨，宣布皇四子弘历即位。九月初三日，弘历即皇帝位于太和殿，以次年为乾隆元年。

所谓乾隆盛世，一直被看作清王朝的顶峰期。实质上，乾隆帝是在其祖其父开创的基业和打下的坚实基础上，安享传继而来的盛世。

乾隆帝幼年曾入宫接受圣祖康熙帝的教导，因而处处效仿康熙帝，意图开创"十全武功"，比肩其祖。

地图在康熙朝的地位举足轻重，乾隆朝自然也要效仿。但与圣祖康熙帝不得不重视地图安邦定国相比，乾隆朝的地图绘制则大多出于粉饰太平，见证盛世而已。

圣祖对疆域版图寸土不让，乾隆帝也便坚持安定边疆的叛乱，捍卫王朝疆域的统一。

乾隆三年（1738 年）五月，派兵讨平贵州苗乱。乾隆四年（1739 年），同意准噶尔部噶尔丹策零上表请求以阿尔泰山为界，为清准议和的成功奠定了基础。

乾隆五年（1740 年），彻底平定广西、湖南的苗民叛乱。

乾隆十年（1745 年），派兵进剿四川瞻对地区的叛乱。

乾隆十二年（1747 年），乾隆帝调动三万大军，分两路进攻大金川。土司头目莎罗被迫乞降。

乾隆十五年（1750 年），西藏发生了以郡王珠尔墨特那木札勒为首的地方贵族割据势力的武装叛乱。在平叛斗争胜利后，立即废除了旧有的藏王制度，并成立了由四名噶隆组成的西藏地方政府噶厦。

乾隆二十一年（1756 年）三月，清军收复伊犁。

乾隆二十二年（1757 年）春，讨伐天山南路叛乱的大小和卓。

乾隆二十五年（1760 年）七月，沙俄驻兵和宁岭等四路，声言与清廷分界，乾隆帝谕阿桂、车布登扎布以兵逐之。

乾隆三十四年（1769 年），缅甸国王孟驳向清朝称臣纳贡。

乾隆三十五年（1770 年）七月，土尔扈特蒙古脱离俄国羁绊，返回祖国。

乾隆四十年（1775 年）底，将大金川最后平定，彻底推行改土归流的政策，在小金川旧地设美诺厅，在大金川旧地设阿尔古厅，皆隶属于四川省，还分别在其险要地区设兵镇守。

对待版图鲜明的寸土不让态度，积极有效的经济政策，让乾隆朝很快进入全盛之象。全国各地的农业、手工业和商业都有较大幅度的发展，耕地面积扩大，人口激增，国库充实，整个社会经济得到了空前的发展。乾隆三十年至乾隆六十年，库银长期保存在 6000 万两以上。

地图在这样的盛世，成果也极多，类别之丰富历朝少有，各类测绘工程也相继开展。

康熙年间曾经进行的全国经纬度测量，在乾隆年间终于完成。

乾隆十五年（1750 年），绘制完成的北京全城地图，称《清内务府京城全图》或《乾隆京城全图》。该图的比例尺和精详程度在古代城市地图的绘制中实属罕见。内外两城的规划形状、城墙和城门的构筑细节，以及大小街巷、胡同的分布，均清晰可见；宫殿、园囿、庙坛、府第、衙署，以及钟鼓楼、仓廒、贡院等主要建筑的平面形制，皆出于实测；民居、宅院、房舍等亦有表示。全图的绘工十分精细，且以写真的手法显示主要建筑物的立面形状。

《避暑山庄全图》成图于乾隆盛世时期，是一幅清皇离宫专题地图。全图采用形象绘法，生动地表现了承德离宫与外八庙及附近山水胜景之全貌。

乾隆二十一年（1756 年）和乾隆二十四年（1759 年）两次派人前往测量康熙年间未能实测的哈密以西地区，然后在康熙朝皇舆图的基础上订正补充，并参考中西文献扩大了范围，由传教士蒋友仁于乾隆二十五年（1760 年）至乾隆三十五年（1770 年）绘制完成，命名为《乾隆内府舆图》。此图所用经纬网、投影和比例尺仍本康熙朝皇舆图，但内容较前图更为丰富详密，且订正了西藏部分的错误。其范围除东、南两面与康熙朝皇舆图基本相同外，西到地中海，北至北冰洋，图幅和面积都超过一倍。该图以纬差 5 度为一排，共分 13 排，故又名《乾隆十三排图》。

乾隆二十一年，刘统勋等奉旨修纂《皇舆西域图志》。乾隆四十七年（1782 年）成书。乾隆题咏，记清代西域的地理及风俗制度。内分天章、疆域、官制、屯政、贡赋、钱法、学校、封爵、风俗、音乐、服物等篇，附历代西域地图及疆域、山水、藩属图等 33 幅。

乾隆二十六年（1761 年），礼部侍郎、地理学家齐召南完成有"清代水经"之称的《水道提纲》著作，共 28 卷。本书用经纬度定位，从东北的鄂霍次克海往南、渤海、东海直到南海，沿岸的城镇、关隘、河流入海口、岛屿等都有叙述，第一次把中国 18 世纪的海岸线清晰地勾画了出来。齐召南曾参与《大清一统志》的纂修，能参考内府秘藏的康熙五十七年（1718 年）全国实测地图《皇舆全览图》及各省图籍，故对水道现势的记述较为准确。

乾隆三十二年（1767 年），黄宗羲之孙黄千人私人刻制的地图被朝廷重视起来，重订为《大清万年一统地理全图》，增补内容有金川、西藏、新疆州郡等，图中新疆地区"迪化"加了直隶州标记，其左上镌有"乌鲁木齐"字样，并标注了"库车"和"于阗"等地名，明确界定了新疆等地与大清中央政府的隶属关系。图中列明琉球国、安南国均是大清附属国。

乾隆四十六年（1781 年），黄河在河南决口。当时认为黄河之所以泛滥成灾，是由于没有找到真正的河源进行祭祀。于是乾隆帝在次年派遣阿弥达进行黄河探源。事竣，阿弥达返回复命，并绘制《黄河源图》呈览。乾隆帝看过阿弥达呈上奏折和地图之后，对此次探河源的成绩给予了充分的肯定，并命纪昀等修撰《河源纪略》一书。乾隆帝留《黄河源图》一幅于书案，时常御览，并钤印三枚御玺。

乾隆帝在位 60 年，曾仿其皇祖父康熙帝，六次南下巡视。康熙时期南巡，主要是治理水患、巡查河工。乾隆帝下江南除了视察黄河大坝，还视察浙江海塘等水利工程。不过，和康熙帝南巡注重勤俭相比，乾隆帝则是前呼后拥，大批后妃、王公亲贵、文武官员相随。沿途修行宫，搭彩棚，舳舻相接，旌旗蔽空。不仅沿途地方官要进献山珍海味，连饮水都是从北京、济南、镇江等地远道运去的著名泉水。

因此，乾隆帝所谓的效仿康熙帝，徒有虚名。对待地图，也与康熙帝更看重实用性，发挥治国之功大相径庭。相比其祖其父，乾隆帝 25 岁盛年继位，一生顺利，毫无波折，也就安享所谓的盛世。

但就乾隆盛世而言，成了中国由盛转衰的转折点。他的政策一面满足虚荣心和不切合实际的奢华，一面则严重压抑民众的主动性和创造性，强化了僵化的专制体制，给以后国家的发展制造了巨大障碍。特别是同时期西方的工业革命让世界发生了翻天覆地的变化，可乾隆帝既担心洋人和汉人会结合起来反清，索性闭关锁国孤立王朝，又大肆制造文字狱，压制王朝的思想活力，从而为后来的西方列强入侵，中国沦丧为半殖民地埋下了灾祸的种子。

　　地图本来是联通世界，促进贸易、文化、商业、经济等诸多方面发展的特殊
工具，但乾隆时期的地图看似勃勃生机，却多密藏内府，成为王朝少数统治阶层
宣扬功绩的吹嘘之物，并没有适应天下大局，为民所用，为政所兴。因此，乾隆
帝于地图虽有功，却也因其好大喜功而功过相抵了。

　　嘉庆四年正月初三（1799 年 2 月 7 日），乾隆帝于养心殿逝世，终年 89 岁。
此前已继承帝位的皇十五子嘉庆帝亲政。

　　面对乾隆末年危机四伏的政局，嘉庆帝打出"咸与维新"的旗号，整饬内
政，整肃纲纪。但其对内政的整顿有限，未能从根本上扭转清朝政局的颓败。终
嘉庆一朝，贪污问题不仅没有解决，反倒更加严重。他在位期间正值世界工业革
命兴起的时期，清王朝不可阻挡地由盛转衰。

　　地图在嘉庆朝留下的足迹大大少于前朝。在治理河患上，尽管镇压白莲教起
义用了两个亿的军费，嘉庆帝还是为南河工程拨了 4000 余万两的治河款，一批

清时期全图（1820 年）

水利地图也随之绘制使用。

在与周边国家交往中，嘉庆时中国实力虽然有所衰落，但仍以"天朝上国"自居。

嘉庆十三年（1808年）七月，英国以帮助葡萄牙防御法国为名侵占澳门。嘉庆帝得报后，谕示对英军严加诘责，并命令他们驶离。英军迟迟不动，清军封锁水路，断绝英军粮食供应，英军才在十月间撤离。嘉庆帝虽暂时抵制了英国的侵略企图，然而闭关锁国、盲目自大的传统观念，也使其对外来事物采取盲目排斥态度，失去了一次融入世界的机会。

黄储文增订重校刻本《大清万年一统天下全图》是嘉庆朝一幅重要的地图作品。此图图廓纵106.5厘米、横108厘米，系单色刻印、手工着色，其中山脉、沙漠、岛屿敷淡红色，海洋和部分陆地敷淡蓝色。国内部分有画方，周边国家和地区则没有。凡乾隆末年及嘉庆初年府、厅、州、县建置的增改在图上均有所反映。

绘于嘉庆二十五年（1820年）前后的《木兰图式》，全图为满文彩绘本。木兰是满语"哨鹿"的意思，《木兰图式》是熟知木兰地形并精于测绘技术人士专门绘制的木兰围场围址分布图，表现的是盛世围场的布局情形，所绘内容包括山川、道路、行宫、庙宇、哨卡、八旗营房、居民点等，都用满文注记。

虽然嘉庆帝为解决各种社会问题做出了种种努力，但收效甚微。地图也并未成为嘉庆帝的抓手，帮他实现王朝振兴的心愿。

嘉庆二十五年（1820年），嘉庆帝驾崩，皇长子旻宁在太和殿登基，改元道光。

道光帝在位期间，社会弊端积重难返。道光二十年（1840年），鸦片战争爆发，大清战败被迫与英国签订丧权辱国的《南京条约》，太平天国运动也已在酝酿之中，清王朝陷入全面危机。

道光帝与嘉庆帝一样都算是因循守旧的帝王，英国发动侵略战争，他以为"天朝"可以速胜。当英国舰船到达天津海口并向清政府提出割地赔款要求时，立刻从主战的立场转变为主抚即妥协的立场。

道光十二年（1832年），在《皇舆全览图》与《乾隆十三排皇舆全图》底图上进行综合取舍，补充现势资料后编绘而成的《皇朝一统舆地全图》，是道光帝少有的地图测绘之举。

鸦片战争的发生，深刻改变了清王朝的政局，也影响了中国的前途和命运。

而地图也在这种危机的思考中，力图有所作为。

鸦片战争爆发前，林则徐被任为钦差大臣去广东禁烟，他为了解外国情况，组织了一个班子翻译外国的报纸和书籍，他主持汇编的《四洲志》一书，记述了世界五大洲30多个国家的地理和历史。后来，林则徐把《四洲志》全部资料送给好友魏源。

《海国图志》是中国近代第一部较为详尽、较为系统地介绍世界的著作，魏源也因此被誉为中国近代第一个睁眼看世界的人。

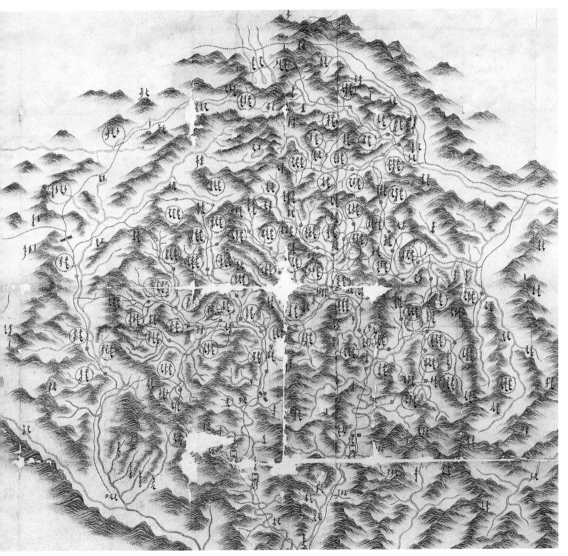

木兰图式（局部）

道光二十二年（1842 年），魏源在《四洲志》基础上完成《海国图志》初稿，后又增补为 60 卷本、100 卷本。魏源开宗明义此书"为以夷攻夷而作，为以夷款夷而作，为师夷长技以制夷而作"。书中征引中外古今近百种资料，系统地介绍了西方各国的地理、历史、政治状况和许多先进科学技术，如火轮船、地雷等新式武器的制造和使用。

但道光朝后期，王朝的种种败象和没落此起彼伏地上演了。

道光二十年（1840 年），钦差大臣琦善到广州与英军谈判。在谈判进行中，英国对华全权代表义律突然指挥英军攻占沙角炮台和大角炮台，逼迫琦善接受英方的议和条件。琦善擅自与义律订定《穿鼻草约》，私许割让香港，开放广州，赔偿烟价。

道光二十一年（1841 年）正月，英军占领香港，道光帝被迫下诏向英军宣战。但靖逆将军奕山奉行投降主义，在《广州和约》签订后，激起广州三元里人民奋起抗英。

道光二十二年（1842 年）五月，英军攻陷长江吴淞炮台，上海失陷。七月，英军舰侵入南京江面，钦差大臣耆英答应英国一方提出的全部条款。道光帝批准中英《江宁条约》（即《南京条约》），答应割地、赔款、五口通商。

一系列不平等条约的签订和西方列强冲破大清腐朽的大门，清王朝进入了极度屈辱的半殖民地半封建社会。地图见证的，也多是中华版图上被外国侵占的不堪。

道光三十年正月十四日（1850 年 2 月 25 日），道光帝驾崩于圆明园慎德堂。皇四子奕詝正式即位，以第二年（1851 年）为咸丰元年。

面对千疮百孔的江山社稷和任人宰割的王朝版图，年轻的咸丰帝颇有振作之心。奈何天命王权虽在手中，但王朝已是日落西山了。

咸丰元年（1851 年）元月，爆发了太平天国起义。在两年的时间里，太平军先后攻取了汉阳、岳州、汉口、南京等南方重镇，并定都南京，建立政权。

正在咸丰帝镇压太平天国之时，咸丰六年（1856 年），英法两国再次对清廷宣战，第二次鸦片战争爆发。英法舰队攻陷大沽炮台，进迫天津。咸丰帝派桂良、花沙纳往天津议和，与英、美、法、俄分别签订《中英天津条约》《中美天津条约》《中法天津条约》和《中俄天津条约》。

咸丰十年（1860年）春，英法两国再次组成侵华联军，大举入侵。咸丰帝和战不定，痛失歼敌的良机。当清军与英法联军激战之时，咸丰帝竟令清军统帅离营撤退，大沽再次沦陷。英法联军以和谈为掩护，继续组织对北京的进攻，在通州八里桥之战击败清军后，进攻北京，史称"庚申虏变"。

英法联军进逼北京，咸丰帝仓皇逃亡热河，命恭亲王奕䜣留京议和。

咸丰十年（1860年）十月六日，英法联军攻占圆明园，总管园务大臣文丰投福海自尽，次日圆明园遭到抢劫之后被焚毁殆尽。

奕䜣代表清政府与英、法、俄签订了《中英北京条约》《中法北京条约》《中俄北京条约》，并批准了中英、中法《天津条约》。在《中俄北京条约》中，承认了咸丰八年（1858年）沙俄迫使清黑龙江将军奕山签订的《瑷珲条约》。

咸丰十一年七月十七日（1861年8月22日），咸丰帝在热河行宫驾崩，立皇长子载淳为新帝，是为同治皇帝。

咸丰一朝，是清王朝轰然倒塌的关键期。腐朽羸弱的朝廷，面对洋枪洋炮不堪一击。朝野上下更是内忧外患，集中爆发。地图几乎无济于朝政变局，王朝从此走上了不归路。

咸丰八年（1858年），胡林翼在湖北巡署任内请邹世诒、晏启镇绘制的《大清一统舆图》是王朝少有的地图记忆。图成胡林翼死，严树森继任，遂请李廷箫、汪士铎校订，于同治二年（1863年）刊行。

此图除吸收《皇舆全览图》《乾隆内府舆图》的长处外，还参照了李兆洛的《皇朝一统舆地全图》的画法，将经纬网与画方融于一图之中。内容比李兆洛图详细，增加了一些山川城邑及重要镇堡地名；区域范围也比李兆洛图大，北抵北冰洋，西及里海，东达日本，南至越南，远超出中国范围，故又名《皇朝中外一统舆图》。此图采用书本形式，冠以总图，下分31卷，以南北400里为1卷，每卷包括纬差2度。该图流传较广，影响较大。

六岁的同治皇帝懵懵懂懂成为王朝的最高统治者。太后慈禧则勾结宗室恭亲王奕䜣发动北京政变，鼓动东宫慈安太后与咸丰帝遗命的八大臣争夺权力，将八大臣革职拿问，开启垂帘听政。

王朝的内忧外患加剧，各种把王朝推向深渊的运动此起彼伏。

可是慈禧太后贪恋权力，拒绝同治帝亲政。尤其在王朝危机重重关头，王朝统治者太后、皇帝居然不顾朝廷惨淡经营，财力入不敷出的现状，以方便太后颐养为名，降旨兴修颐和园、重修圆明园，需银都是千万两以上。

面对王朝的危机，曾国藩、李鸿章、左宗棠等在上海、南京、福州相继办起了近代军工厂，多聘请洋员充当技术指导，这就是所谓的"洋务运动"。

在如此艰难的岁月，地图，也开始了自己艰难的新起步。

同治四年（1865年），任北京景山官学教习的杨守敬编撰《历代舆地图》。《历代舆地图》以刊行于1863年的《大清一统舆图》为底图，同时参阅税安礼的《历代地理指掌图》、六严的《舆地图》、胡渭的《禹贡锥指》中的地图等，它把从春秋战国至明代凡见于《左传》《战国策》等先秦时期的经典典籍及正史地理志的可考地名基本纳入地图，还对历史事件和地名的变迁加注说明，对历代地理志的讹误进行补正。地图用黑色表示古地名，用红色表示今地名，古今对照，一目了然。

然而，杨守敬生不逢时，破落的王朝已经无法靠如此巨著和舆图求得兴达了。

面对西方列强的肆意侵略，被迫打开国门的清王朝不得已学着向西方考察、学习。

同治五年（1866年）正月二十一日，王朝一位叫作斌椿的小吏率三名同文馆的学生及儿子广英，离京从上海乘轮船出洋，经过一个月零八天的航程，到达法国马赛。在欧洲游历110多天，访问了法国、英国、荷兰、丹麦、瑞典、芬兰、俄国、普鲁士、挪威、比利时等国，回来后写出《乘槎笔记》，第一次记录下亲眼所见的西洋情况，诸如火车、轮船、电报、电梯、机器印刷、蒸汽机、摄影、起重机、抽水机、显微镜、幻灯机、纺织厂、兵工厂等。

同治十三年（1874年）二月，日本出兵侵略台湾。同年十二月五日（1875年1月12日），载淳逝于养心殿，享年19岁。两宫太后召醇亲王奕譞的儿子载湉入承大统，是为光绪皇帝。

进入光绪朝，大清更是日薄西山。地图，也从治国理政的工具开始转变为救亡图存的救命稻草。因此，光绪年间，大量的测绘活动和多样性的地图层出不穷，成为王朝回眸的最后一缕光芒。

光绪五年（1879年）四月，日本侵占琉球群岛，改名为冲绳，并流放最后一位琉球国国王尚泰到东京。

光绪九年（1883 年）五月，法军进攻越南河内的纸桥，挑起中法战争。在越南的黑旗军将领刘永福与法军在河内、纸桥大战，取得纸桥大捷，击败了法军的侵略。此战成为晚清少有的对外胜利之战。

光绪十三年（1887 年）正月，光绪帝载湉开始亲政。但慈禧太后依然掌握着王朝实权，压制着年轻皇帝的所有治国之策。

有心力图王朝起死回生的光绪帝，对地图地理颇为上心。光绪十六年（1890 年），驻美公使张荫桓自美国归国。光绪帝急切召见，询问国外情况，后又索取驻日公使参赞黄遵宪的《日本国志》，了解日本的地理地形、风土人情，特别是明治维新以来的治国策略。

光绪二十年（1894 年），日本借口保护侨民，增兵朝鲜，蓄意挑起中日战争。痛感"我中国从此无安枕之日"的光绪帝，积极筹备抗战事宜，表示主战的愿望。但在此之前，日本早已做好了发动战争的准备。

光绪二十年（1894 年）七月初一日，朝廷发布对日宣战的"上谕"，光绪帝认为日本首先挑起事端，侵略挟制朝鲜，如果导致事情很难收场，那我们自然应该出兵讨伐。他多次下令加兵筹饷，下令停止慈禧太后挪用海军军费修建颐和园，但是李鸿章没有听取谕旨。

在后来的战役中，中国初于牙山战役失利，继于平壤之战中战败。鸭绿江江防之战失利，日本乘势发起辽东战役，连陷九连、凤凰诸城。大连、旅顺相继失守。日军复据威海卫、刘公岛。在威海卫战役中，日军夺中国兵舰，中国海军覆丧殆尽。

光绪二十一年（1895 年）三月二十三日，李鸿章在日本抱着"宗社为重，边徼为轻"的宗旨，与日方草签了《马关条约》。光绪帝以割地太多为由，表示对该约"不允"，拒绝签字。其后，光绪帝怀着通过迁都而与日本周旋的想法到颐和园请求慈禧太后接受这唯一可行之策，结果遭到拒绝。

正在为甲午丧师痛感不安、为签约用宝深怀内疚的光绪帝，亟切需要的是雪耻自强之方，民间学者康有为联合在京参加会试的 1300 名举子，上书要求拒和、迁都、变法，史称"公车上书"。康有为上书中详细陈述的"富国""养民""教民""练兵"等具体内容引起了光绪帝的共鸣。可是，光绪帝支持的变法，还是在王朝保守势力的阻挠下，以失败告终。慈禧太后宣布重新训政，下令缉捕康有为等维新派人士。康有为在政变发生前一天逃离京师，谭嗣同、杨锐、林旭、刘光第、康广仁、杨深秀"六君子"于八月十三日被杀于菜市口。慈禧太后在举行临朝训政礼后，囚光绪帝于中南海瀛台涵元殿。轰动一时的"百日维新"被以慈禧太后为首的顽固守旧势力所扼杀。

光绪二十三年（1897年）十月，巨野教案发生，德国以此强占胶州湾，引发帝国主义瓜分中国狂潮。

光绪二十六年（1900年），义和团运动成为八国联军发动侵华战争的导火索，八国联军以镇压义和团之名行瓜分和掠夺大清王朝之实。八国联军所到之处，杀人放火、奸淫抢掠。从紫禁城、中南海、颐和园中偷窃和抢掠的珍宝更是不计其数。《辛丑条约》的签订，给当时的国家和人民带来了空前巨大的灾难。

这一时期，清廷在民众的压力下，表面上向列强各国"宣战"，暗地里却破坏义和团运动，向侵略军妥协投降。《辛丑条约》签订后，中国完全沦为半殖民地半封建社会，清政府完全成为西方列强统治中国的工具，成了"洋人的朝廷"。

意图为王朝最后的尊严添砖加瓦，光绪朝在混乱的局面下依旧大量绘制出新的地图作品。

光绪七年（1881年），组建铁路测量队，铁路测绘制图开始进入新时代。光绪十二年（1886年），《大清会典舆图》在各省敬呈朝廷大量舆图的基础上完成。光绪十五年（1889年），王朝四支测绘队完成黄河测绘并绘《御览黄河全图》。光绪十六年（1890年），《历代黄河变迁图考》刊印。光绪二十二年（1896年），武昌舆地学会成立，中国第一个民间地图学术团体诞生。光绪二十三年（1897年），金陵测量会成立，后一年，舆算学会成立，民间测绘制图机构纷纷成立后参与到摇摇欲坠的王朝的修补中。光绪二十九年（1903年），《大清邮政公署备用舆图》开始了邮政地图的新起端。光绪三十一年（1905年），《大清帝国全图》绘制完成。光绪三十二年（1906年），王朝适应新形势，设立疆理司，下设经界、图志两科。光绪三十三年（1907年），志在求强求新的《筹画中国铁路轨线全图》问世。

然而，一切的一切，都来得太晚，垂危将死的清王朝病入膏肓，已是无药可救。

列强都在对中国出兵，进行大肆掠夺。俄国除积极参加八国联军之外，沙皇政府还认为这是侵略中国的大好机会，于是制造了海兰泡惨案，居住在海兰泡的数千名中国人几乎全部被俄军残杀。沙俄军队先后占领齐齐哈尔、吉林、辽阳、盛京，胁迫奉天将军增祺签订《奉天交地暂且章程》，企图把军事占领合法化。

战争不断，王朝内忧外患，早已国库空虚。由于对列强的赔偿，中国社会经济更加凋敝，人民生活更加贫困。

光绪三十四年冬（1908 年），光绪帝载湉病重，慈禧太后下令将摄政王载沣长子溥仪养育在宫中。光绪帝去世后，慈禧太后命溥仪继承皇统。未几，慈禧也病逝。

光绪三十四年十一月初九日（1908 年 12 月 2 日），溥仪在太和殿即位，由光绪皇后隆裕和载沣摄政。第二年改年号为"宣统"。这是清王朝也是中国封建王朝的最后一位皇帝登基了。

小皇帝宣统的继位，王朝进入了倒计时。

宣统三年八月十九日（1911 年 10 月 10 日），武昌起义爆发。

民国元年（1912 年）2 月 12 日，隆裕皇太后临朝称制，以太后名义颁布《退位诏书》，宣统帝溥仪退位，清王朝退出历史舞台，在中国历史上延续了五千多年的王权政治终结。

天命王权也从帝王那里走出来，复归于人民。

地图的生死之劫成为过去。

乾隆十三年

作者 高王凌
ISBN 978-7-5204-0719-9
定价 49.00 元

马上朝廷

作者 高王凌
ISBN 978-7-5204-0720-5
定价 49.00 元

乾隆晚景

作者 高王凌
ISBN 978-7-5204-0721-2
定价 49.00 元

**地图生死劫：
天命王权**

作者 前卫
ISBN 978-7-5204-2192-8
定价 88.00元

**地图：
谁主沉浮？**

作者 前卫
ISBN 978-7-5204-1411-1
定价 49.00 元

中国古都城地图

作者 周强
ISBN 978-7-5204-0858-5
定价 128.00元

地图里的兴亡：秦，从部落到帝国（上、下）

作者 风长眼量
ISBN 978-7-5031-8658-5
定价 39.00 元

作者 风长眼量
ISBN 978-7-5031-8659-2
定价 39.00 元

地图里的兴亡：三家分晋，烽火中原（上、下）

作者 风长眼量
ISBN 978-7-5031-8842-8
定价 39.00 元

作者 风长眼量
ISBN 978-7-5031-8843-5
定价 39.00 元

地图上的日本史

作者 樱雪丸 萧西之水
ISBN 978-7-5031-8698-1
定价 39.00 元

**中国历代战争
之汉末烽烟**

作者 沈忱 何昆
ISBN 978-7-5031-8583-0
定价 39.00 元

**中国历代战争
之两宋烽烟**

作者 夜狼啸西风
ISBN 978-7-5031-8608-0
定价 39.00 元

冒险雷探长2：遗失秘境

作者 雷探长
ISBN 978-7-5204-1412-8
定价：49.00 元

南游记

作者 张强 刘晗
ISBN 978-7-5204-1413-5
定价：68.00 元

一生痴恋去大理

作者 黄橙
ISBN 978-7-5031-9535-8
定价：48.00 元

伟大的八千米

作者 李国平
ISBN 978-7-5204-0173-9
定价：398.00 元

孤影八千

作者 李国平
ISBN 978-7-5204-0142-5
定价：68.00 元

喜马拉雅孤影

作者 李国平
ISBN 978-7-5204-0239-2
定价：68.00 元

遇见喜马拉雅

作者 李国平
ISBN 978-7-5031-9352-1
定价：46.00 元

北京：城南旧事

作者 洪烛
ISBN 978-7-5031-7167-3
定价：32.00 元

北京：皇城往事

作者 洪烛
ISBN 978-7-5031-8497-0
定价：32.00 元

中国美食：舌尖上的地图

作者 洪烛
ISBN 978-7-5031-8419-2
定价：32.00 元

行走在心灵之间

作者 周小媛
ISBN 978-7-5031-8357-7
定价：39.00 元

欧洲不远：101 天行走欧洲

作者 张启新 刘航舶
ISBN 978-7-5031-9196-1
定价：39.00 元

西岭雪：走一步看一步

作者 西岭雪
ISBN 978-7-5031-8048-4
定价：46.00 元

藏品·藏家·藏趣

作者 张春岭
ISBN 978-7-5031-7910-5
定价：39.00 元